平法在钢筋算量中的应用

PINGFA ZAI GANGJIN
SUANLIANG ZHONG DE YINGYONG

魏丽梅　罗健　著

中南大学出版社
www.csupress.com.cn

前 言 PREFACE

　　"平法"是"建筑结构平面整体设计方法"的简称，是建筑结构专业设计的科学表达方法。"平法图集"是混凝土结构施工图采用建筑结构施工图平面整体表示方法的国家建筑设计标准图集。平法图集既是建筑设计者完成结构平法施工图的依据，也是施工人员、监理人员、造价人员理解和按照平法施工图完成其岗位工作任务的依据。

　　基于此，本书依据《混凝土结构施工图平面整体表示方法制图规则和构造详图》（22G101系列），以"平法在钢筋算量中的应用"为研究主题，从制图规则在钢筋算量识图中的应用，标准构造在钢筋算量计算中的应用，平法钢筋算量BIM数字化软件应用案例三个方面编排著作内容，力求做到理论与实践相结合，研究实际工程中平法识图、钢筋算量问题。

　　本书以建筑造价工作任务及其工作过程为依据，引用实例工程"物流园"为载体，将本书分为4章，第1章为认识平法与钢筋算量，包括认识平法，认识钢筋算量两个小节；第2章研究平法制图规则在钢筋算量识图中的应用，包括基础构件、柱构件、剪力墙构件、梁构件、板构件等钢筋算量识图5个小节；第3章研究平法标准构造在钢筋算量计算中的应用，包括基础构件、柱构件、剪力墙构件、梁构件、板构件等钢筋工程量计算5个小节；第4章以实际工程项目"物流园"为案例，依据最新平法规则，应用BIM数字化软件算量平台，完成整栋楼的现浇主体构件钢筋算量任务。

　　本书严格按照现行国家规范、规程、标准和定额撰写，包括：《混凝土结构施工图平面整体表示方法制图规则和构造详图》（22G101系列）、《混凝土结构通用规范》（GB 55008—2021）、《混凝土结构施工钢筋排布规则与构造详图》（18G901系列）、《混凝土结构设计规范》（GB 50010—2010）及《湖南省房屋建筑与装饰工程消耗量标准（基价表）》（2020），《湖南省建设工程计价办法》（2020）等。

　　本书由湖南交通职业技术学院魏丽梅、湖南城龙高速公路建设开发有限公司罗健撰写，具体分工如下：第1、2、3章由湖南交通职业技术学院魏丽梅撰写；第4章由湖南省高速公路集团有限公司罗健撰写。

　　本书在撰写过程中得到了行业、企业专家的帮助和指导，在此表示衷心的感谢！由于笔者水平有限，时间仓促，难免有不足之处，恳请各位读者多提宝贵意见，使本书更加完善。

著　者

2023年11月

目 录 CONTENTS

第 1 章　认识平法与钢筋算量

第 1 节　认识平法

1.1　平法

　　建筑结构施工图平面整体设计方法,简称平法。平法的表达形式,概括来讲,就是把结构构件的尺寸和配筋等信息,按平面整体表示方法的制图规则,整体直接表达在各类构件的结构平面布置图上,结合构件的标准构造详图,构成一套完整的结构设计施工图。

　　"平法"的基本特点是在平面布置图上直接表示构件尺寸和配筋信息,水平定位由构件外边与平面轴线的偏差尺寸来完成;竖向定位用各结构层标高表示,并以本结构层标高作为本层的基准标高,结合各构件平法标注的与本结构层基准标高的高差关系来完成。在平面布置图上表示构件尺寸和配筋信息的方式,有平面注写方式、列表注写方式和截面注写方式三种。

　　《平法图集》是混凝土结构施工图采用建筑结构施工平面整体设计方法的国家建筑标准设计图集,图集号为 G101 系列,现行使用版本为 22G101-1、2、3。《平法图集》(22G101-1)包含基础顶面以上的现浇混凝土柱、剪力墙、梁、板(包括有梁楼盖和无梁楼盖)等构件的平法制图规则和标准构造详图两大部分内容。《平法图集》(22G101-2)包含现浇混凝土板式楼梯平法制图规则和标准构造详图两大部分内容。《平法图集》(22G101-3)包含常用的现浇混凝土独立基础、条形基础、筏形基础(梁板式和平板式)、桩基础的平法制图规则和标准构造详图两大部分内容。平法图集的制图规则和标准构造详图,既是设计者完成平法施工图的依据,也是施工、监理人员准确理解和实施平法施工图的依据,同时也是造价人员完成钢筋算量的参考依据。

第 2 节　认识钢筋算量

1.2　钢筋算量

1.2.1　钢筋算量基础知识

1.2.1.1　钢筋的分类

　　钢筋可以依据其品种、规格、型号及其在构件中所起的作用分类。钢筋的分类方法很多,主要有以下几种:

1. 按钢筋在构件中的作用分类

1) 受力钢筋：指根据受力计算确定的主要钢筋，包括受拉钢筋、受压钢筋、弯起钢筋等。

2) 构造钢筋：指根据构造要求设置的钢筋，包括有分布筋、箍筋、架立筋、腰筋等。

2. 按钢筋的外形分类

1) 光圆钢筋：Ⅰ级钢筋（Q235钢筋）均轧制为光面圆形截面，钢筋表面光滑无纹路，主要用于分布筋、箍筋等。直径6~10 mm 的供应形式一般为盘圆，直径12 mm 以上的为直条。

2) 带肋钢筋：有螺旋形、人字形和月牙形三种。一般Ⅲ级钢筋轧制成人字形，Ⅳ级钢筋轧制成螺旋形及月牙形。钢筋表面刻有不同的纹路，增强了钢筋与混凝土的粘结力，主要用于柱、梁、板等构件中的受力筋。带肋钢筋的出厂长度有9 m、12 m 两种规格。

3) 钢丝：分冷拔低碳钢丝和碳素高强钢丝两种，直径一般在5 mm 以下。

4) 钢绞线：有3股和7股两种，常用于预应力钢筋混凝土构件中。

3. 按钢筋的强度分类

1) 钢筋混凝土结构中常用的是热轧钢筋，常用的热轧钢筋有HPB300（Ⅰ级钢），其屈服强度标准值为300 MPa；HRB400（Ⅲ级钢），其屈服强度标准值为400 MPa。

常用钢筋种类、级别及符号、标注见表1-1。

表1-1 常用钢筋种类、级别及符号、标注

钢筋种类	钢筋级别	缩写符号	意义
HPB300	一级钢筋	φ	热轧光圆钢筋 300 MPa
HRB400 HRBF400 RRB400	三级钢筋	Φ	热轧带肋钢筋 细晶粒热轧带肋钢筋 余热处理带肋钢筋 400 MPa
HRB500 HRBF500	四级钢筋	Φ	热轧带肋钢筋 细晶粒热轧带肋钢筋 500 MPa

1.2.1.2 钢筋算量通用知识

1. 基础结构或地下结构与上部结构的分界

基础结构或地下结构与上部结构的分界，通常为上部结构的嵌固部位。上部结构的嵌固部位，平法分有地下室和无地下室两种情况。

(1) 基础埋深较浅，采用条形基础、独立基础、筏形基础等没有地下室的结构

1) 建筑首层地面以下到基础之间未设置双向地下框架梁时，上部结构与基础结构的分界取基础顶面，如图1-1所示。

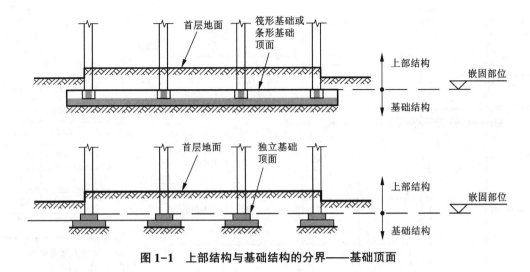

图 1-1 上部结构与基础结构的分界——基础顶面

2）建筑首层地面以下到基础之间设置双向地下框架梁，上部结构与基础结构的分界取地下框架梁顶面，如图 1-2 所示。

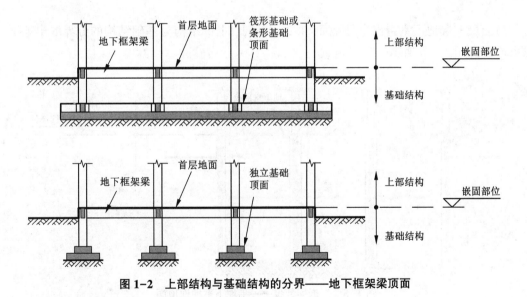

图 1-2 上部结构与基础结构的分界——地下框架梁顶面

（2）有地下室的结构

1）当地下结构为全地下室或半地下室时，上部结构与基础结构的分界取地下室或半地下室顶面，结构层高表中嵌固部位标高下使用双线注明，如图 1-3 及图 1-4 所示为结构层高表。

2）嵌固部位不在地下室顶板，但地下室顶板实际存在嵌固作用时，结构层标高表中地下室顶板用双虚线注明，如图 1-4 所示为结构层高表。

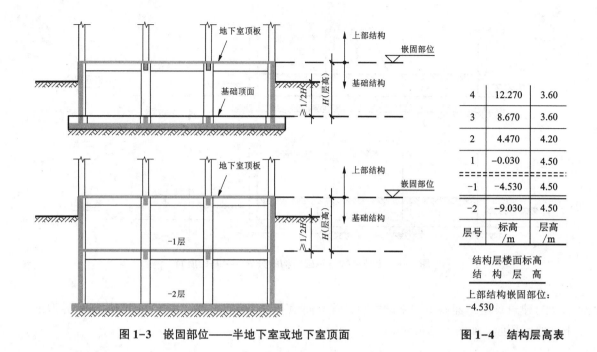

4	12.270	3.60
3	8.670	3.60
2	4.470	4.20
1	−0.030	4.50
−1	−4.530	4.50
−2	−9.030	4.50
层号	标高 /m	层高 /m

结构层楼面标高
结 构 层 高

上部结构嵌固部位：
−4.530

图 1-3 嵌固部位——半地下室或地下室顶面   图 1-4 结构层高表

3) 当最上层地下室露出室外地面<1/2 层高时,上部结构与基础结构的分界取半地下室地板顶面,如图 1-5 所示。

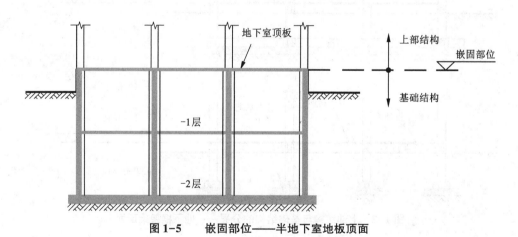

图 1-5 嵌固部位——半地下室地板顶面

2. 混凝土结构的环境类别

混凝土结构所处的环境,是影响混凝土结构耐久性和适用性的重要因素,混凝土结构环境类别的划分,主要适用于混凝土结构正常使用状态验算和耐久性设计等。在结构施工图中,设计人员应明确结构各部位所处的环境类别,技术人员依据混凝土结构的环境类别选取各类构件受力钢筋的混凝土保护层最小厚度。混凝土结构的环境类别划分见表 1-2。

表 1-2　混凝土结构的环境类别

环境类别	条件
一	室内干燥环境； 无侵蚀性静水浸没环境
二 a	室内潮湿环境； 非严寒和非寒冷地区的露天环境； 非严寒和非寒冷地区与无侵蚀性的水或土壤直接接触的环境； 严寒和寒冷地区的冰冻线以下与无侵蚀性的水或土壤直接接触的环境
二 b	干湿交替环境； 水位频繁变动环境； 严寒和寒冷地区的露天环境； 严寒和寒冷地区冰冻线以上与无侵蚀性的水或土壤直接接触的环境
三 a	严寒和寒冷地区冬季水位变动区环境； 受除冰盐影响环境； 海风环境
三 b	盐渍土环境； 受除冰盐作用环境； 海岸环境
四	海水环境
五	受人为或自然的侵蚀性物质影响的环境

注：①室内潮湿环境是指构件表面经常处于结露或湿润状态的环境。

②严寒和寒冷地区的划分应符合现行国家标准《民用建筑热工设计规范》(GB 50176—2016)的有关规定。

③海岸环境和海风环境宜根据当地情况，考虑主导风向及结构所处迎风、背风部位等因素的影响，由调查研究和工程经验确定。

④受除冰盐影响环境是指受到除冰盐盐雾影响的环境；受除冰盐作用环境是指被除冰盐溶液溅射的环境以及使用除冰盐地区的洗车房、停车楼等建筑。

⑤混凝土结构的环境类别是指混凝土暴露表面所处的环境条件。

3. 混凝土保护层最小厚度

混凝土保护层是指混凝土构件中，最外层钢筋的外缘至混凝土外表面之间的混凝土层，简称保护层；混凝土保护层厚度是指混凝土结构构件中最外层钢筋的外缘至混凝土表面的距离，通常用字母"c"表示。

(1)各类构件混凝土保护层厚度图示

混凝土保护层厚度指从构件最外层钢筋表面到混凝土构件最外表面，在节点区，按照支撑与被支撑的关系，支撑构件包裹被支撑构件的钢筋，如图 1-6 所示。

(2)混凝土保护层的主要作用

钢筋是金属材料，混凝土是非金属材料，钢筋混凝土构件由这两种材料构成，为了使钢筋与混凝土之间实现较高的粘接强度，必须使混凝土包裹住钢筋的全部表面。一定厚度的混凝土保护层有以下作用：

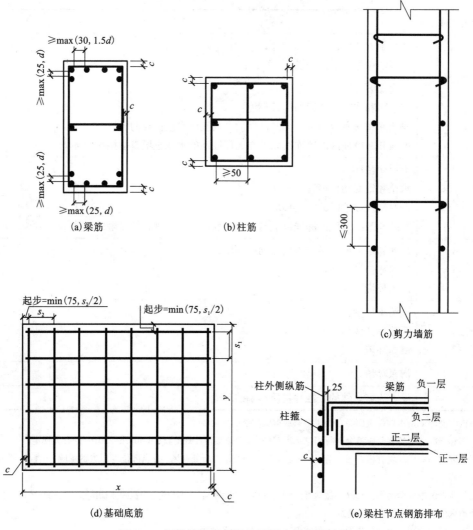

图1-6 钢筋的混凝土保护层厚度及钢筋净距

1)对钢筋全表面进行有效握裹，使钢筋与混凝土之间具有所需要的黏结力。混凝土保护层厚度 c 是影响黏结强度的主要因素之一，保护层厚度愈大，黏结强度愈高，但当保护层厚度大于钢筋直径的5倍时，粘接强度一般不再增大。

2)保护钢筋免受锈蚀。当混凝土将钢筋全部包裹住后，在一定程度上可将使钢筋产生锈蚀的环境因素隔离开来。混凝土材料呈碱性，可使其包裹的钢筋表面形成钝化膜阻止钢筋氧化锈蚀。

因此，限定混凝土保护层最小厚度对满足混凝土结构的耐久性非常有必要。

（3）混凝土保护层最小厚度

《混凝土结构设计规范》(GB 50010—2010)(2015年版)定义混凝土保护层最小厚度为从钢筋(包括箍筋、拉筋、构造筋、分布筋)的最外边缘到混凝土表面的最小距离。混凝土保护层的最小厚度参考表1-3。

表 1-3 混凝土保护层最小厚度 c　　　　　　　　　　　单位：mm

环境类别	板、墙		梁、柱		基础梁（顶面和侧面）		独立基础、条形基础、筏形基础（顶面和侧面）	
	≤C25	≥C30	≤C25	≥C30	≤C25	≥C30	≤C25	≥C30
一	20	15	25	20	25	20	—	—
二 a	25	20	30	25	30	25	25	20
二 b	30	25	40	35	40	35	30	25
三 a	35	30	45	40	45	40	35	30
三 b	45	40	55	50	55	50	45	40

注：①表中混凝土保护层厚度指最外层钢筋外边缘至混凝土表面的距离，适用于设计使用年限为 50 年的混凝土结构。

②构件中受力钢筋的保护层厚度不应小于钢筋的公称直径 d。

③一类环境中，设计使用年限为 100 年的结构最外层钢筋的保护层厚度不应小于表中数值的 1.4 倍；二、三类环境中，设计使用年限为 100 年的结构应采取专门的有效措施。

④钢筋混凝土基础宜设置混凝土垫层，基础底部的钢筋的混凝土保护层厚度应从垫层顶面算起，且不应小于 40 mm；无垫层时，不应小于 70 mm。

⑤桩基承台及承合梁：承台底面钢筋的混凝土保护层厚度，当有混凝土垫层时，不应小于 50 mm，无垫层时不应小于 70 mm；此外尚不应小于桩头嵌入承台内的长度。

4. 纵向受拉钢筋锚固

为保证钢筋受力后与混凝土有可靠的黏结，不会与混凝土产生相对滑动，纵向钢筋必须伸过其受力截面后在混凝土中有足够的埋入长度，通过这部分长度，钢筋将其所受的力传递给混凝土，通常把这段埋入长度称为锚固长度。

（1）受拉钢筋基本锚固长度 l_{ab} 和实际锚固长度 l_a

受拉钢筋基本锚固长度 l_{ab} 取决于钢筋强度 f_y 及混凝土抗拉强度 f_t，并与锚固钢筋的直径及外形有关。

受拉钢筋实际的锚固长度 l_a 为钢筋基本锚固长度 l_{ab} 乘锚固长度修正系数 ζ_a 后的数值。修正系数 ζ_a 根据锚固条件取用，且可连乘。

在识图和算量应用中，受拉基本锚固长度与实际拉锚长度，参照平法图集 22G101，根据抗震与否直接查表得出。受拉钢筋基本锚固长度 l_{ab} 见表 1-4，抗震设计时受拉钢筋基本锚固长度 l_{abE} 见表 1-5，受拉钢筋锚固长度 l_a 见表 1-6，抗震设计时受拉钢筋基本锚固长度 l_{aE} 见表 1-7。

表 1-4 受拉钢筋基本锚固长度 l_{ab}

钢筋种类	混凝土强度等级							
	C25	C30	C35	C40	C45	C50	C55	≥C60
HPB300	34d	30d	28d	25d	24d	23d	22d	21d
HRB400、HRBF400、RRB400	40d	35d	32d	29d	28d	27d	26d	25d
HRB500、HRBF500	48d	43d	39d	36d	34d	32d	31d	30d

表 1-5　受拉钢筋基本锚固长度 l_{abE}

钢筋种类及抗震等级		混凝土强度等级							
		C25	C30	C35	C40	C45	C50	C55	≥C60
HPB300	一、二级	39d	35d	32d	29d	28d	26d	25d	24d
	三级	36d	32d	29d	26d	25d	24d	23d	22d
HRB400 HRBF400	一、二级	46d	40d	37d	33d	32d	31d	30d	29d
	三级	42d	37d	34d	30d	29d	28d	27d	26d
HRB500 HRBF500	一、二级	55d	49d	45d	41d	39d	37d	36d	35d
	三级	50d	45d	41d	38d	36d	34d	33d	32d

注：①四级抗震时，$l_{abE}=l_{ab}$。

②当锚固钢筋的保护层厚度不大于 $5d$ 时，锚固钢筋长度范围内应设置横向构造钢筋，其直径不应小于 $d/4$（d 为锚固钢筋的最大直径）；对梁、柱等构件间距不应大于 $5d$，对板、墙等构件间距不应大于 $10d$，且均不应大于 100 mm（d 为锚固钢筋的最小直径）。

表 1-6　受拉钢筋锚固长度 l_a

钢筋种类	混凝土强度等级															
	C25		C30		C35		C40		C45		C50		C55		≥C60	
	$d≤25$	$d>25$	$d≤25$	$d>25$	$d≤25$	$d>25$	$d≤25$	$d>25$	$d≤25$	$d>25$	$d≤25$	$d>25$	$d≤25$	$d>25$	$d≤25$	$d>25$
HPB300	34d	—	30d	—	28d	—	25d	—	24d	—	23d	—	22d	—	21d	—
HRB400 HRBF400 RRB400	40d	44d	35d	39d	32d	35d	29d	32d	28d	31d	27d	30d	26d	29d	25d	28d
HRB500 HRBF500	48d	53d	43d	47d	39d	43d	36d	40d	34d	37d	32d	35d	31d	34d	30d	33d

表 1-7　受拉钢筋抗震锚固长度 l_{aE}

钢筋种类及抗震等级		混凝土强度等级															
		C25		C30		C35		C40		C45		C50		C55		≥C60	
		$d≤25$	$d>25$	$d≤25$	$d>25$	$d≤25$	$d>25$	$d≤25$	$d>25$	$d≤25$	$d>25$	$d≤25$	$d>25$	$d≤25$	$d>25$	$d≤25$	$d>25$
HPB300	一、二级	39d	—	35d	—	32d	—	29d	—	28d	—	26d	—	25d	—	24d	—
	三级	36d	—	32d	—	29d	—	26d	—	25d	—	24d	—	23d	—	22d	—
HPB400 HRBF400	一、二级	46d	51d	40d	45d	37d	40d	33d	37d	32d	36d	31d	35d	30d	33d	29d	32d
	三级	42d	46d	37d	41d	34d	37d	30d	34d	29d	33d	28d	32d	27d	30d	26d	29d

续表1-7

钢筋种类及抗震等级		混凝土强度等级														
		C25		C30		C35		C40		C45		C50		C55		≥C60
		$d≤25$	$d>25$	$d≤25$	$d>25$	$d≤25$	$d>25$	$d≤25$	$d>25$	$d≤25$	$d>25$	$d≤25$	$d>25$	$d≤25$	$d>25$	$d≤25$	$d>25$
HRB500 HRBF500	一、二级	$55d$	$61d$	$49d$	$54d$	$45d$	$49d$	$41d$	$46d$	$39d$	$43d$	$37d$	$40d$	$36d$	$39d$	$35d$	$38d$
	三级	$50d$	$56d$	$45d$	$49d$	$41d$	$45d$	$38d$	$42d$	$36d$	$39d$	$34d$	$37d$	$33d$	$36d$	$32d$	$35d$

注：①当为环氧树脂涂层带肋钢筋时，表中数据尚应乘以1.25。

②当纵向受拉钢筋在施工过程中易受扰动时，表中数据尚应乘以1.1。

③当锚固长度范围内纵向受力钢筋周边保护层厚度为 $3d$、$5d$（d 为锚固钢筋的直径）时，表中数据可分别乘以0.8、0.7；中间时按内插值。

④当纵向受拉普通钢筋锚固长度修正系数（注①至注③）多于一项时，可按连乘计算。

⑤受拉钢筋的锚固长度 l_a、l_{aE} 计算值不应小于200 mm。

⑥四级抗震时，$l_{aE}=l_a$。

⑦当锚固钢筋的保护层厚度不大于 $5d$ 时，锚固钢筋长度范围内应设置横向构造钢筋，其直径不应小于 $d/4$（d 为锚固钢筋的最大直径）；对梁、柱等构件间距不应大于 $5d$，对板、墙等构件间距不应大于 $10d$，且均不应大于100 mm（d 为锚固钢筋的最小直径）。

⑧受拉光圆钢筋末端应做180°弯钩，当光圆钢筋弯折锚固时弯钩端头不需再做180°弯钩。

5. 纵向受拉钢筋连接

当钢筋长度不能满足混凝土构件的长度要求时，钢筋需要连接接长。连接的方式主要有三种：搭接、机械连接和焊接。

搭接连接通常采取将两根钢筋用细铁丝并排绑扎在一起，习惯上搭接连接也称为绑扎搭接。钢筋搭接连接的实质是两根钢筋分别在混凝土中的锚固，通过混凝土对两根钢筋的黏接力，将一根钢筋的应力通过混凝土传递给另一根钢筋，实现两根钢筋抗力连续。绑扎搭接示意图见图1-7。

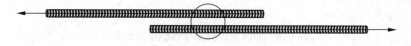

图1-7　绑扎搭接示意图

当受拉钢筋直径>28 mm 和受压钢筋直径>32 mm 时，不宜采用搭接连接；轴心受拉及小偏心受拉杆件（如混凝土屋架、桁架和拱结构的拉杆等）的纵向受拉钢筋不允许采用搭接连接。

纵向受力钢筋的机械连接和焊接通常适用于等直径的钢筋连接。纵筋的机械连接，我国应用最广的是直螺纹套筒连接；钢筋的焊接连接，我国应用广的是电渣压力焊。

（1）"同一连接区段"的含义

"同一连接区段"是一个度量概念，包含两层意义。

1)连接区段的长度。

绑搭连接,连接区段的长度为1.3倍搭接长度(l_l);机械连接,连接区段的长度为35d(d为纵向受力钢筋的较大直径);焊接连接,连接区段的长度为35d(d为纵向受力钢筋的较大直径)且不小于500 mm。凡接头中点位于相应连接区段长度内的接头均属于同一连接区段。同一连接区段如图1-8所示。

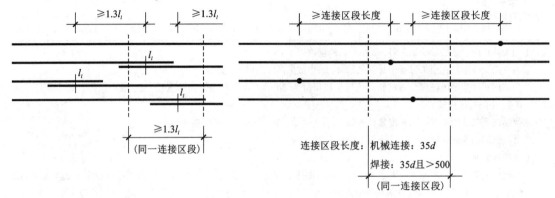

图1-8 同一连接区段示意图

2)纵向受力钢筋接头面积百分率。

同一连接区段内纵向受力钢筋接头面积百分率,为该区段内有接头的纵向受力钢筋截面面积与全部纵向钢筋截面面积的比值。

【例】 如图1-8所示,假使同一连接范围内有4组直径为20 mm的纵向钢筋在连接,其中位于同一连接区段内的连接接头有2组,因此

$$接头面积百分率 = \frac{2 \times \pi d^2/4}{4 \times \pi d^2/4} \times 100\% = 50\%$$

(2)受拉钢筋绑搭接头长度根据抗震与非抗震情况直接查表

非抗震纵向受拉钢筋搭接长度 l_l 见表1-8。

表1-8 非抗震纵向受拉钢筋搭接长度 l_l

钢筋种类及同一区段内搭接钢筋接头面积百分率/%		混凝土强度等级														
		C25		C30		C35		C40		C45		C50		C55		C60
		$d\leq25$	$d>25$	$d\leq25$	$d>25$	$d\leq25$	$d>25$	$d\leq25$	$d>25$	$d\leq25$	$d>25$	$d\leq25$	$d>25$	$d\leq25$	$d>25$	$d\leq25$	$d>25$
HPB300	≤25	41d	—	36d	—	34d	—	30d	—	29d	—	28d	—	26d	—	25d	—
	50	48d	—	42d	—	39d	—	35d	—	34d	—	32d	—	31d	—	29d	—
	100	54d	—	48d	—	45d	—	40d	—	38d	—	37d	—	35d	—	34d	—
HRB400 HRBF400 RRB400	≤25	48d	53d	42d	47d	38d	42d	35d	38d	34d	37d	32d	36d	31d	35d	30d	34d
	50	56d	62d	49d	55d	45d	49d	41d	45d	39d	43d	38d	42d	36d	41d	35d	39d
	100	64d	70d	56d	62d	51d	56d	46d	51d	45d	50d	43d	48d	42d	46d	40d	45d

续表1-8

钢筋种类及同一区段内搭接钢筋接头面积百分率/%		混凝土强度等级														
		C25		C30		C35		C40		C45		C50		C55		C60	
		d≤25	d>25	d≤25	d>25	d≤25	d>25	d≤25	d>25	d≤25	d>25	d≤25	d>25	d≤25	d>25	d≤25	d>25
HRB500 HRBF500	≤25	58d	64d	52d	56d	47d	52d	43d	48d	41d	44d	38d	42d	37d	41d	36d	40d
	50	67d	74d	60d	66d	55d	60d	50d	56d	48d	52d	45d	49d	43d	48d	42d	46d
	100	77d	85d	69d	75d	62d	69d	58d	64d	54d	59d	51d	56d	50d	54d	48d	53d

注：①表中数值表示纵向受拉钢筋绑扎搭接接头的搭接长度。

②两根不同直径钢筋搭接时，表中 d 取较小钢筋直径。

③当为环氧树脂涂层带肋钢筋时，表中数据尚应乘以 1.25。

④当纵向受拉钢筋在施工过程中易受扰动时，表中数据尚应乘以 1.1。

⑤当搭接长度范围内纵向受力钢筋周边保护层厚度为 3d、5d（d 为搭接钢筋的直径）时，表中数据可分别乘以 0.8、

　0.7；中间时按内插值。

⑥当上述修正系数（注③至注⑤）多于一项时，可按连乘计算。

⑦任何情况下，搭接长度不应小于 300 mm。

⑧HPB300 级钢筋末端应做 180°弯钩，做法详见图集 22G101-1 第 2-2 页。

抗震纵向受拉钢筋搭接长度 l_{lE} 见表 1-9。

表 1-9　抗震纵向受拉钢筋搭接长度 l_{lE}

钢筋种类及同一区段内搭接钢筋接头面积百分率/%			混凝土强度等级															
			C25		C30		C35		C40		C45		C50		C55		C60	
			d≤25	d>25	d≤25	d>25	d≤25	d>25	d≤25	d>25	d≤25	d>25	d≤25	d>25	d≤25	d>25	d≤25	d>25
一、二级抗震等级	HPB300	≤25	47d	—	42d	—	38d	—	35d	—	34d	—	31d	—	30d	—	29d	—
		50	55d	—	49d	—	45d	—	41d	—	39d	—	36d	—	35d	—	34d	—
	HRB400 HRBF400	≤25	55d	61d	48d	54d	44d	48d	40d	44d	38d	42d	37d	42d	36d	40d	35d	38d
		50	64d	71d	56d	63d	52d	56d	46d	52d	45d	50d	43d	49d	42d	46d	41d	45d
	HRB500 HRBF500	≤25	66d	73d	59d	65d	54d	59d	49d	55d	47d	52d	44d	48d	43d	47d	42d	46d
		50	77d	85d	69d	76d	63d	69d	57d	64d	55d	60d	52d	56d	50d	55d	49d	53d
三级抗震等级	HPB300	≤25	43d	—	38d	—	35d	—	31d	—	30d	—	29d	—	28d	—	26d	—
		50	50d	—	45d	—	41d	—	36d	—	35d	—	34d	—	32d	—	31d	—
	HRB400 HRBF400	≤25	50d	55d	44d	49d	41d	44d	36d	41d	35d	40d	34d	38d	32d	36d	31d	35d
		50	59d	64d	52d	57d	48d	52d	42d	48d	41d	46d	39d	45d	38d	42d	36d	41d
	HRB500 HRBF500	≤25	60d	67d	54d	59d	49d	54d	46d	50d	43d	47d	41d	44d	40d	43d	38d	42d
		50	70d	78d	63d	69d	57d	63d	53d	59d	50d	55d	48d	52d	46d	50d	45d	49d

注：①表中数值为纵向受拉钢筋绑扎搭接接头的搭接长度。

②两根不同直径钢筋搭接时，表中 d 取较小钢筋的直径。

③当为环氧树脂涂层带肋钢筋时，表中数据尚应乘以 1.25。

④当纵向受拉钢筋在施工过程中易受扰动时，表中数据尚应乘以 1.1。

⑤当搭接长度范围内纵向受力钢筋周边保护层厚度为 3d、5d（d 为搭接钢筋的直径）时，表中数据尚可分别乘以 0.8、0.7；中间时按内插值。

⑥当上述修正系数（注③至注⑤）多于一项时，可按连乘计算。

⑦任何情况下，搭接长度不应小于 300 mm。

⑧四级抗震等级时，$l_{lE} = l_l$

⑨HPB300 级钢筋末端应做 180°弯钩，做法详见图集 22G101-1 第 2-2 页。

6.箍筋与拉筋构造

梁、柱封闭箍筋和柱的拉筋弯钩构造图示（见图 1-9）。

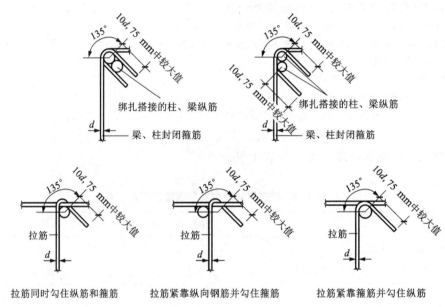

图 1-9 封闭箍筋及拉筋弯钩构造

（1）梁、柱封闭箍筋和拉筋弯钩构造

1）当构件抗震或受扭，箍筋和拉筋弯钩端头平直段长度，取 10d 和 75 mm 中的较大值。

2）当构件非抗震时，箍筋和拉筋弯钩端头平直段长度不应小于 5d。

（2）梁拉筋

梁拉筋包括两类：一类为受力拉筋（即梁的单肢箍筋），另一类为构造拉筋。通常框架梁、非框架梁侧面钢筋的拉筋为构造拉筋。

1.2.2 钢筋算量思路

1.2.2.1 钢筋算量业务分类

1.钢筋算量业务划分

钢筋算量业务主要分为指导现场施工的钢筋下料和确定工程造价的钢筋算量，本书案例为确定工程造价的钢筋算量。钢筋算量业务划分见表 1-10。

表 1-10　钢筋算量业务划分

钢筋算量 业务划分	计算依据和方法	目的	关注点
钢筋下料 （翻样）	按照相关规范及设计图纸，以"实际长度"计算	指导施工	既要符合相关规范和设计要求，还要满足方便施工、降低成本等施工需求
钢筋算量 （造价）	按照相关规范及设计图纸，按工程量清单和定额的要求，以"设计长度"计算	确定工程造价	以更高效率快速确定工程的钢筋总用量，用以确定工程造价

2. 钢筋算量(造价)与钢筋下料的区别

(1)钢筋算量(造价)

钢筋算量以外包长度和计算，如有弯钩，考虑弯钩增长值，不考虑钢筋由于弯折而引起的外包长度变长与轴线之间的差值。

钢筋算量长=所有外包直线长度之和+弯钩增长值(有弯钩时加)

钢筋的弯钩，常见有光圆纵向钢筋末端的180°辅助锚固弯钩，箍筋、拉筋的135°弯钩。

在钢筋算量中，弯钩增长值按照平法规定计算：单个180°辅助弯钩增长值取6.25d；单个135°弯钩，弯钩增长值在抗震构件中取 $\max(10d, 75)+1.9d$，非抗震构件中取6.9d(即5d+1.9d)。

(2)下料长度

下料长度为每根钢筋的实际材料长度，由于各构件的钢筋须加工成不同的形状，可能既要做弯钩，又要做弯折，但钢筋轴线长度基本保持不变，因此钢筋下料长度为钢筋的轴线长度总和。在计算下料长度时，要考虑弯钩增长值，同时要扣除弯折量度差。

钢筋的下料长度=钢筋轴线长度之和

下料长度计算一般分为两步：

第一步：算出钢筋的算量长度；

第二步：用算量长度减量度差。

即钢筋的下料长度=钢筋的算量长度-量度差(有弯折时减)

(3)量度差

在钢筋的弯折处，钢筋外包尺寸与轴线尺寸间存在一个差值，称为量度差，即钢筋算量长度与钢筋下料长度之间的差值。

【例】　如图1-10钢筋弯曲示意图，假设某顶层框架梁上部纵筋端部弯折90°锚固，钢筋直径d=28 mm，根据平法图集规定，钢筋加工的弯曲半径r=8d、D=16d，钢筋弯曲后，求钢筋的量度差。

由图1-10可知：

$$钢筋的算量长度=ab+x+y+cd$$

$$钢筋的下料长度=ab+bc+cd$$

$$x=y=r+d=8d+d=9d$$

$$bc=(8d+d/2)\times3.14\times(90°/180°)=13.345d$$

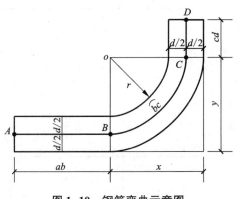

图 1-10　钢筋弯曲示意图

$$量度差 = 钢筋的算量长度 - 钢筋的下料长度$$
$$= (ab + x + y + cd) - (ab + bc + cd) = (x + y) - bc$$
$$= 18d - 13.345d = 4.655d \approx 5d$$

由此可知,钢筋弯曲后的算量长度要大于钢筋的下料长度,这个差值就是钢筋下料的量度差。

(4)算量与下料在计算钢筋长度时的区别

1)计算长度不同:算量长度按设计长度计算(钢筋外边线长度),下料长度按实际长度计算(钢筋轴线长度)。设计长度和实际长度示意图(图 1-11)。

2)算量不考虑钢筋与钢筋之间的位置关系。

3)算量不考虑钢筋的具体连接位置。

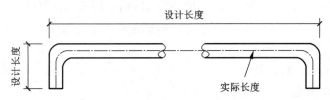

图 1-11　设计长度和实际长度示意图

1.2.2.2　钢筋算量的思路

《房屋建筑与装饰工程工程量计算规范》(GB 50854—2013)中规定,钢筋算量计算长度按设计图示长度乘以单位理论质量计算。钢筋算量总的计算思路见图 1-12。

《湖南省房屋建筑与装饰工程消耗量标准(基价表)》(2020 年)中规定:

1)钢筋工程应区别不同钢筋种类和规格,分别按设计长度乘以单位质量,以吨计算;计算弯起钢筋重量时,按外皮长度计算,不扣延伸率。

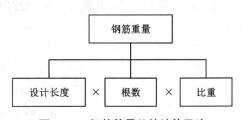

图 1-12　钢筋算量总的计算思路

2) 成型钢筋按 9 m 长以内考虑,成型钢筋之间的搭接长度应计算工程量,其搭接个数和搭接长度的计算,按设计规定;成型钢筋 9 m 长以外时,直径 10 mm 及以上的钢筋按每 9 m 计算一个接头,其接头长度根据不同的接头方式按规范规定长度计算。

为保证钢筋受力后与混凝土有可靠的黏结,不会与混凝土之间产生相对滑动,纵向钢筋必须伸过其受力截面后在混凝土中有足够的锚固长度,通过这部分长度,钢筋将其所受的力传递给混凝土。平法图集 22G101 系列对钢筋的锚固长度做了相应的规定。

设计长度=构件净长+在支座内的锚固长度+钢筋连接长度(构件有支座时)

设计长度=构件总长+封边+钢筋连接长度(构件无支座时)

依据平法构造规则,作为支座的构件,纵筋和箍筋连续穿过节点,纵筋在节点处没有锚固。

因此,钢筋算量计算思路可再次分解(图 1-13)。

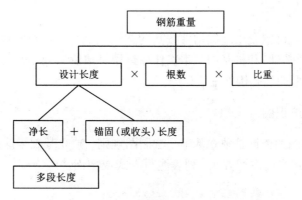

图 1-13　钢筋算量思路分解图

构件净长由平法施工图直接读取,比重依据钢筋直径查表或计算获取,因此,钢筋算量工作最终体现为三项核心内容(图 1-14)。

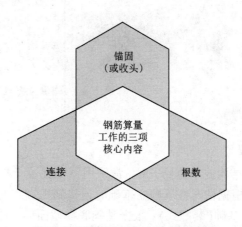

图 1-14　钢筋算量核心内容示意图

第2章　平法制图规则在钢筋算量识图中的应用

第1节　基础构件钢筋算量识图

2.1　基础构件平法识图

建筑工程常用的现浇混凝土基础构件按其构造形式划分,有条形基础、独立基础、满堂基础(筏形基础、箱形基础)和桩基础。本次任务运用平法制图规则,完成独立基础、条形基础、筏形基础三种类型的基础构件平法识图。

2.1.1　独立基础平法识图

独立基础平法识图的依据是独立基础平法制图规则。独立基础平法制图规则,是指在基础平面布置图上,采用平面注写方式、列表注写方式或截面注写方式,表达独立基础结构设计内容。

2.1.1.1　独立基础平法识图知识体系

知识点一
独立基础的类型

知识点二
独立基础平面表示方法

知识点三
独立基础平法识图

2.1.1.2　独立基础的类型

当建筑物上部为框架结构或单独柱子时,常采用钢筋混凝土独立基础(简称独立基础)。独立基础平法施工图中,根据柱与柱下独立基础的连接施工方式的不同,分为普通独立基础(现浇整体式)和杯口独立基础(装配式);根据基础底板截面形式的不同,又各自分为阶梯形和锥形两种。表2-1所列为独立基础的类型。

表 2-1　独立基础的类型

类型		截面形式	示意图	代号
独立基础	普通	阶梯形	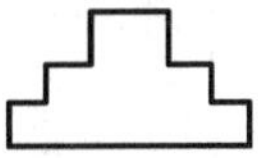	DJj
		锥形	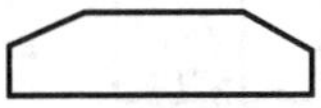	DJz
	杯口	阶梯形	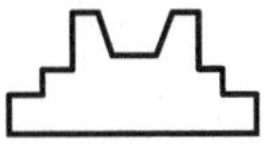	BJj
		锥形		BJz

2.1.1.3　独立基础平面表示方法

独立基础平法施工图，有平面注写、截面注写、列表注写三种方式。平法施工图可以用其中一种方式或将两种方式相结合表达。

1. 平面注写方式

平面注写方式是指直接在独立基础平面布置图上进行数据项的标注，可分为集中标注和原位标注两部分内容，图 2-1 为独立基础平法施工图平面注写方式示例。

集中标注：在基础平面布置图上集中引注基础编号、截面竖向尺寸和配筋三项必注内容，以及基础底面标高(与基底基准标高不同时)和必要的文字注解两项选注内容。

原位标注：在基础平面布置图上，标注独立基础的平面尺寸。相同编号的独立基础，选择一个标注其平面尺寸及与轴线的关系等，其余相同的只标注基础编号，图 2-2 为独立基础集中标注与原位标注结合示意图。

2. 截面注写方式

独立基础截面注写方式，应在基础平面布置图上对所有独立基础进行编号，标注其平面尺寸，并用剖面号引出对应的截面图；相同编号的基础，选择一个进行标注。已在基础平面布置图上原位标注清楚平面几何尺寸的独立基础，在截面图上不再重复标注。

3. 列表注写方式

独立基础列表注写方式，应在基础平面布置图上对所有基础进行编号。

对多个同类独立基础，可采用列表注写(结合平面和截面示意图)方式进行集中表达。表中内容为基础截面的几何数据和配筋等，在平面和截面示意图上应标注与表中栏目相对应的代号。普通独立基础列表注写格式和内容参考表 2-2。

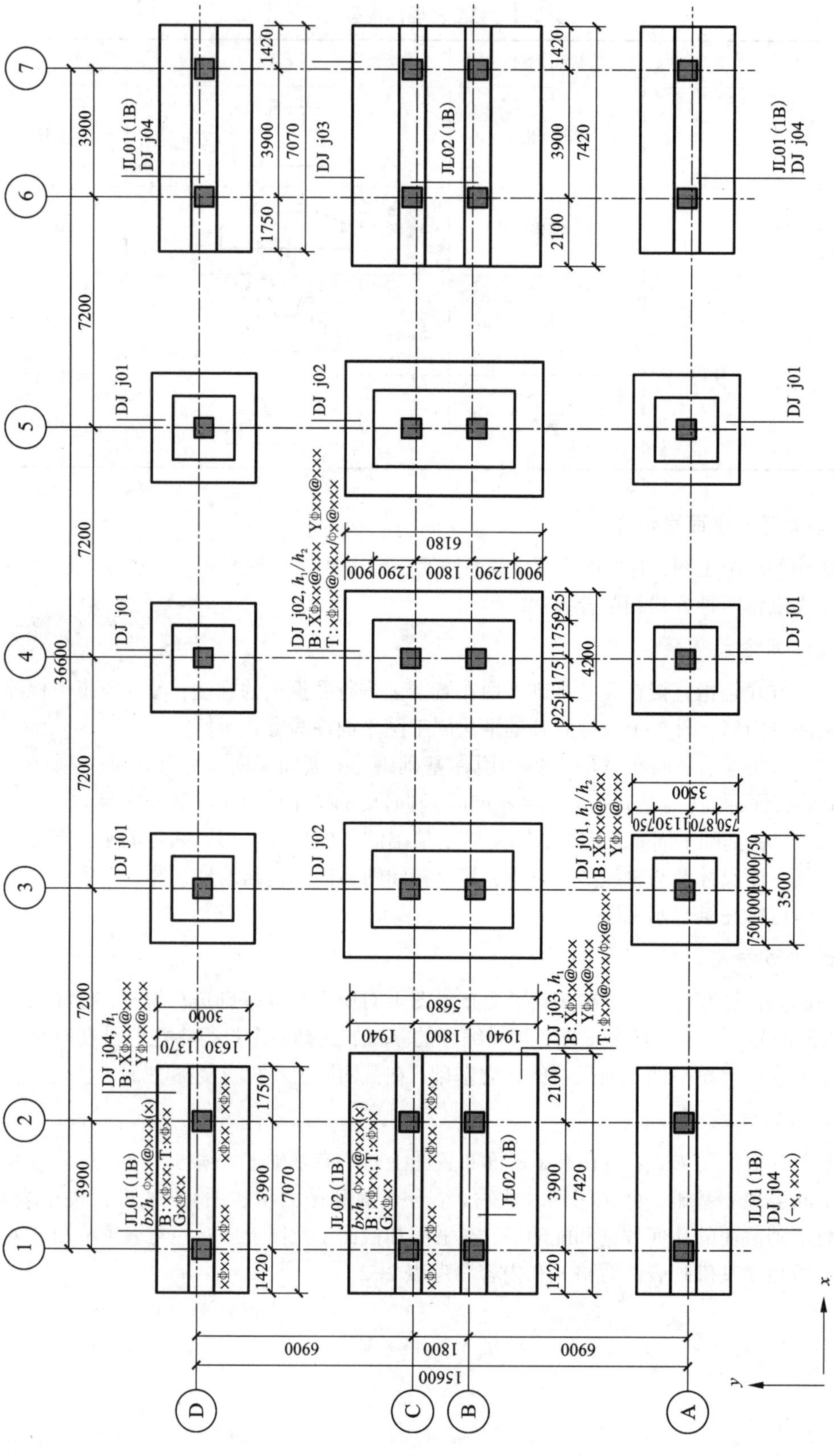

图2-1 独立基础平法施工图平面注写方式示例

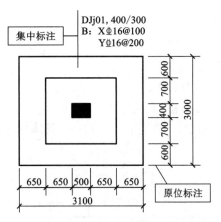

图 2-2 独立基础集中标注与
原位标注结合示意图

表 2-2 普通独立基础几何尺寸和配筋表

基础编号/截面号	截面几何尺寸/mm						底部配筋(B)	
	x	y	x_i	y_i	h_1	h_2	x 向	y 向

2.1.1.4 独立基础平法识图

【导】 识读图 2-3 独立基础平法施工图。

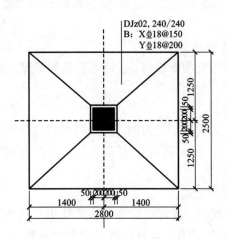

图 2-3 独立基础平法施工图

19

1. 集中标注

(1)独立基础编号(必注内容)

独立基础底板的截面形状通常有两种:

1)阶形截面代号为 DJj,如 DJjXX、BJjXX。

2)锥形截面代号为 DJz,如 DJzXX、BJzXX。

(2)注写独立基础截面竖向尺寸(必注内容)

1)普通独立基础竖向截面尺寸,注写 $h_1/h_2/h_3\cdots$,具体标注含义见示意图 2-4。

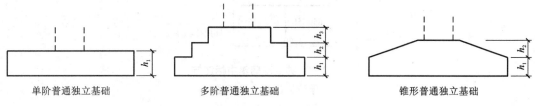

单阶普通独立基础　　　多阶普通独立基础　　　锥形普通独立基础

图 2-4　普通独立基础竖向截面尺寸示意图

2)杯口独立基础竖向截面尺寸。

杯口独立基础,其竖向截面尺寸分两组,一组表达杯口内竖向尺寸,另一组表达杯口外竖向尺寸,两组尺寸以","分隔,注写为: a_0/a_1 , $h_1/h_2/h_3\cdots$,其中杯口深度 a_0 为柱插入杯口的尺寸加 50 mm。具体标注含义见示意图 2-5。

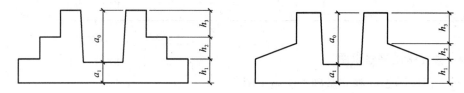

图 2-5　杯口独立基础竖向截面尺寸示意图

(3)独立基础配筋(必注内容)

独立基础集中标注中的第三项配筋信息,通常有四种情况,见表 2-3 独立基础集中标注配筋识读。

1)独立基础底板底部配筋。

①独立基础底板底部配双向网状受力钢,以 B 打头代表各种独立基础底板的底部配筋。

②X 向配筋以 X 打头,Y 向配筋以 Y 打头注写;当两向配筋相同时,则以 X&Y 打头注写。

2)双柱独立基础底板顶部配筋。

双柱独立基础底板顶部配筋,通常对称分布在双柱中心线两侧,注写方式为:平行于双柱轴线的双柱间纵向受力钢筋/垂直于双柱轴线的内侧分布筋。当纵向受力筋在基础底板顶面为非满布时,应注明总根数;没注明总根数的,表示沿基础底板顶面满布。

3) 普通独立深基础短柱配筋。

当独立基础埋深较大,设置短柱。这类深基短柱普通独立基础,在集中标注上以 DZ 打头标注信息,表示基础短柱的配筋和竖向尺寸,先注写短柱纵筋,再注写短柱的箍筋,最后注写短柱标高范围(竖向尺寸)。

其中短柱纵筋,注写为角筋/长边中筋/短边中筋;当短柱水平截面为正方形时,注写为角筋/X 边中筋/Y 边中筋。

表 2-3　独立基础集中标注配筋识读

	配筋情况与举例	图示	表达的含义	适应情况
普通独立基础集中标注配筋信息	1. 独立基础底板的底部配筋标注 【例】 B: X⏀18@180 　　Y⏀18@200 或 B: X&Y⏀18@200	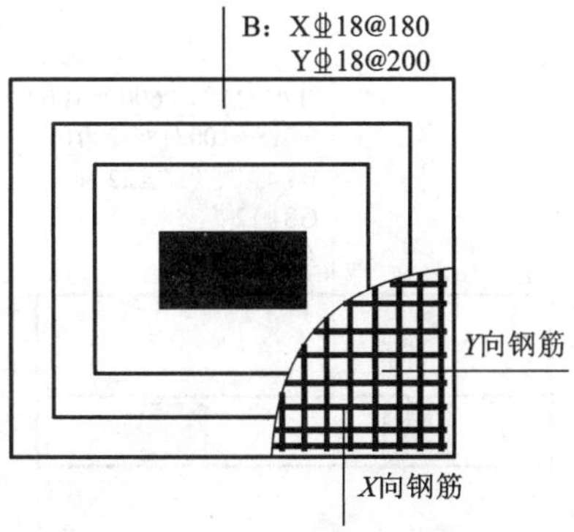 B: X⏀18@180 Y⏀18@200 Y向钢筋 X向钢筋	表示基础底板底部配有: HRB400 级钢筋,X 向钢筋直径为 18 mm,间距 180 mm;Y 向钢筋直径为 18 mm,间距 200 mm。或 X 和 Y 向均配有 HRB400 级钢筋,钢筋直径为 18 mm,间距 200 mm	独立基础底部配有双向受力钢筋网
	2. 独立基础底板的顶部配筋标注 【例】 T: 9⏀18@100/⏀10@200	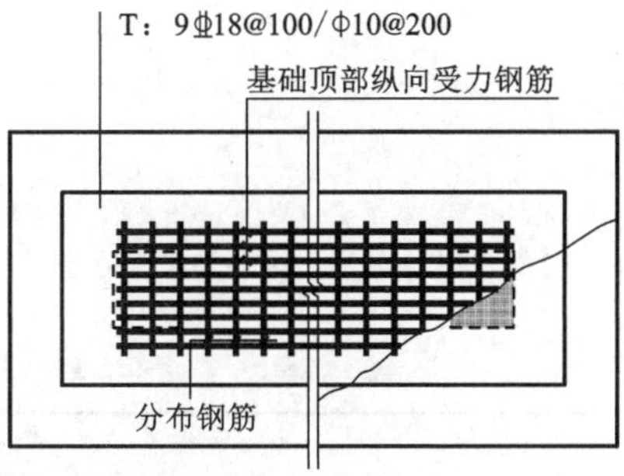 T: 9⏀18@100/⏀10@200 基础顶部纵向受力钢筋 分布钢筋	表示基础底板顶部配有: 受力筋 9 根,HRB400 级钢筋直径为 18 mm,间距 100 mm;分布筋 HPB300 级钢筋,直径为 10 mm,间距 200 mm	多柱或双柱独立基础,没有基础梁,独立基础顶部配有受力钢筋和分布钢筋
	3. 深基短柱配筋标注 【例】 DZ: 4⏀22/5⏀20/5⏀20 　　⏀10@100 　　-2.000~-0.050	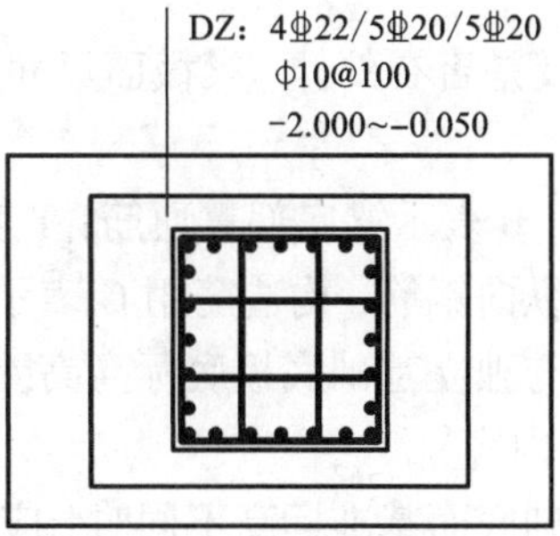 DZ: 4⏀22/5⏀20/5⏀20 ⏀10@100 -2.000~-0.050	独立基础的短柱设置在 -2.000 至 -0.050 高度范围内,配置 HRB400 级竖向纵筋和 HPB300 级箍筋 其竖向纵筋为:角筋 4⏀22、x 边中部筋和 y 边中部筋均为 5⏀20;其箍筋直径为 10 mm,间距 100 mm。见示意图 2.3.2-15	独立基础埋深较大,单柱或多柱(DZ)

配筋情况与举例	图示	表达的含义	适应情况
普通独立基础集中标注配筋信息	**4.基础梁配筋标注** 【例】 JL01(1B)，600×1000 9ϕ18@ 100/ϕ18@ 200(6) B: 4ϕ22; T: 7ϕ22 4/3 G8ϕ12 (-0.100)	JL01(1B)，600×1000 9ϕ18@100/18@200(6) B:4ϕ2; T:7ϕ22 4/3 G8ϕ12 (-0.100)	第一行表示为：1号基础梁、1跨两头外伸，梁宽600 mm、梁高1000 mm； 第二行表示为：两端各设置9根HRB400，直径为18 mm，间距100 mm的箍筋，跨内剩余梁长度范围内设置间距200 mm的箍筋，均为6肢箍； 第三行表示为：B表示梁的底部配置4ϕ22的贯通纵筋，T表示梁的顶部配置7ϕ22贯通纵筋，分两层布置，上层4根、下层3根； 第四行表示为：梁的两个侧面共配置8ϕ12的纵向构造筋，每侧各配置4根； 第五行表示为：本基础梁的梁底标高比基础底板底标高低100 mm	多柱或双柱独立基础配有基础梁(JL)

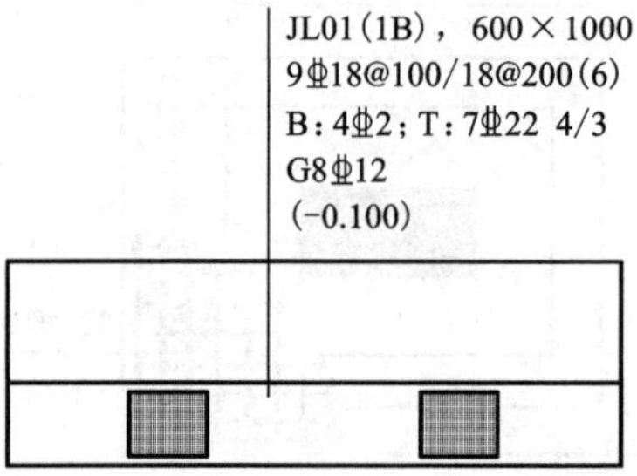

4)基础梁配筋。

基础梁的配筋，以 JL 打头标注相关信息，集中标注包含五行，分别代表五个方面的内容。

第一行为基础梁编号，跨数及是否有外伸，梁截面尺寸即梁宽和梁高；

第二行为基础梁箍筋信息；

第三行为基础梁纵向受力筋，B 表示梁底部贯通筋；T 表示梁顶部贯通筋；

第四行为基础梁的两个侧面纵向钢筋，构造筋用 G 表示，受扭钢筋用 N 表示；

第五行为基础梁的梁底标高与独立基础底板底标高高差关系。

(4)注写基础底面标高(选注内容)

当独立基础的底面标高与基础底面基准标高不同时，应将独立基础底面标高直接注写在"($\pm$)"内。"+"表示该独立基础的底面标高比基础底面基准标高要高；"−"表示该独立基础的底面标高比基础底面基准标高要低。

（5）必要的文字注解（选注内容）

当独立基础设计有特殊要求时，需增加必要的文字注解。如，基础底板配筋长度是否采用减短方式等，可在该项内注明。

2. 原位标注

独立基础的原位标注，指在基础平面布置图上标注其平面尺寸。相同编号的基础，选择一个做原位标注；当平面图形较小时，可将所选定做原位标注的基础按比例适当放大；相同编号的基础仅标注编号。图 2-6 为普通独立基础原位标注示意图。

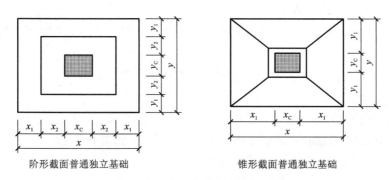

图 2-6 普通独立基础原位标注示意图

2.1.2 条形基础平法识图

条形基础平法识图的依据是条形基础平法制图规则。条形基础平法制图规则，是指在基础平面布置图上，采用平面注写方式或列表注写方式，表达条形基础结构设计内容。

2.1.2.1 条形基础平法识图知识体系

知识点一
条形基础的分类
知识点二
条形基础平面表示方法
知识点三
条形基础平法识图

2.1.2.2 条形基础的分类

条形基础为连续的带状基础，也称为带形基础。条形基础一般位于砖墙或混凝土墙下，用以支承墙体构件。

条形基础平法施工图中，将条形基础分为两类：一类为板式条形基础，如图 2-7，该类基础适用于钢筋混凝土剪力墙和砌体墙；另一类为梁板式条形基础，如图 2-8，该类基础适用于钢筋混凝土框架结构、框架-剪力墙结构、部分框支剪力墙结构和钢结构。

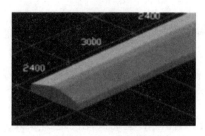
图 2-7　板式条形基础

图 2-8　梁板式条形基础

2.1.2.3　条形基础平面表示方法

条形基础平法施工图，有平面注写和截面注写两种方式。平法施工图可以用其中一种方式或两种方式相结合表达。

平法施工图将梁板式条形基础分解为基础梁和条形基础底板分别进行表达，板式条形基础仅表达条形基础底板。

当基础底面标高不同时，注明与基础底面基准线标高不同之处的范围和标高。

当梁板式基础梁中心或板式条形基础板中心与建筑定位轴线不重合时，标注其定位尺寸。

编号相同的条形基础，选择一个进行标注。

1. 平面注写方式

条形基础的平面注写方式是指直接在条形基础平面布置图上进行数据项的标注，可分为集中标注和原位标注两部分内容，如图 2-9 所示。

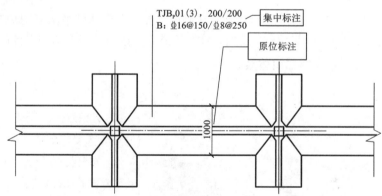
条形基础底板平法标注

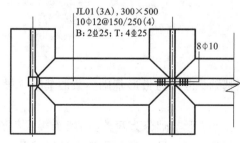
基础梁平法标注

图 2-9　条形基础的集中标注和原位标注示意图

条形基础集中标注是在基础平面布置图上集中引注，包括基础底板(基础梁)编号、截面尺寸、配筋三项必注内容，以及基础底面标高(与基础底面基准标高不同时)和必要的文字注解两项选注内容。

原位标注是在基础平面布置图上标注各跨的尺寸和配筋。

2.截面注写方式

条形基础的截面注写方式，又可分为截面标注和列表注写(结合截面示意图)两种表达方式。

采用截面注写方式，在基础平面布置图上对所有条形基础进行编号。已在基础平面布置图上原位标注清楚的该条形基础梁和条形基础底板的水平尺寸，不在截面图上重复表达。

多个条形基础一般采用列表注写(结合截面示意图)的方式进行集中表达。表中内容为条形基础截面的几何数据和配筋，截面示意图上应标注与表中栏目相对应的代号。列表表达的具体内容见表2-4基础梁几何尺寸和配筋表以及表2-5条形基础底板几何尺寸和配筋表。

表2-4　基础梁几何尺寸和配筋表

基础梁编号/ 截面号	截面几何尺寸		配筋	
	$b \times h$	竖向加腋 $c_1 \times c_2$	底部贯通纵筋+非贯通纵筋，顶部贯通纵筋	第一种箍筋/ 第二种箍筋

表2-5　条形基础底板几何尺寸和配筋表

基础底板编号/ 截面号	截面几何尺寸			底部配筋(B)	
	b	b_i	h_1/h_2	横向受力钢筋	纵向分布钢筋

2.1.2.4　条形基础平法识图

1.条形基础基础梁平法识图

【导】　识读图2-10基础梁平法施工图

(1)集中标注

1)基础梁集中标注示意图。

基础梁集中标注三项必注内容为编号、截面尺寸、配筋信息，如图2-11所示。

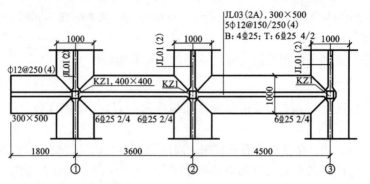

图 2-10　基础梁平法施工图

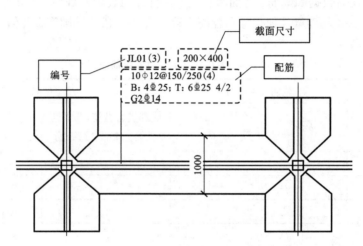

图 2-11　基础梁集中标注示意图

2) 基础梁编号。

基础梁集中标注第一项必注内容为基础梁编号，由"代号""序号""跨数及是否有外伸"三部分组成，如图 2-12 所示。

"代号""序号""跨数及是否有外伸"，其具体含义表示方法见表 2-6。

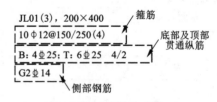

图 2-12　基础梁集中标注

表 2-6　基础梁编号

类型	代号	序号	跨数及是否有外伸
基础梁	JL	××	(××)：端部无外伸，括号内数字表示跨数
		××	(××A)：A 表示基础梁一端有外伸
		××	(××B)：B 表示基础梁两端有外伸

【例】　JL01(3)表示基础梁 1 号，3 跨，端部无外伸；

　　　　JL02(3A)表示基础梁 2 号，3 跨，一端有外伸；

　　　　JL03(3B)表示基础梁 3 号，3 跨，两端有外伸。

3）基础梁截面尺寸。

基础梁集中标注第二项必注内容为截面尺寸。基础梁截面尺寸用 $b×h$ 表示，其表示基础梁的截面宽度和高度；当为加腋梁时，用 $b×hYc_1×c_2$ 表示，其中 c_1 为腋长，c_2 为腋高。分别见图 2-13 和图 2-14。

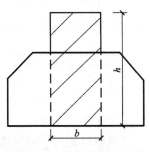

图 2-13　基础梁截面尺寸

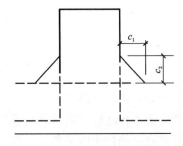

图 2-14　加腋基础梁截面尺寸

4）基础梁配筋识图。

①基础梁配筋标注内容。

基础梁集中标注的第三项必注内容是配筋，主要注写内容包括箍筋、底部、顶部及侧部纵向钢筋，如图 2-15 所示。

②基础梁箍筋。

基础梁箍筋表示方法见表 2-7。

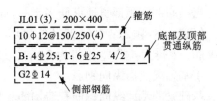

图 2-15　基础梁配筋标注内容

表 2-7　基础梁箍筋识图

箍筋表示方法	平法标注与识图	
φ10@150(2)	箍筋为 HPB300，直径 10 mm，间距为 150 mm 的双肢箍。只有一种箍筋间距	JL01(3)，200×400 φ10@150(2) B: 4Φ25 只有一种箍筋间距 L

箍筋表示方法		平法标注与识图
5φ10@150/250(4)	两端各布置 5 根φ10 间距 150 mm 的箍筋，中间剩余部位按间距 250 mm 布置，均为四肢箍	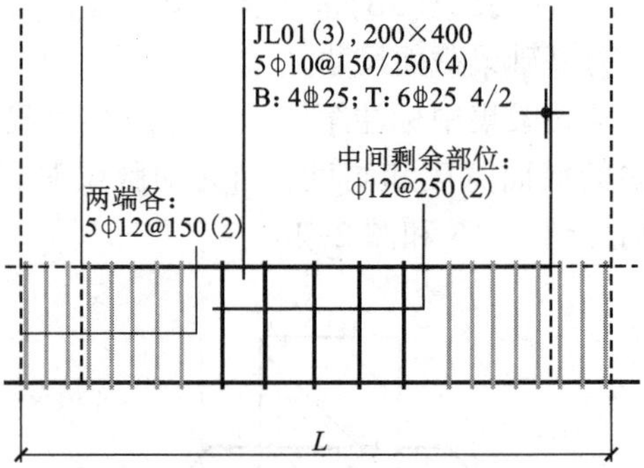

③基础梁底部及顶部贯通纵筋。

基础梁集中标注底部贯通筋与顶部贯通筋注写在同一行，用分号";"隔开。

底部贯通纵筋标注以 B 打头，当跨中所注贯通筋根数少于箍筋肢数时，跨中增设梁底部架立筋以固定箍筋，采用"+"将贯通筋与架立筋相连，架立筋注写在加号后面的括号内。

顶部贯通纵筋标注以 T 打头。

当梁底部或顶部贯通纵筋多于一排时，用"/"将各排纵筋自上而下分开。

【例】 B:4Φ22；T:6Φ22 4/2 表示梁底部配置 4Φ22 的贯通纵筋，梁顶部配置 6Φ22 的贯通纵筋，上排为 4Φ22，下排为 2Φ22，共 6Φ22。

④基础梁侧面纵向钢筋。

基础梁的侧面纵向钢筋有造构筋和抗扭钢筋两种。

造构筋以大写字母 G 打头，并注写梁两个侧面对称设置的纵向构造钢筋的总配筋值(当梁腹板净高不小于 450 mm 时，根据需要配置)。拉筋按构造要求配置，直径为 8 mm(注明者除外)，间距为非加密箍筋间距的两倍。

【例】 G4Φ12 表示梁每个侧面配置纵向构造钢筋 2Φ12，共配置 4Φ12，对称设置。

当需要配置抗扭纵向钢筋时，用字母 N 打头，并注写梁两个侧面对称设置的抗扭纵向钢筋总配筋值。

【例】 N4Φ14 表示梁的两个侧面各配置 2Φ14 的纵向抗扭钢筋，共配置 4Φ14，对称设置。

5)基础梁底面标高。

基础梁集中标注的第四项内容为选注内容，注写基础梁底面标高。当条形基础的底面标高与基础底面基准标高不同时，将条形基础底面标高高差用"+"或"-"加数值注写在"( )"内。

(2)原位标注

1)基础梁端部及柱下区域底部全部纵筋。

基础梁端部及柱下区域底部全部纵筋包括底部非贯通筋和集中标注的底部贯通纵筋，如图 2-16 所示。

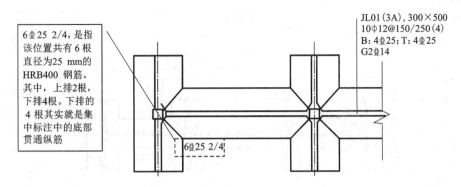

图 2-16　基础梁端部及柱下区域原位标注示意图

基础梁底部纵筋原位标注知识与识图，见表 2-8。

表 2-8　基础梁底部纵筋原位标注识图

知识点	平法图示	识图
当基础梁端或柱下区域的底部纵筋多于一排时，用"/"将各排纵筋自上而下分开	JL01(3A), 300×500 10Φ12@150/250(4) B: 4Φ25; T: 4Φ25 6Φ25 2/4	基础梁左端底部纵筋共有6根，分上、下两排，上排2Φ25为底部非贯通纵筋，下排4Φ25为集中标注的底部贯通纵筋
基础梁端或柱下区域的底部纵筋，同排纵筋有两种直径时，用"+"将两种直径的纵筋相连	JL01(3A), 300×500 10Φ12@150/250(4) B: 2Φ25; T: 4Φ25 2Φ25+2Φ20	基础梁左端底部纵筋共有4根，由两种不同直径钢筋组成，其中2Φ25为集中标注的底部贯通纵筋，2Φ20为底部非贯通纵筋
当基础梁中间支座或梁在柱下区域两边的底部纵筋配置不同时，须在支座两边分别标注；当梁中间支座两边的底部纵筋相同时，可仅在支座的一边标注	JL01(3A), 300×500 10Φ12@150/250(4) B: 2Φ25; T: 4Φ25 4Φ25　　4Φ25　　5Φ25 ①　　　②	中间支座柱下两侧底部配筋不同： ②轴左侧4Φ25，其中2根为集中标注的底部贯通纵筋，另2根为底部非贯通纵筋； ②轴右侧5Φ25，其中2根为集中标注的底部贯通纵筋，另3根为底部非贯通纵筋

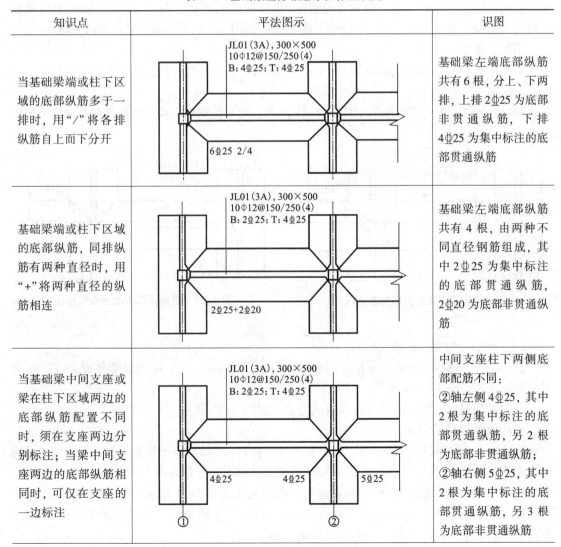

知识点	平法图示	识图
原位注写修正内容。当在基础梁上集中标注的底部贯通纵筋不适用于某跨或某外伸部位时,将其修正内容原位标注在该跨或该外伸部位,原位标注取值优先	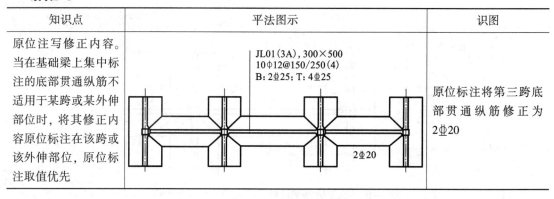	原位标注将第三跨底部贯通纵筋修正为2⏀20

2)附加箍筋或吊筋。

当基础梁十字相交,且交叉位置无柱时,根据抗力需要设置附加箍筋或吊筋,直接在平面图相应位置条形基础主梁上引注总配筋值(附加箍筋的肢数注在括号内)。当附加箍筋或吊筋的大部分配筋相同时,可在平法施工图上统一说明,少数不同时在原位直接引注。

①附加箍筋。

附加箍筋的原位标注,如图2-17所示,表示每边各加4根,共8根⏀10的附加箍筋。

②附加吊筋。

基础梁附加吊筋的原位标注,如图2-18所示,表示在基础主梁上增加两根⏀14的吊筋。

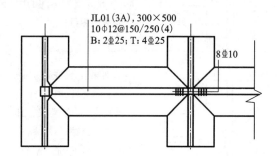

图2-17 基础梁附加箍筋原位标注

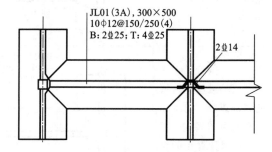

图2-18 基础梁附加吊筋原位标注

3)外伸部位的变截面高度尺寸。

基础梁外伸部位变截面,原位注写变截面高度尺寸 $b×h_1/h_2$,h_1 为根部截面高度,h_2 为尽端截面高度,如图2-19所示。

基础梁外伸部位变截面原位标注表达的含义如图2-20所示。

4)原位标注修正内容。

当基础梁集中标注的某项内容(如截面尺寸、箍筋、底部与顶部贯通纵筋或架立筋、梁侧面纵向钢筋、梁底面标高等)不适用于某跨或某外伸部位时,原位标注在该跨或该外伸部位将其修正,原位标注取值优先。原位标注修正截面尺寸如图2-21所示。

JL01集中标注的截面尺寸为300 mm×500 mm,第3跨原位标注为300 mm×400 mm,表示第3跨发生了截面变化,截面高变为400 mm。

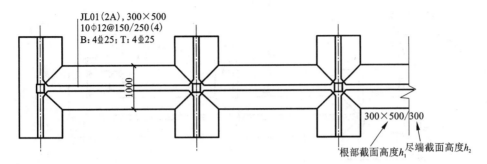

图 2-19 基础梁外伸部位变截面原位标注

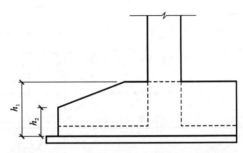

图 2-20 基础梁外伸部位变截面尺寸图示

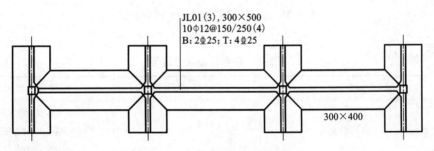

图 2-21 原位标注修正截面尺寸

2. 条形基础底板平法识图

【导】 识读图 2-22 条形基础底板 TJB_P04 平法施工图。

(1)集中标注

条形基础底板集中标注包括编号、截面竖向尺寸、配筋三项必注内容,如图 2-23 所示。

1)条形基础底板编号。

条形基础底板编号由三部分组成,分别为"代号""序号""跨数及有无外伸",具体含义见表 2-9。

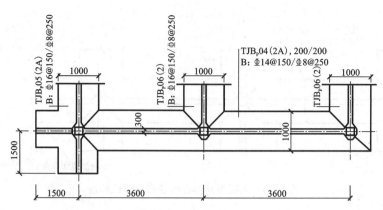

图 2-22　条形基础底板平法施工图

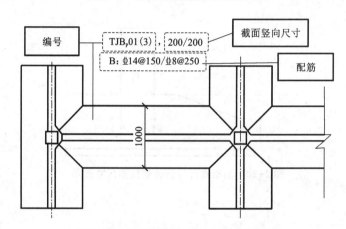

图 2-23　条形基础底板集中标注示意图

表 2-9　条形基础底板编号

类型		代号	序号	跨数及有无外伸
条形基础底板	阶形坡形	TJB_J TJB_P	××	（××）：端部无外伸 （××A）：一端有外伸 （××B）：两端有外伸

　　条形基础底板代号用大写字母"TJB"表示，在"TJB"后加下标"J"表示阶形，下标"P"表示坡形。条形基础底板阶形与坡形示意图见表 2-10。

表 2-10　条形基础底板的阶形与坡形

阶形	坡形
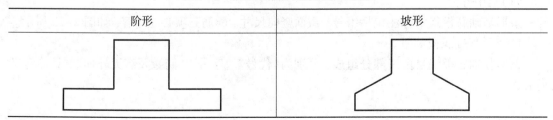	

【例】　TJB$_j$01(3)表示阶形条形基础底板 1 号,3 跨,端部无外伸;

　　　　TJB$_p$01(2A)表示坡形条形基础底板 1 号,2 跨,一端有外伸;

　　　　TJB$_p$02(3B)表示坡形条形基础底板 2 号,3 跨,两端有外伸。

2)条形基础底板截面竖向尺寸。

条形基础底板截面竖向尺寸用"$h_1/h_2/\cdots$"自下而上进行标注,见表 2-11。

表 2-11　条形基础底板截面竖向尺寸识图

分类	识图
单阶条形基础截面竖向尺寸	TJB$_j$01(3),200 B:Φ14@150/Φ8@250
多阶条形基础截面竖向尺寸	TJB$_j$01(3),200/250 B:Φ14@150/Φ8@250
坡形条形基础截面竖向尺寸	TJB$_p$01(3),200/300 B:Φ14@150/Φ8@250

3)条形基础底板及顶部配筋。

条形基础底板配筋有两种情况:普通条形基础,只有底部配筋;双梁条形基础须配顶部钢筋。以"B"打头注写条形基础底板底部的受力钢筋,在其后用"/"隔开注写构造分布筋;以"T"打头注写条形基础底板顶部的受力钢筋,在其后用"/"隔开注写构造分布筋。

条形基础底板底部钢筋平法识图,如图 2-24 所示。

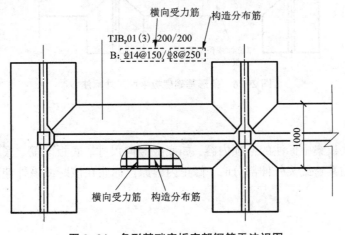

图 2-24　条形基础底板底部钢筋平法识图

双梁条形基础平法标注，如图 2-25 所示。

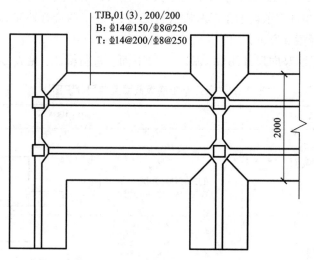

图 2-25　双梁条形基础平法施工图

图中 1 号双梁坡形条形基础，底部配有 Φ14@ 150 的受力筋和 Φ8@ 250 的分布筋，顶部配有 Φ14@ 200 的受力筋和 Φ8@ 250 的分布筋。

（2）原位标注

1）条形基础底板的平面尺寸。

条形基础底板原位标注，注写底板平面尺寸，如图 2-26 所示。

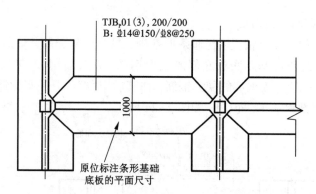

图 2-26　条形基础底板平面尺寸标注

2）修正内容。

当条形基础底板集中标注的某项内容，如底板竖向尺寸、底板配筋、底面标高等不适用于条形基础底板的某跨或某外伸部分时，修正内容原位标注在该跨或该外伸部位。

2.1.3　筏形基础平法识图

筏形基础平法识图的依据是筏形基础平法制图规则，筏形基础平法制图规则，是指在基础平面布置图上，采用平面注写方式，表达筏形基础结构设计内容。

2.1.3.1　筏形基础平法识图知识体系

知识点一
筏形基础的分类
知识点二
筏形基础平法识图

2.1.3.2　筏形基础的分类

筏形基础平法施工图中，将筏形基础分为梁板式筏形基础和平板式筏形基础。梁板式筏形基础通常由基础主梁(JL)、基础次梁(JCL)和基础平板(LBP)组成；平板式筏形基础平板用代号 BPB 表示。本书主要介绍梁板式筏形基础的应用。

平法标注通过注写基础梁底面与基础平板底面的标高高差表达两者之间的位置关系，明确"高板位"(梁顶与板顶相平)、"低板位"(梁底与板底相平)及"中板位"(板在梁的中部)，表达梁板式筏形基础的位置组合。

2.1.3.3　筏形基础平法识图

【导】　识读图 2-27 基础梁平法施工图和图 2-28 基础平板施工图组成的筏形基础平法施工图。

筏形基础平法施工图采用平面注写方式，分别在基础梁和基础平板上采用集中标注和原位标注进行表达。

1. 基础梁平法识图

筏形基础其基础梁包括基础主梁和基础次梁，平法施工图由集中标注和原位标注共同表达构件信息。其表达的意义分别见图 2-29 基础主梁平法标注图示，图 2-30 基础次梁平法标注图示。

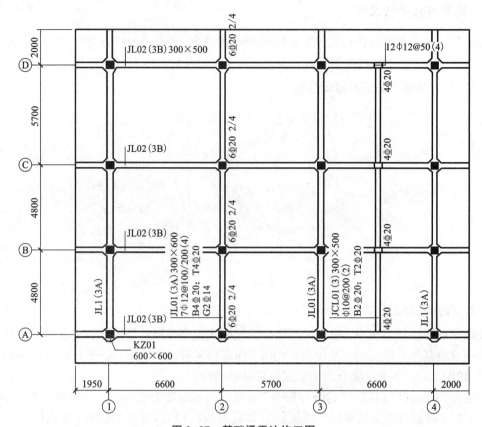

图 2-27　基础梁平法施工图

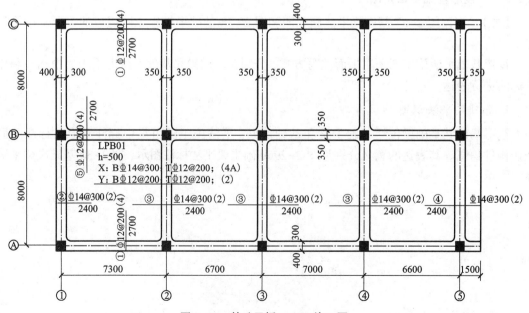

图 2-28　基础平板(LPB)施工图

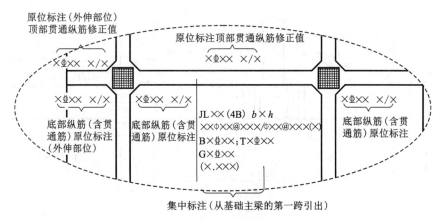

图 2-29　基础主梁平法标注图示

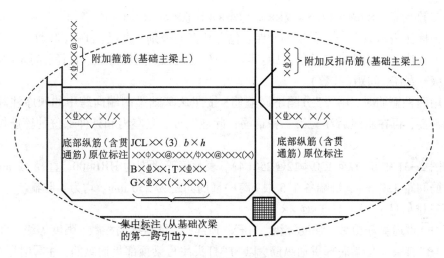

图 2-30　基础次梁平法标注图示

【例】　识读图 2-31 基础梁平法施工图。

(1)集中标注

集中标注应从基础梁第一跨引出相关信息。基础梁的集中标注,一般有五排,分别表达五个方面的信息。

1)第一排信息 JL××(×B)或 JCL××(×B)b×h。

基础主梁(JL)或基础次梁(JCL)编号,包括代号、序号(跨数及外伸状况);

(×A)表示一端外伸;(×B)表示两端外伸;(×)表示无外伸。

$b×h$ 表示截面尺寸,梁宽和梁高;当加腋时,用 $b×hYc_1×c_2$ 表示,其中 c_1 为腋长,c_2 为腋宽。

案例图 2-31 中 JL01(3)300×500,表示基础主梁 01 号,3 跨,无外伸,梁宽 300 mm,梁高 500 mm。

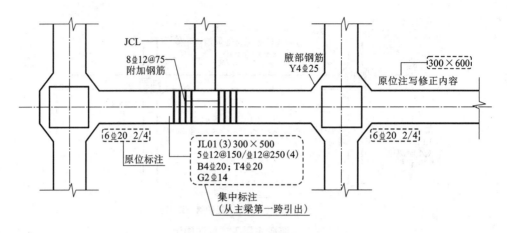

图 2-31　基础梁平法施工图

2）第二排信息 Φ××@×××(×)或××Φ××@×××/Φ××@×××(×)。

第一种标注表示只采用一种箍筋间距：包含其钢筋级别、直径、间距(肢数)。

第二种标注表示采用两种箍筋间距：第一种箍筋道数、强度等级、直径、间距/第二种箍筋强度等级、直径、间距(肢数)。

当采用两种箍筋时，用"/"分隔不同箍筋，按照从基础梁两端向跨中的顺序注写。先注写第一种箍筋，再在斜线后注写第二种箍筋；除注明外，支座内和外伸部位的箍筋按第一种箍筋布置。

案例图 2-31 中 5Φ12@150/Φ12@250(4)，表示箍筋级别为 HRB400，直径 12 mm，每跨梁两端箍筋间距 150 mm，每端各布 5 根；跨中箍筋间距为 250 mm，均为 4 肢箍。

3）第三排信息 B×@××；T×@××。

底部(B)贯通纵筋根数、强度等级、直径；顶部(T)贯通纵筋根数、强度等级、直径。

①以"B"打头注写梁底部贯通纵筋，以"T"打头注写梁顶部贯通纵筋，注写时用分号";"将底部与顶部纵筋分割开来。

②当梁底部或顶部贯通纵筋多于一排时，用斜线"/"将各排纵筋自上而下分开。如：B7Φ25 3/4 表示：梁底部有 7 根贯通纵筋分两排布置，上排纵筋为 3 根Φ25，下排纵筋为 4 根Φ25，钢筋级别为 HRB400。

③当跨中所注根数少于箍筋肢数时，需要在跨中加设架立筋以固定箍筋，注写时用加号"+"将贯通纵筋与架立筋相连，架立筋注写在加号后面的括号内。

案例图 2-31 中 B4Φ20；T4Φ20，表示梁的底部和顶部均配置 4 根直径 20 mm 贯通纵筋，钢筋级别为 HRB400。

4）第四排信息 G×Φ××或 N×Φ××。

梁侧面贯通纵筋总根数、钢筋级别、直径。G 表示构造纵筋，N 表示抗扭纵筋。每侧均匀对称配置。

案例图 2-31 中 G2Φ14，表示梁的侧面共配置 2 根Φ14 的纵向构造钢筋，每侧各配置 1 根。

如果注写为 N6Φ14,表示梁的侧面共配置 6 根Φ14 的纵向抗扭纵筋,每侧各配置 3 根。

第五排信息(±×.×××)。

其表示基础梁底面相对于基础平板底面标高的高差。"+"表示基础梁底高于平板底面,"−"表示低,不标注表示两者底面相平。

(2)原位标注

1)端部(节点)区域底部的全部纵筋。

基础梁端部(节点)区域底部纵筋注写在平面施工图中基础梁平面图下面,是指通过该区域的所有纵筋,包括集中标注的底部贯通筋和该区域的底部非贯通筋,一般有如下三种情况。

①基础梁端部(节点)区域底部纵筋多于一排时,上下排纵筋用斜线"/"自上而下分开。

案例图 2-31 中基础梁端部(节点)区域底部纵筋标注为"6Φ20 2/4",表示上排纵筋 2Φ20,为底部非贯通筋;下排纵筋 4Φ20,为集中标注中已注写的底部贯通纵筋。

②当基础梁底部同排纵筋有两种直径时,两种直径的纵筋用加号"+"相连。

【例】　基础梁端部(节点)区域底部纵筋标注为"2Φ20+2Φ18",表示同排有直径 20 mm和直径 18 mm 的两种纵筋。2Φ20 为集中标注的贯通筋,2Φ18 为底部非贯通筋,如图 2-32 所示。

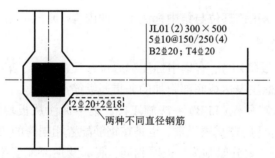

图 2-32　基础梁原位标注——底部纵筋直径不同时

③当基础梁中间节点两边的底部纵筋配置不同时,在节点两边分别标注,如图 2-33 所示;当梁中间节点两边的底部纵筋相同时,配筋信息标注在节点的一边,如图 2-34 所示。

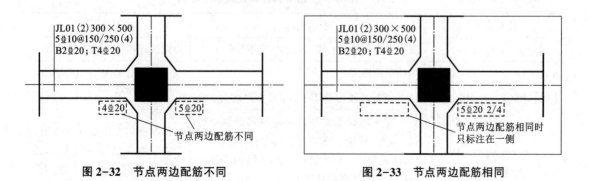

图 2-32　节点两边配筋不同　　　　　　　**图 2-33　节点两边配筋相同**

2)基础主梁附加箍筋或(反扣)吊筋。

在主次梁相交处,增加附加箍筋或吊筋,加强主梁对次梁的支撑。附加箍筋或(反扣)吊筋,布置在次梁两侧主梁上,通常直接画在平面图的主梁上,引注总配筋值(附加箍的肢数注在括号内);基础主梁配置的附加箍筋或(反扣)吊筋信息大部分相同时,一般在平法施工图上统一说明,少数配筋信息不同时,在原位标注。图2-35为附加箍筋标注示意图,图2-36为吊筋标注示意图。

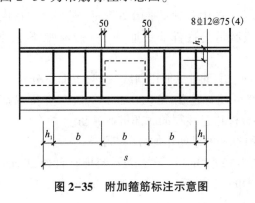

图2-35 附加箍筋标注示意图

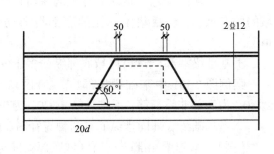

图2-36 吊筋标注示意图

3)其他的原位标注。

其他的原位标注,修正该部位与集中标注不同的内容,原位标注取值优先。

2.基础平板平法识图

梁板式筏形基础平板(LPB),有集中标注和原位标注两部分,集中标注表达板底部与板顶部的贯通纵筋,原位标注表达板底部附加的非贯通纵筋。

读识梁板式筏形基础平板(LPB)平法施工图,集中标注从板块第一跨(X与Y双向首跨)的板上引出,原位标注的非贯通纵筋,也是在钢筋配置相同跨的第一跨,用垂直于基础主梁的粗虚线表达。"板块"划分原则为:板厚相同,底部及顶部配筋相同的区域为同一板块,如图2-37所示。

(1)集中标注

基础平板LPB集中标注说明及案例见表2-12。

表2-12 基础平板LPB集中标注说明及案例

注写形式	表达内容	附加说明
LPB××	基础平板的编号:代号(LPB)和序号(××)	为梁板式筏形基础平板
h=××××	基础平板厚度	同一板块范围内,不包括外伸
【例】LPB01 h=500 表示:1号梁板式筏形基础平板,平板厚度为500 mm		
X: B Φ××@×××; T Φ××@×××;(4B) Y: B Φ××@×××; T Φ××@×××;(3B)	X向或Y向底部与顶部贯通纵筋的强度等级、直径、间距,布置跨数及有无外伸。(×A)表示一端有外伸;(×B)表示两端均有外伸;无外伸则仅注跨数(×)。图面从左至右为x向,从下至上为y向	底部纵筋应有不少于1/3贯通全跨,顶部纵筋应全跨连通。用B引导底部贯通纵筋,用T引导顶部贯通纵筋

续表2-12

注写形式	表达内容	附加说明
【例】X：B⊕12@180； T⊕14@200；（4A） Y：B⊕14@180； T⊕12@200；（2）	表示基础平板 X 向底部配置⊕12 间距 180 mm 的贯通纵筋，顶部配置⊕14 间距 200 mm 的贯通纵筋，纵向总长度为四跨，一端有外伸；Y 向底部配置⊕14 间距 180 mm 的贯通纵筋，顶部配置⊕12 间距 200 mm 的贯通纵筋，纵向总长度为两跨，没有外伸	

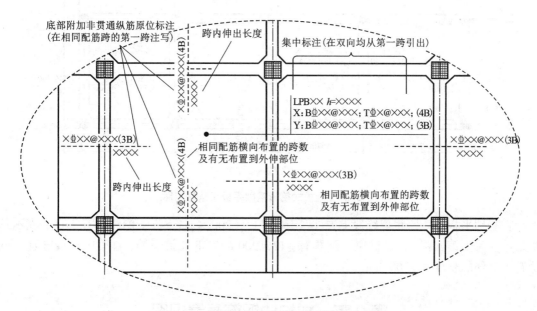

图 2-37　梁板式筏形基础平板平法表达方式

（2）原位标注——在配置相同跨的第一跨表达

1）原位注写位置及内容。

原位标注说明见表 2-13。

表 2-13　梁板式筏形基础基础平板 LPB 原位标注说明

注写形式	表达内容	附加说明
⊗ ⊕××@×××（× ×A、×B） ×××× 基础梁	底部非贯通筋编号、强度等级、直径、间距（相同配筋的跨数及有无布置到外伸部位）；自梁中心线分别向两边跨内的伸出长度，标注在中粗虚线段下方	①两侧对称伸出时，可仅在一侧标注，另一侧不注； ②外伸部分一侧的伸出长度与方式按标准构造的，设计不注； ③底部非贯通筋相同者，可仅注写一处，其他只将编号注写于中粗虚线段上方；
修正内容原位注写	某部位与集中标注不同的内容	原位标注的修正内容取值优先

2)原位标注识图案例。

识读图 2-38 中 A 轴上原位标注的钢筋信息。

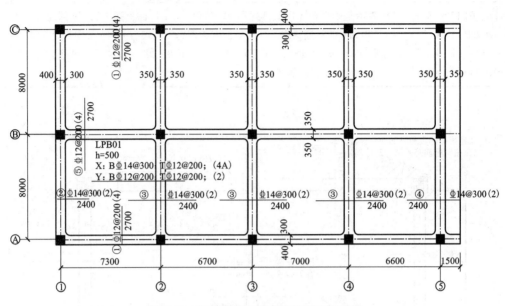

图 2-38　梁板式筏形基础平板平法施工图

在基础平板第一跨粗虚线段上方注写有①Φ12@200(4)，下方一侧注写有2700；表示从板块第一跨到第四跨，该基础梁下配置有Φ12@200的底部非贯通筋；自梁中心线分别向两边跨内延伸的长度为2700 mm。

第2节　柱构件钢筋算量识图

2.2　柱构件平法识图

柱构件平法识图的依据是柱构件平法制图规则。柱构件平法制图规则，是指在柱平面布置图上，采用列表注写方式或截面注写方式，表达柱构件结构设计内容。

2.2.1　构件平法识图知识体系

2.2.2　柱构件的分类

柱平法施工图将柱构件分为框架柱、转换柱、芯柱三大类。

框架柱其柱根嵌固在基础或地下结构上，并与框架梁刚性连接，构成框架。

转换柱包括部分框支剪力墙结构中的框支柱和框架-核心筒、框架-剪力墙结构中支承托柱转换梁的柱，转换柱是广义的框支柱。

注：转换层是因使用功能不同，导致上部楼层部分的竖向构件包括框架柱或剪力墙不能直接连续贯通落地。转换层的柱称为转换柱，转换层的梁称为转换梁；如果是局部的转换，则柱为框支柱，梁为框支梁。支承上部剪力墙的梁为框支梁，支承上部框架柱的柱为转换柱，支承框支梁的柱为框支柱。

芯柱是指根据结构需要，在某些框架柱的一定高度范围内，设置在其内部的中心位置（分别引注其柱编号）。

2.2.3　柱构件平面表示方法

柱构件平法施工图。在柱平面布置图上，有列表注写和截面注写两种方式。柱平面布置图可以单独绘制，也可以与剪力墙平面布置图合并绘制。

在柱构件平法施工图中，须注明各结构层的楼面标高、结构层高及相应的结构层号，并注明上部结构嵌固部位的位置。

上部结构嵌固部位的注写表达为：

框架柱嵌固部位在基础顶面时，无须注明。

框架柱嵌固部位不在基础顶面时，在层高表嵌固部位标高下使用双细线注明，并在层高表下注明上部结构嵌固部位标高。

框架柱嵌固部位不在地下室顶板，但仍需考虑地下室顶板对上部结构实际存在嵌固作用时，可在层高表地下室顶板标高下使用双虚线注明（图 2-39）。

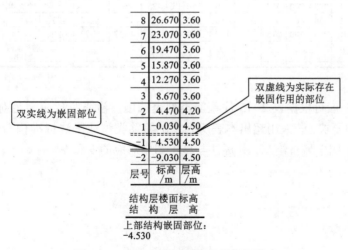

图 2-39　结构层楼面标高与结构层高表

1. 列表注写方式

柱列表注写方式是指在柱平面布置图上(一般只需采用适当比例绘制一张柱平面布置图,包括框架柱、框支柱、梁上柱和剪力墙上柱),分别在同一编号的柱中选择一个(有时需要选择几个)截面标注几何参数代号;在柱表中注写柱编号、柱段起止标高、几何尺寸(含柱截面对轴线的偏心情况)与配筋的具体数值,并配以各种柱截面形状及箍筋类型图来表达柱平法施工图。列表注写示例如图2-40所示。

2. 截面注写方式

柱截面注写方式是指在柱平面布置图的柱截面上,分别在同一编号的柱中选择一个截面,用直接注写截面尺寸和配筋具体数值的方式来表达柱平法施工图。

当纵筋有两种直径时,需要注写截面各边中部筋的具体数值(对于采用对称配筋的矩形截面柱,可仅在一侧注写中部筋,对称边省略不注)截面注写示例如图2-41所示。

2.2.4 柱构件平法识图

【导】 识读柱构件平法施工图,结合图2-42和图2-43由柱列表注写和截面注写组合表达的柱表。

1. 柱构件注写的内容

柱构件列表注写,包括柱编号、截面尺寸、起止标高、纵筋配筋(包括角筋和中部纵筋)、箍筋配筋及箍筋类型号与肢数5个必注值,柱表内容见表2-14。

表 2-14 柱表

柱号	标高/m	$b \times h$ 圆柱直径	b_1	b_2	h_1	h_2	全部纵筋	角筋	b边一侧中部筋	h边一侧中部筋	箍筋类型号	箍筋	备注
KZ1	−4.530~0.030	750×700	375	375	150	550	28Φ25	—	—	—	1(6×6)	Φ10@100/200	
	0.030~19.470	750×700	375	375	150	550	24Φ25	—	—	—	1(5×4)	Φ10@100/200	—
	19.470~37.470	650×600	325	325	150	450	—	4Φ22	5Φ22	4Φ20	1(4×4)	Φ10@100/200	
	37.470~59.070	550×500	275	275	150	350	—	4Φ22	5Φ22	4Φ20	1(4×4)	Φ8@100/200	
XZ1	−0.030~8.670	—	—	—	—	—	8Φ25	—	—	—	按标准构造详图	Φ10@100	⑤×ⓒ轴 KZ1中设置

柱箍筋类型一般可根据表2-15柱箍筋类型表选用。箍筋肢数应满足对柱纵筋"隔一拉一"及箍筋肢距的要求,若采用超出本表所列举的箍筋类型或平法标准构造详图中的箍筋复合方式,须在施工图中另行绘制,并标注与施工图中对应的 b 和 h。

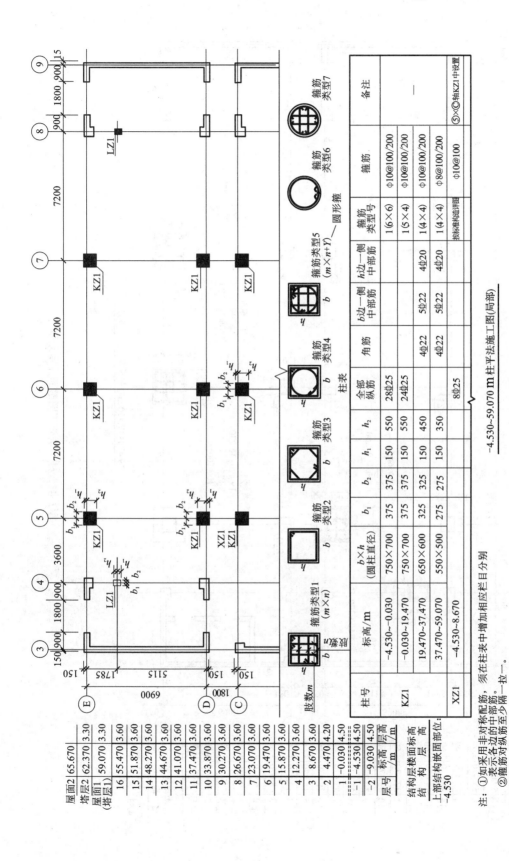

图2-40　柱平法施工图列表注写示例

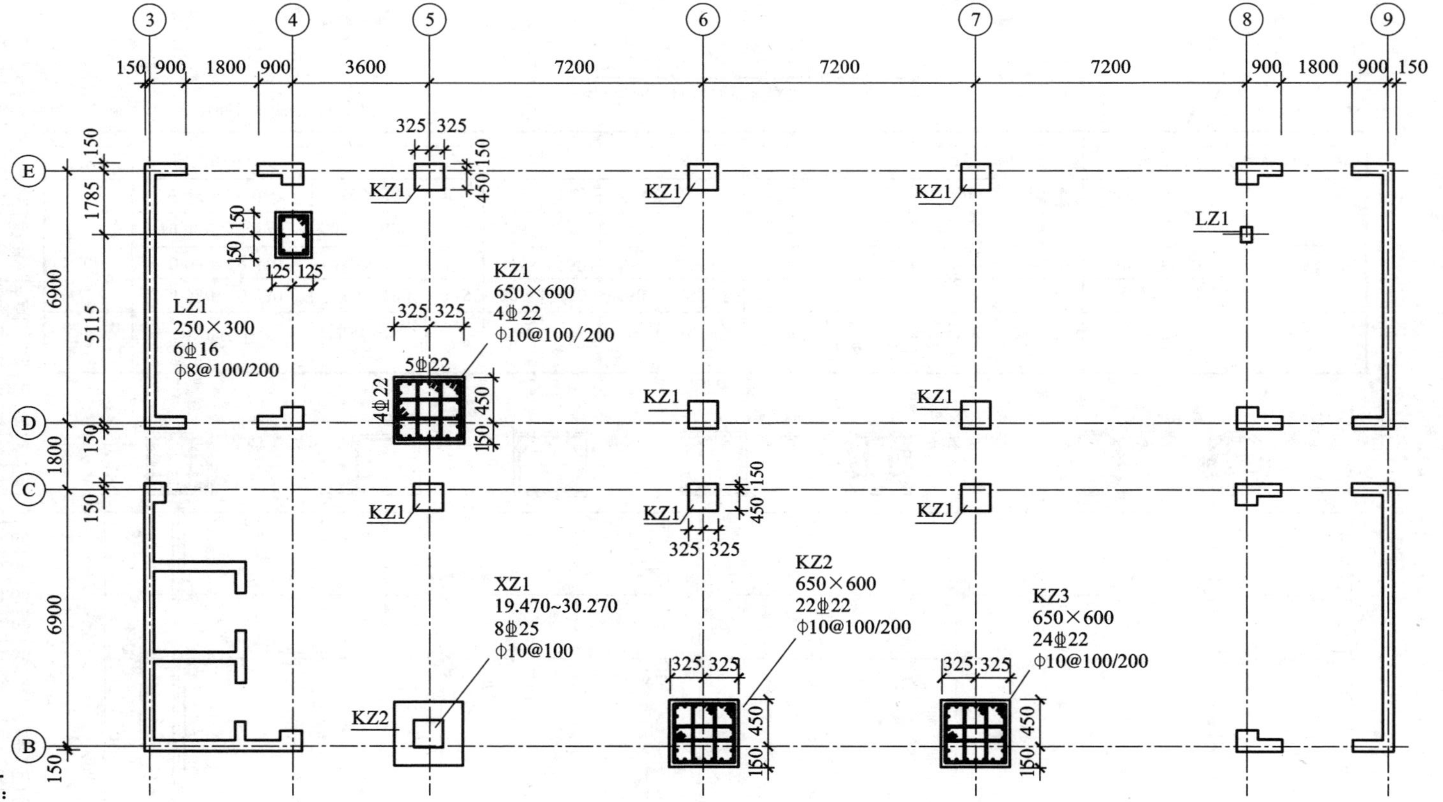

19.470–37.470 m柱平法施工图（局部）

图2-41　柱平法施工图截面注写示例

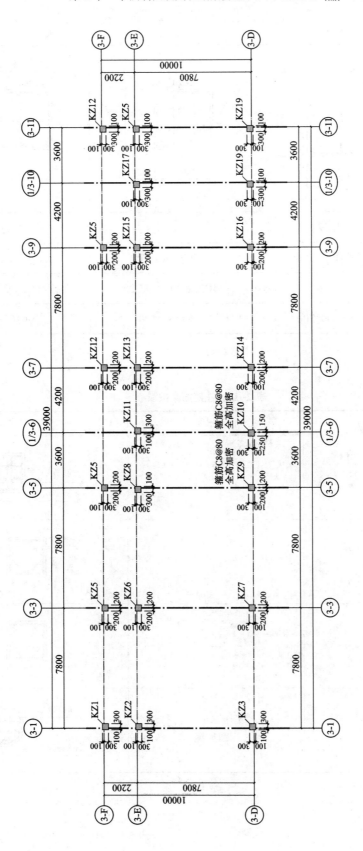

图2-42　柱平面布置图（4.2～13.2 m）

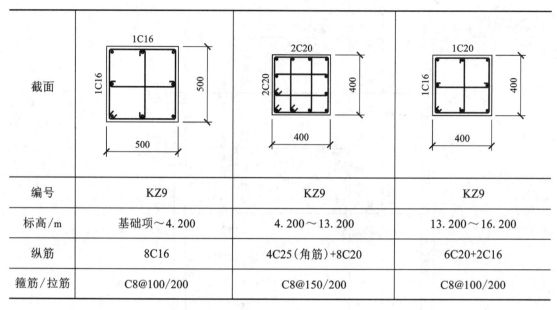

截面	 1C16 1C16 500 500	 2C20 2C20 400 400	 1C20 1C16 400 400
编号	KZ9	KZ9	KZ9
标高/m	基础项～4.200	4.200～13.200	13.200～16.200
纵筋	8C16	4C25（角筋）+8C20	6C20+2C16
箍筋/拉筋	C8@100/200	C8@150/200	C8@100/200

图 2-43 柱表

表 2-15 柱箍筋类型表

箍筋类型编号	箍筋肢数	复合方式
1	$m \times n$	肢数m h 肢数n b
2	—	h b
3	—	h b
4	$Y+m \times n$ 圆形箍	肢数m 肢数n d

2. 柱构件编号识图

柱编号由类型代号、序号两项组成，见表 2-16。

表 2-16 柱编号

柱类型	代号	序号
框架柱	KZ	××
转换柱	ZHZ	××
芯柱	XZ	××

给柱编号时，当柱的总高、分段截面尺寸和配筋均相同，仅截面与轴线的关系不同时，可将其编为同一柱号，但在图中须注明截面与轴线的关系。

3. 柱构件起止标高

注写各段柱的起止标高时，自柱根部往上以变截面位置或截面未变但配筋改变处为界分段注写。

从梁上起的框架柱的根部标高指梁顶面标高；从剪力墙上起的框架柱的根部标高为墙顶面标高；从基础起的柱，其根部标高指基础顶面标高。

当屋面框架梁上翻时，框架柱顶标高应为梁顶面标高。

芯柱的根部标高指根据结构实际需要而定的起始位置标高。

当框架柱生根在剪力墙上时，有"柱与墙重叠一层""柱纵筋锚固在墙顶部时柱根构造"两种构造做法，根据平法施工图要求选用。

4. 柱构件截面尺寸

矩形柱截面尺寸，注写柱 $b \times h$ 及与轴线关系的几何参数代号 b_1、b_2 和 h_1、h_2 的具体数值时，须对应于各段柱分别注写。

圆柱截面尺寸，表中 $b \times h$ 一栏改用在圆柱直径数字前加 d 表示。圆柱截面与轴线的关系也用 b_1、b_2 和 h_1、h_2 表示。

柱平面布置图中注明了柱截面尺寸及与轴线的关系时，柱表中无须重复注写。

芯柱中心与柱中心重合时，不注写芯柱截面尺寸，芯柱配筋构造，按平法图集标准构造要求，如图 2-44 所示。芯柱定位随框架柱，不注写其与轴线的几何关系。

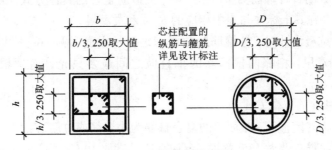

图 2-44 芯柱配筋构造

5.柱构件纵筋识图

柱构件纵筋分角筋与中部纵筋两种。当柱构件纵筋直径相同、各边根数也相同(包括矩形柱、圆柱和芯柱),将纵筋注写在"全部纵筋"一栏中;除此之外,柱纵筋分角筋、截面 b 边中部筋和 h 边中部筋三项分别注写(对于采用对称配筋的矩形截面柱,可仅注写一侧中部筋,对称边省略不注;对于采用非对称配筋的矩形截面柱,必须每侧都注写中部筋)从柱表中能直接读出纵筋的相关信息。下面我们识读一个截面注写和列表注写相结合表达的纵筋的案例,见表 2-17。

表 2-17 纵筋识图案例

平法施工图	识图
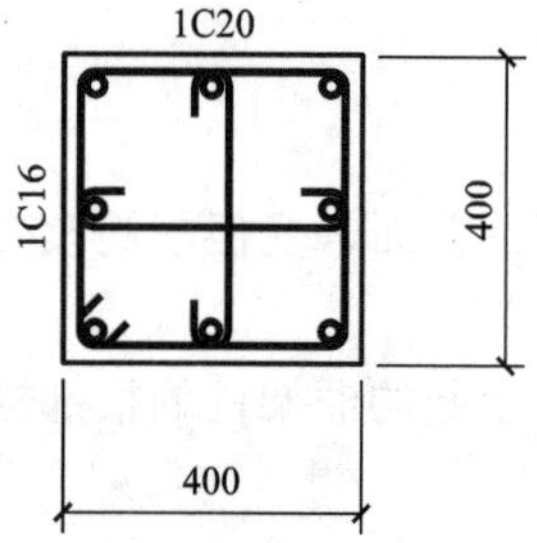 1C20 1C16 400 400 KZ9 13.200~16.200 m 6⏀20+2⏀16 ⏀8@100/200	表示 KZ9(13.200~16.200 m)中 4 个角筋为 HRB400,直径为 20 mm,b 边一侧中部为 1⏀20 钢筋,对称布置;h 边一侧中部筋为 1⏀16 钢筋,对称布置

6.柱箍筋识图

注写柱箍筋具体数值时应包括钢筋级别、直径、加密区与非加密区间距及肢数、型号。

当为抗震设计时,用斜线"/"区分柱端箍筋加密区与柱身非加密区长度范围内箍筋的不同间距。当框架节点核心区内箍筋与柱端箍筋设置不同时,应在括号中注明核心区箍筋直径及间距。当圆柱采用螺旋箍筋时,须在箍筋前加"L"。

具体工程所设计的各种箍筋类型(图 2-45)及箍筋复合的具体方式,须画在表的上部或图中的适当位置,并在其上标注与表中相应的 b、h 和类型号。

当建筑结构为抗震设计时,柱箍筋肢数要满足对柱纵筋"隔一拉一"以及箍筋肢距的要求。"隔一拉一"的意思:相邻两根箍筋的垂直肢之间最多只允许有一根柱纵筋不被箍筋拉住。

(1)抗震框架柱箍筋复合方式

①柱截面四周为封闭箍筋,截面内的复合箍筋为小箍筋或拉筋。

②抗震柱所有箍筋都要做 135°弯钩,弯钩直段长度取 $10d$(d 为箍筋直径)与 75 mm 的较大值。

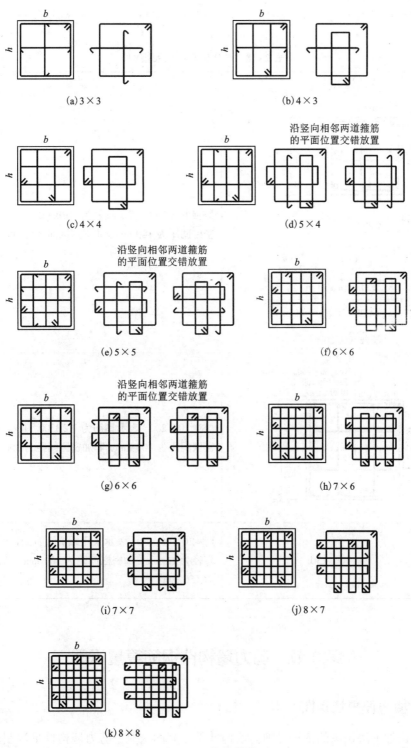

图2-45 箍筋类型

（2）柱构件箍筋识图案例

柱构件箍筋识图案例，见表2-18。

表2-18　柱构件箍筋识图案例

平法施工图	识图
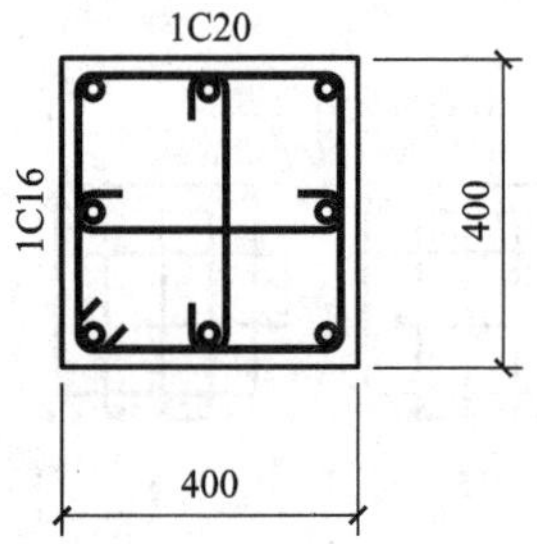 1C20 1C16 400 400	Φ8@100/200，表示箍筋为HPB300，直径为8 mm，加密区间距为100 mm，非加密区间距为200 mm
KZ9	
13.200~16.200 m	
6C20+2C16	
Φ8@100/200	
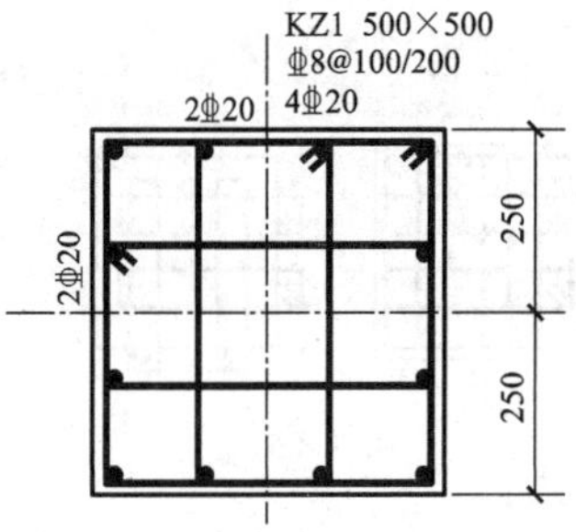 KZ1 500×500 Φ8@100/200 4Φ20 2Φ20 2Φ20 250 250	Φ8@100/200，表示箍筋为HPB300，直径为8 mm，加密区间距为100 mm，非加密区间距为200 mm
LΦ12@100/150	LΦ12@100/150，表示采用螺旋箍筋，HPB300级钢筋，直径为12 mm，加密区间距为100 mm，非加密区间距为150 mm

第3节　剪力墙构件钢筋算量识图

2.3　剪力墙构件平法识图

剪力墙构件平法识图的依据是剪力墙构件平法制图规则。剪力墙构件平法制图规则，是指在剪力墙平面布置图上，采用列表注写方式或截面注写方式，表达剪力墙构件结构设计内容。

2.3.1 剪力墙构件平法识图知识体系

知识点一
剪力墙构件的组成
知识点二
剪力墙构件平面表示方法
知识点三
剪力墙构件平法识图

2.3.2 剪力墙构件的组成

剪力墙平法施工图中，剪力墙构件由剪力墙身、剪力墙柱、剪力墙梁三类构件组成。

根据抗震等级不同，剪力墙柱一般设置为构造边缘构件和约束边缘构件。剪力墙柱从外形上通常分为暗柱、端柱，暗柱外观一般同墙身相平，端柱外观一般凸出墙身。

剪力墙梁通常分为暗梁、连梁、框支梁、框架梁。

剪力墙柱不是普通概念的柱，墙柱不会脱离剪力墙而单独存在，也不会单独变形，须同时与墙身混凝土及钢筋完整结合在一起，实质上是剪力墙构件竖向边缘的集中配筋加强。剪力墙梁中的暗梁、框支梁、框架梁也不会脱离剪力墙而单独存在，不会像普通梁一样单独受弯变形，实质上是剪力墙在楼层位置的水平加强带。剪力墙梁中的连梁，是相对独立的水平构件，主要功能是将两道剪力墙连接起来，抵抗地震时，两道剪力墙共同工作。

2.3.3 剪力墙构件平面表示方法

剪力墙构件平面表示方法有列表注写和截面注写两种方式。

列表注写与截面注写两种方式均适用于各种结构类型。列表注写方式可以在一张图纸上一次性表达全部剪力墙构件信息，也可以按标准层逐层表达。截面注写方式需要先划分其标准层后，再按标准层分别绘制。

剪力墙平面布置图可以单独绘制，也可以与柱或梁平面图合并绘制，当剪力墙较复杂时，按标准层分别绘制其平面布置图。

剪力墙构件平法施工图中，要求注明各结构层的楼面标高、结构层高及相应的结构层号，并注明上部结构嵌固部位位置。

1.列表注写方式

剪力墙列表注写方式，是指对应于剪力墙平面布置图上的编号，分别在剪力墙身表、剪力墙柱表、剪力墙梁表中，绘制截面配筋图，注写几何尺寸、配筋具体数值，来表达剪力墙构件平法施工图。识读剪力墙列表注写方式表达的平法施工图，须将其平面布置图对照墙柱、墙身、墙梁表阅读。剪力墙构件平法施工图列表注写方式示例，如图 2-46 所示。

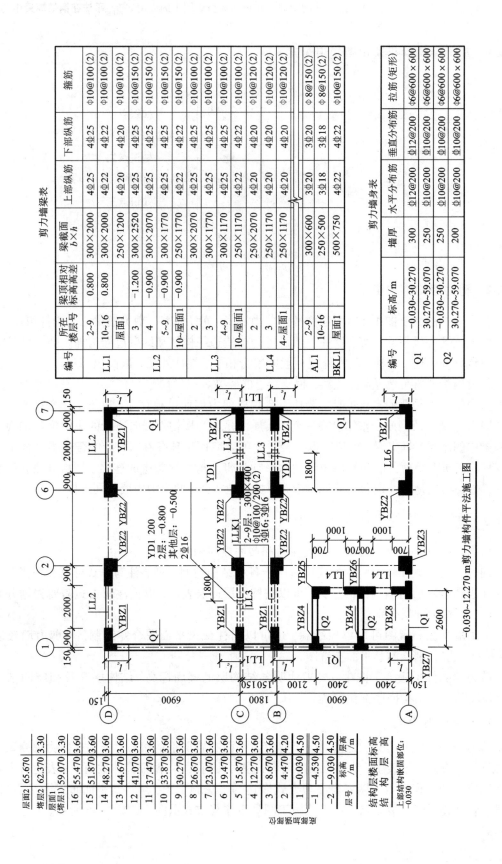

-0.030~12.270 m 剪力墙构件平法施工图

剪力墙梁表

编号	所在楼层号	梁顶相对标高高差	梁截面 b×h	上部纵筋	下部纵筋	箍筋
LL1	2~9	0.800	300×2000	4Φ25	4Φ25	Φ10@100(2)
LL1	10~16	0.800	300×2000	4Φ22	4Φ22	Φ10@100(2)
LL1	屋面1		250×1200	4Φ20	4Φ20	Φ10@100(2)
LL2	3	-1.200	300×2520	4Φ25	4Φ25	Φ10@150(2)
LL2	4	-0.900	300×2070	4Φ25	4Φ25	Φ10@150(2)
LL2	5~9	-0.900	300×1770	4Φ25	4Φ25	Φ10@150(2)
LL2	10~屋面1	-0.900	250×1770	4Φ22	4Φ22	Φ10@150(2)
LL3	2		300×2070	4Φ25	4Φ25	Φ10@100(2)
LL3	3		300×1770	4Φ25	4Φ25	Φ10@100(2)
LL3	4~9		300×1170	4Φ25	4Φ25	Φ10@100(2)
LL3	10~屋面1		250×1170	4Φ22	4Φ22	Φ10@120(2)
LL4	2		250×2070	4Φ20	4Φ20	Φ10@120(2)
LL4	3		250×1170	4Φ20	4Φ20	Φ10@120(2)
LL4	4~屋面1		250×1170	4Φ20	4Φ20	Φ10@150(2)
AL1	2~9		300×600	3Φ20	3Φ20	Φ8@150(2)
AL1	10~16		250×500	3Φ18	3Φ18	Φ8@150(2)
BKL1	屋面1		500×750	4Φ22	4Φ22	Φ10@150(2)

剪力墙身表

编号	标高/m	墙厚	水平分布筋	垂直分布筋	拉筋(矩形)
Q1	-0.030~30.270	300	Φ12@200	Φ12@200	Φ6@600×600
Q1	30.270~59.070	250	Φ10@200	Φ10@200	Φ6@600×600
Q2	-0.030~30.270	250	Φ10@200	Φ10@200	Φ6@600×600
Q2	30.270~59.070	200	Φ10@200	Φ10@200	Φ6@600×600

结构层楼面标高 结构层高

层号	标高/m	层高/m
层面2	65.670	3.30
塔层2	62.370	3.30
16	59.070	3.60
15	55.470	3.60
14	51.870	3.60
13	48.270	3.60
12	44.670	3.60
11	41.070	3.60
10	37.470	3.60
9	33.870	3.60
8	30.270	3.60
7	26.670	3.60
6	23.070	3.60
5	19.470	3.60
4	15.870	3.60
3	12.270	3.60
2	8.670	4.20
1	4.470	4.50
	-0.030	
-1	-4.530	4.50
-2	-9.030	4.50

层面1(塔层1)

上部结构嵌固部位: -0.030

层号	标高/m	层高/m
层面2	65.670	
塔层2	62.370	3.30
层面1(塔层1)	59.070	3.30
16	55.470	3.60
15	51.870	3.60
14	48.270	3.60
13	44.670	3.60
12	41.070	3.60
11	37.470	3.60
10	33.870	3.60
9	30.270	3.60
8	26.670	3.60
7	23.070	3.60
6	19.470	3.60
5	15.870	3.60
4	12.270	3.60
3	8.670	3.60
2	4.470	4.20
1	-0.030	4.50
-1	-4.530	4.50
-2	-9.030	4.50

底部加强部位（2层、1层）

结构层楼面标高
结　构　层　高

上部结构嵌固部位：
-0.030

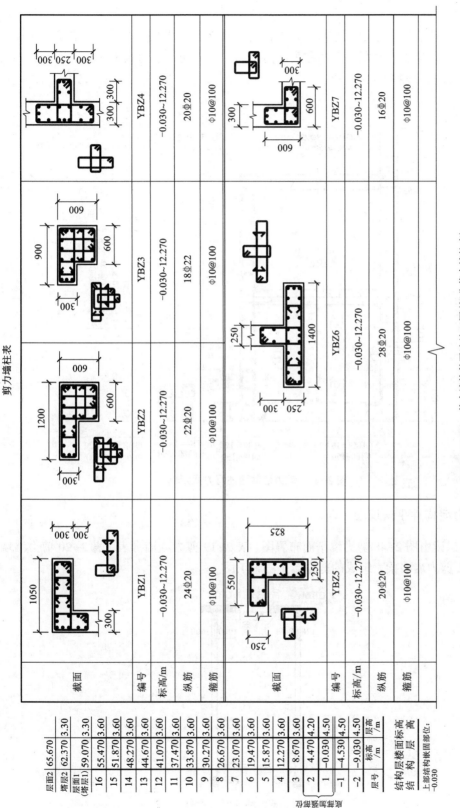

剪力墙柱表

截面	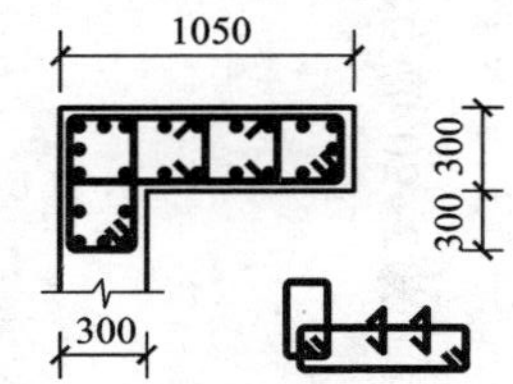	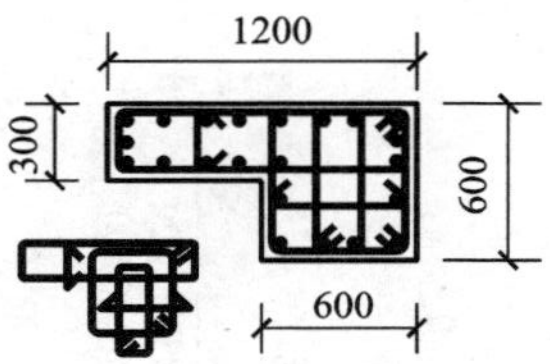	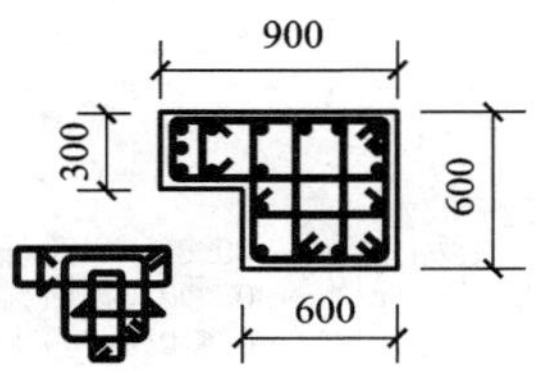	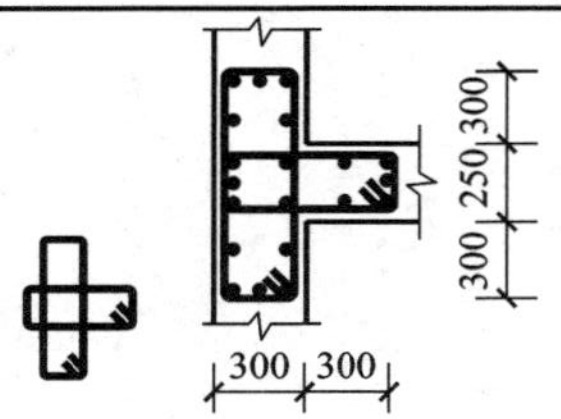
编号	YBZ1	YBZ2	YBZ3	YBZ4
标高/m	-0.030~12.270	-0.030~12.270	-0.030~12.270	-0.030~12.270
纵筋	24Φ20	22Φ20	18Φ22	20Φ20
箍筋	Φ10@100	Φ10@100	Φ10@100	Φ10@100

截面	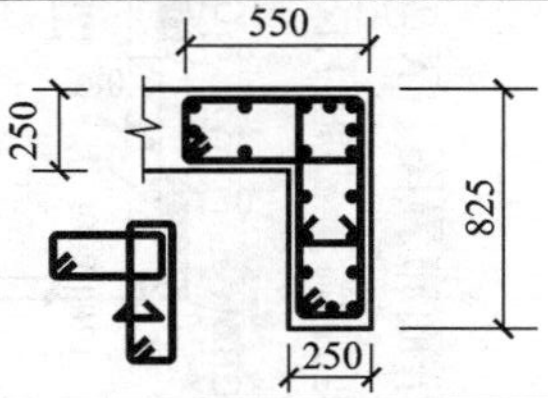	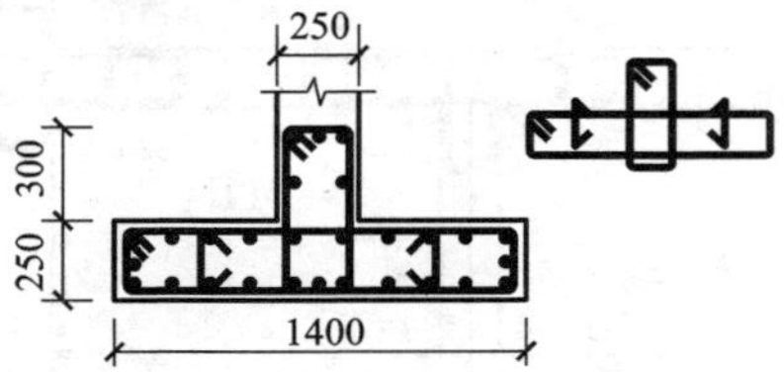	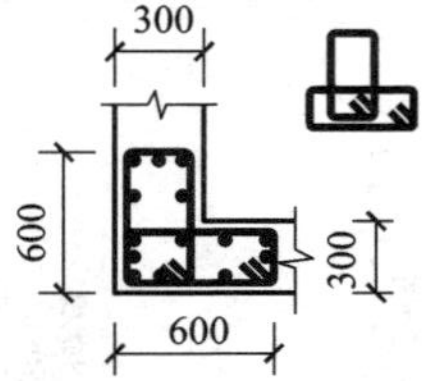
编号	YBZ5	YBZ6	YBZ7
标高/m	-0.030~12.270	-0.030~12.270	-0.030~12.270
纵筋	20Φ20	28Φ20	16Φ20
箍筋	Φ10@100	Φ10@100	Φ10@100

-0.030~12.270 m剪力墙构件平法施工图(部分剪力墙柱表)

图2-46　剪力墙构件平法施工图列表注写方式示例

2. 截面注写方式

剪力墙截面注写方式，必须按标准层绘制剪力墙平面布置图，在其平面布置图上，直接在墙身、墙柱、墙梁上注写截面尺寸和配筋信息的方式来表达剪力墙平法施工图。剪力墙截面注写方式，如图2-47所示。

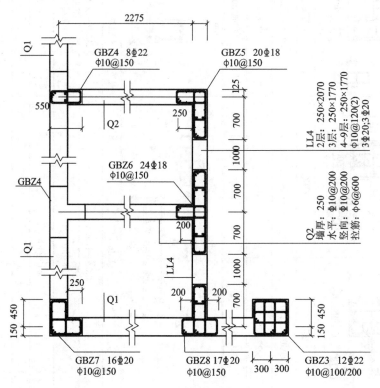

图 2-47 剪力墙截面注写方式示例

2.3.4 剪力墙构件平法识图

【导】 识读由图2-48剪力墙平面布置图、表2-19剪力墙墙身表、表2-20剪力墙墙柱表和表2-21剪力墙墙梁表组成的剪力墙平法施工图。

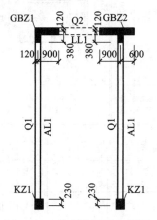

图 2-48 剪力墙平面布置图

表 2-19　剪力墙墙身表

柱号	标高/m	墙厚	水平分布筋	垂直分布筋	拉筋	备注
Q1	-0.100~6.270	250	⏀10@200	⏀10@200	φ8@600	
Q2	-0.100~2.520	250	⏀10@200	⏀10@200	φ8@600	

表 2-20　剪力墙墙柱表

柱号	标高/m	$b×h(b_i×h_i)$（圆柱直径 D）	全部纵筋	角筋	b 边一侧中部筋	h 边一侧中部筋	箍筋类型号	箍筋	备注
GBZ1	基础顶 -6.270	250×500（1020×250）	14⏀18				3	φ10@100	

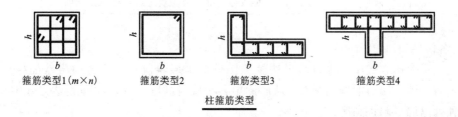

箍筋类型1($m×n$)　　箍筋类型2　　箍筋类型3　　箍筋类型4

柱箍筋类型

表 2-21　剪力墙墙梁表

柱号	所在楼层	梁顶相对标高高差/m	截面尺寸 $b×h$	上部纵筋	下部纵筋	箍筋	备注
LL1	2 层	0.000	250×1950	4⏀18(2/2)	4⏀18(2/2)	φ8@100(2)	
AL1	1~2 层	0.000	250×400	2⏀18	2⏀18	φ8@150(2)	
AL2	1 层	-0.75	250×400	2⏀18	2⏀18	φ8@150(2)	

1. 剪力墙平法施工图的组成

按平法制图规则设计的剪力墙结构施工图，分墙柱、墙身、墙梁三类构造分别表达，包括两部分：

第一部分内容：专门绘制的剪力墙平法施工图。

第二部分内容：平法施工图未包括的构造和节点构造详图，按照平法通用构造，不需设计绘制。

列表注写方式在剪力墙平面布置图绘制墙身表、墙柱表和墙梁表，并按构件编号标明构件的截面尺寸和配筋信息，以构成剪力墙平法施工图。

截面注写方式在剪力墙平面布置图的墙柱和墙身部位增加绘制配筋，并标注墙身、墙柱和墙梁的截面尺寸和配筋信息，以构成剪力墙平法施工图。

2. 剪力墙墙身识图

剪力墙墙身须表达的内容有墙身编号、墙厚、各段墙身高度、水平分布筋、竖向分布筋和拉筋信息。

（1）墙身编号

墙身编号由墙身代号、序号以及墙身所配置的水平与竖向分布钢筋的排数组成，钢筋排数注写在括号内。剪力墙平法施工图中表达形式为 Q××（×排），剪力墙墙身编号见表 2-22。

表 2-22　剪力墙墙身编号

类型	代号	序号	钢筋排数	说明
剪力墙墙身	Q	××	（×排）	为剪力墙除去端柱、边缘暗柱、边缘翼墙、边缘转角墙的墙身部分。通常墙身厚度不大于 400 mm 时配置双排钢筋，大于 400 mm 时，根据具体情况和有关规定可配置多排钢筋

（2）各段墙身高度

截面注写表达方式中，剪力墙平法施工图分标准层绘制；并从结构层楼面标高及层高表中查出剪力墙下端与上端的标高，从而读出各段墙身高度。列表注写表达方式中，在墙身表中单独列出墙身起止高度。

（3）水平分布筋、竖向分布筋和拉筋信息

水平分布筋、竖向分布筋、拉筋均应注写钢筋的规格与间距。

拉筋应同时拉住剪力墙竖向分布筋和水平分布筋的交叉点，其间距@×a 表示拉筋水平间距为剪力墙竖向分布筋间距 a 的 x 倍；@×b 表示拉筋竖向间距为剪力墙水平分布筋间距 b 的 x 倍，且应注明"双向"或"梅花双向"。矩形拉筋、梅花双向拉筋如图 2-49 所示。当所注写的拉筋直径、间距相同时，应注意拉筋"梅花双向"布置的用钢量约为"双向"布置的两倍。

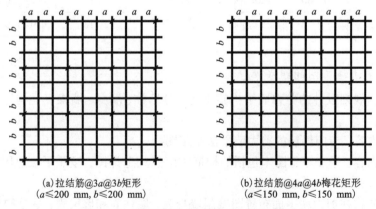

(a)拉结筋@3a@3b矩形
(a≤200 mm，b≤200 mm)

(b)拉结筋@4a@4b梅花矩形
(a≤150 mm，b≤150 mm)

图 2-49　矩形拉筋、梅花双向拉筋示意图

约束边缘构件墙柱的扩展部位是剪力墙身的共有部分，该部位的水平钢筋为剪力墙身的水平分布筋，竖向钢筋的强度等级和直径同剪力墙身的竖向分布筋，其间距小于竖向分布筋的间距，具体间距值对应于墙柱扩展部位设置的拉筋间距，由平法构造详图解决，设计不注。

(4) 剪力墙墙身表

剪力墙墙身采用列表注写方式时，墙身表一次性表达墙身所有信息，如表 2-23 所示。

表 2-23　剪力墙墙身表

表达项	编号	标高/m	墙厚	水平分布筋	垂直分布筋	拉筋
案例	Q1	-0.100~6.300	250	Φ10@200	Φ10@200	Φ8@600(矩形)
说明	Q××(×排)含水平筋与竖向分布钢筋的排数，钢筋排数为2排时可不注写	注写各段墙身起止标高。自墙身根部往上以变截面位置或截面未变但配筋改变处为界分段注写		注写钢筋的规格与间距	注写钢筋的规格与间距	应注明布置方式"矩形"或"梅花矩形"

3. 剪力墙墙柱识图

剪力墙墙柱须表达的内容有墙柱编号、截面配筋图、起止标高、各段墙柱的纵筋和箍筋、墙柱核心部位箍筋与墙柱扩展部位拉筋等信息。

1) 墙柱编号，见表 2-24。

表 2-24　墙柱编号

墙柱类型	代号	序号
约束边缘构件	YBZ	××
构造边缘构件	GBZ	××
非边缘暗柱	AZ	××
扶壁柱	FBZ	××

2) 墙柱分类，从两个角度来分，见表 2-25。

表 2-25　墙柱分类

墙柱分类	说明	图示
第一个角度：约束性柱与构造性柱	约束性柱编号以 Y 打头，用于一、二级抗震结构底部加强部位及其一层以上墙肢	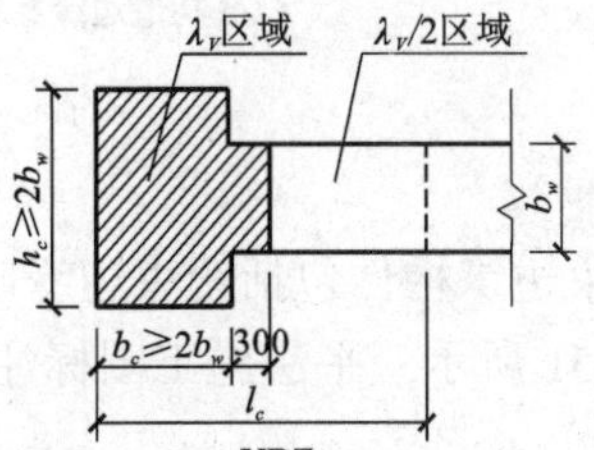 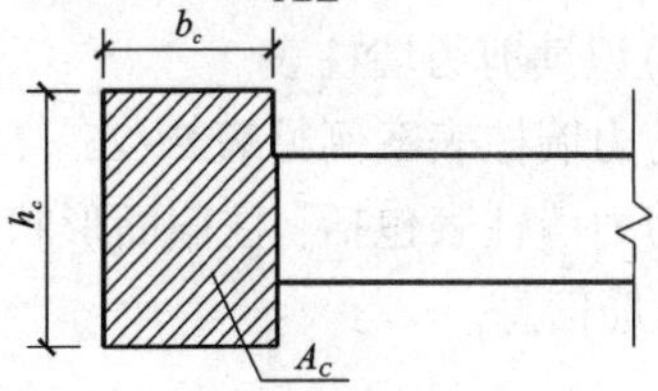

续表2-25

墙柱分类	说明	图示
第二个角度：端柱与暗柱	端柱外观一般凸出墙身；剪力墙中端柱钢筋计算同框架柱。 暗柱外观一般同墙身相平；剪力墙中暗柱钢筋计算基本同墙身竖向筋，在基础内的插筋略有不同	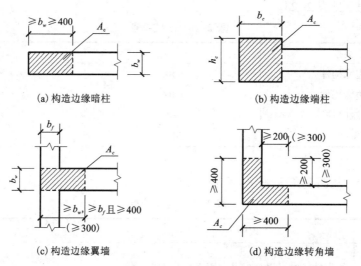

构造边缘构件包括构造边缘暗柱、构造边缘端柱、构造边缘翼墙、构造边缘转角墙四种，如图 2-50 所示。

(a) 构造边缘暗柱

(b) 构造边缘端柱

(c) 构造边缘翼墙

(d) 构造边缘转角墙

图 2-50　构造边缘构件

约束边缘构件包括约束边缘暗柱、约束边缘端柱、约束边缘翼墙、约束边缘转角墙四种，如图 2-51 所示。平法施工图标注的 l_c（实际工程中注明具体数值）为约束边缘构件沿墙肢的长度。

3）识读剪力墙柱表。

剪力墙柱表案例见表 2-26。

剪力墙柱表包括：柱截面形状及配筋图、墙柱编号、各段墙柱的起止标高，纵筋总配筋值、箍筋信息。

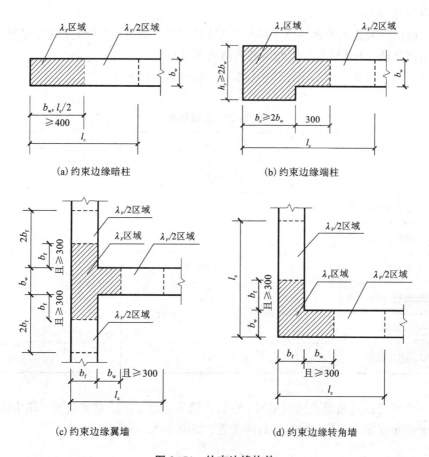

图 2-51 约束边缘构件

表 2-26 剪力墙柱表案例

截面	1050 300 300 300	1200 300 600 600	900 300 600 600	300 250 300 300 300
编号	YBZ1	YBZ2	YBZ3	YBZ4
标高 /m	−0.030~12.270	−0.030~12.270	−0.030~12.270	−0.030~12.270
纵筋	24Φ20	22Φ20	18Φ22	20Φ20
箍筋	Φ10@100	Φ10@100	Φ10@100	Φ10@100

4.剪力墙墙梁识图

剪力墙墙梁须表达的内容有墙梁编号、所在楼层号、梁顶相对标高高差、截面尺寸/箍筋（肢数）、上部纵筋、下部纵筋、侧面纵筋和箍筋等信息。

1)墙梁编号由墙梁类型、代号和序号组成,墙梁编号见表2-27。

表 2-27　墙梁编号

墙梁类型	代号	序号
连梁	LL	××
连梁(对角暗撑配筋)	LL(JC)	××
连梁(对角斜筋配筋)	LL(JX)	××
连梁(集中对角斜筋配筋)	LL(DX)	××
连梁(跨高比不小于 5 m)	LLK	××
暗梁	AL	××
边框梁	BKL	××

2)当某些墙身设置暗梁或边框梁时,在剪力墙平法施工图或梁平法施工图中绘制暗梁或边框梁的平面布置图并编号,明确其具体位置,如图2-52所示。

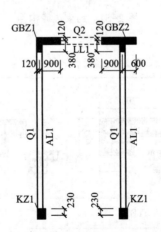

图 2-52　剪力墙暗梁布置示意图

3)识读剪力墙梁表。

剪力墙梁表所表达的内容见表2-28。

LL1 标高与楼层标高的关系如图2-53所示。

表 2-28　剪力墙梁表

编号	所在楼层号	梁顶相对标高高差/m	梁截面 $b \times h$	上部纵筋	下部纵筋	侧面纵筋	墙梁箍筋
LL1	2～9	0.800	300×2000	4Φ25	4Φ25	同墙体水平分布筋	Φ10@100(2)
	10～16	0.800	250×2000	4Φ22	4Φ22		Φ10@100(2)
	屋面1		250×1200	4Φ20	4Φ20		Φ10@100(2)
LL2	3	-1.200	300×2520	4Φ25	4Φ25	22Φ12	Φ10@150(2)
	4	-0.900	300×2070	4Φ25	4Φ25	18Φ12	Φ10@150(2)
	5～9	-0.900	300×1770	4Φ25	4Φ25	16Φ12	Φ10@150(2)
	10～屋面1	-0.900	250×1770	4Φ22	4Φ22	16Φ12	Φ10@150(2)
LL3	2		300×2070	4Φ25	4Φ25	18Φ12	Φ10@100(2)
	3		300×1770	4Φ25	4Φ25	16Φ12	Φ10@100(2)
	4～9		300×1170	4Φ25	4Φ25	10Φ12	Φ10@100(2)
	10～屋面1		250×1170	4Φ22	4Φ22	10Φ12	Φ10@100(2)
LL4	2		250×2070	4Φ20	4Φ20	18Φ12	Φ10@125(2)
	3		250×1770	4Φ20	4Φ20	16Φ12	Φ10@125(2)
	4～屋面1		250×1170	4Φ20	4Φ20	10Φ12	Φ10@125(2)
AL1	2～9		300×600	3Φ20	3Φ20	同墙体水平分布筋	Φ8@150(2)
	10～16		250×250	3Φ18	3Φ18		Φ8@150(2)
BKL1	屋面1		500×750	4Φ22	4Φ22	4Φ16	Φ10@150(2)

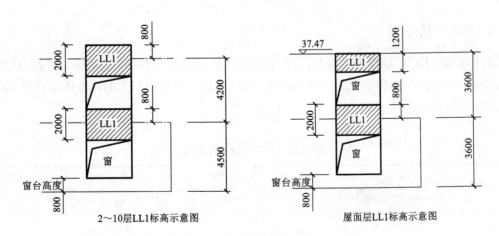

图 2-53　连梁标高与楼层标高关系图

墙梁表中第 2~10 层，LL1 梁顶比本层结构标高要高 0.8 m，正好为窗台的高度，LL1 位于上、下两层楼的窗与窗之间。梁表中屋面层的 LL1 梁顶相对标高高差值为 0 m，表示连梁顶的标高与结构标高相同。

说明：梁顶相对标高高差指墙梁相对于该楼层结构标高的高差值，高于时为正值，低于时为负值，无高差时不注。

墙梁侧面纵筋的配置，当墙身水平筋满足墙梁侧面纵向构造钢筋的要求时，表中不注明，以墙身水平筋代替；当不能满足时，在表中补充具体数值。

第4节　梁构件钢筋算量识图

2.4　梁构件平法识图

梁构件平法识图的依据是梁构件平法制图规则。梁构件平法制图规则，是指在梁平面布置图上，采用平面注写方式或截面注写方式，表达梁构件结构设计信息。

2.4.1　梁构件平法识图知识体系

知识点一
梁构件的分类
知识点二
梁构件平面表示方法
知识点三
梁构件平法识图

2.4.2　梁构件的分类

梁平法施工图中，将梁构件分为八种不同的类型，按表 2-29 的规定编号，以便明确梁平法施工图与相应的标准构造详图之间的联系，梁平法施工图结合相应的标准构造详图，构成完整的梁结构设计图。

表 2-29　梁构件分类及编号

梁类型	代号
楼层框架梁	KL
楼层框架扁梁	KBL
屋面框架梁	WKL
框支梁	KZL

梁类型	代号
托柱转换梁	TZL
非框架梁	L
悬挑梁	XL
井字梁	JZL

注：①楼层框架梁(KL)、屋面框架梁(WKL)、框支梁(KZL)、托柱转换梁(TZL)分为抗震设计和非抗震设计。

②非框架梁(L)、悬挑梁(XL)、井字梁(JZL)为非抗震设计。

③楼层框架梁(KL)、屋面框架梁(WKL)、框支梁(KZL)、托柱转换梁(TZL)不论是否为抗震设计，其悬挑端均为非抗震设计。

2.4.3　梁构件平面表示方法

梁构件平面表示方法有平面注写和截面注写两种方式。在实际应用中，多以平面注写方式为主，截面注写方式为辅，平面注写方式比截面注写方式表达更为简洁。

梁平面布置图，按梁的不同结构层(标准层)，将梁和与其相关联的柱、墙、板一起绘制，一个梁标准层的全部信息可在一张图上全部表达。在梁平法施工图中，注明各结构层的顶面标高及相应的结构层号，且须按要求放入结构层楼面标高及层高表，以明确须表达本图的梁所在层数。轴线未居中的梁，标注其定位轴线的尺寸。

1. 平面注写方式

梁平面注写方式，指在分标准层绘制的梁平面布置图中，分别在不同编号的梁中各选一根梁，直接在其上注写截面尺寸、配筋信息，以此表达梁平法施工图，如图2-54所示。

梁构件的平面注写内容，包括集中标注和原位标注。集中标注表达通用于梁各跨的数据，原位标注表达梁本跨的设计数值，当集中标注中的某项数值不适用于梁的某部位时，则将该项数值原位标注，识图时，原位标注取值优先，如图2-55所示。

2. 截面注写方式

截面注写方式，系在分标准层绘制的梁平面布置图上，用分别在不同编号的梁中各选一根梁用剖面号引出配筋图，并在其上注写截面尺寸和配筋具体数值的方式来表达梁平法施工图，如图2-56所示。

所有梁按梁平法图集制图规则编号，在相同编号的梁中选择一根梁，用剖面号引出截面位置，并将截面配筋信息画在图上。当梁的顶面标高与结构层的楼面标高不同时，应在其梁编号后注写梁顶面标高高差。

在截面配筋图上注写其截面尺寸 $b×h$、上部钢筋、下部钢筋、侧面构造纵筋或受扭钢筋及箍筋的具体信息时，其表达方式与平面注写方式相同。

当表达异形梁的截面尺寸与配筋信息时，截面注写方式表达相对比较方便。

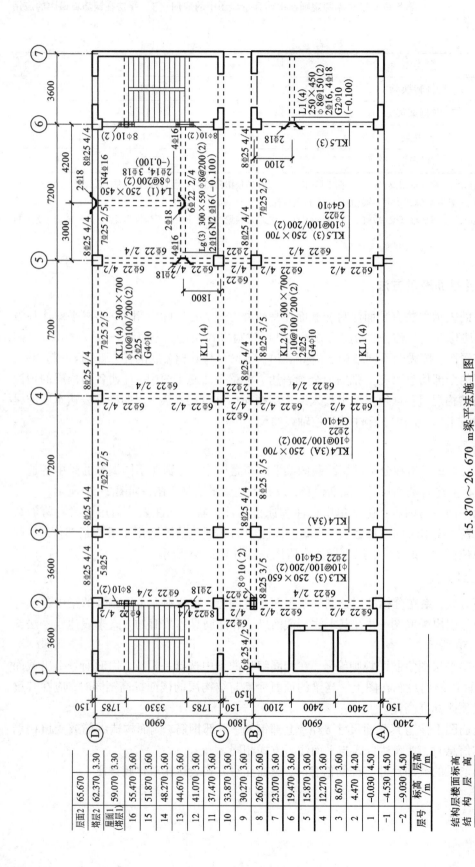

15.870～26.670 m梁平法施工图

图2-54 梁平法施工图（平面注写方式）示例

层号	标高/m	层高/m
层面2	65.670	3.30
塔层2	62.370	3.30
屋面1(塔层1)	59.070	3.60
16	55.470	3.60
15	51.870	3.60
14	48.270	3.60
13	44.670	3.60
12	41.070	3.60
11	37.470	3.60
10	33.870	3.60
9	30.270	3.60
8	26.670	3.60
7	23.070	3.60
6	19.470	3.60
5	15.870	3.60
4	12.270	3.60
3	8.670	4.20
2	4.470	4.50
1	-0.030	4.50
-1	-4.530	4.50
-2	-9.030	

结构层楼面标高
结 构 层 高

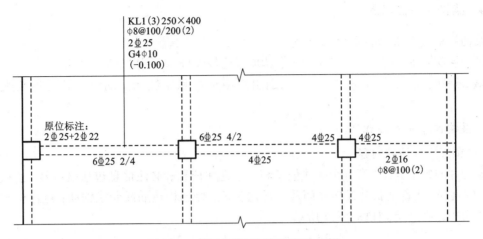

图 2-55　梁平法施工图原位标注示例

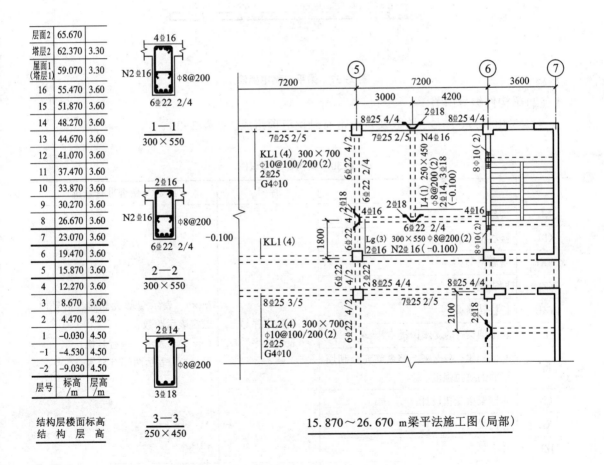

图 2-56　梁平法施工图(截面注写方式)示例

2.4.4 梁构件平法识图

梁构件平法识图,分两个层次识别:

第一层次:在梁构件平法施工图上,读取梁构件编号,识别出是哪一根梁;

第二层次:就具体的每一根梁,识别出集中标注和原位标注的每个符号所要表达的含义。

1.梁构件集中标注识图

(1)梁集中标注的内容

梁构件的集中标注,有五个必注信息和一个选注信息。必注信息包括梁编号,梁截面尺寸,梁的箍筋,上部通长筋或架立筋及下部通长筋,侧部构造筋或受扭钢筋;选注信息有梁构件顶面的标高高差,如图2-57所示。

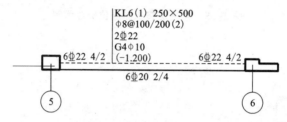

图 2-57　梁平法集中标注

(2)梁构件编号识图

梁编号由代号、序号、跨数及是否带有悬挑三项组成,见表2-30。

表 2-30　梁构件编号识图

代号	梁类型	序号	跨数及是否带有悬挑
KL	楼层框架梁	用数字序号表示顺序号	(××):表示端部无悬挑,括号内数字表示跨数; (××A):表示一端有悬挑; (××B):表示两端有悬挑
KBL	楼层框架扁梁		
WKL	屋面框架梁		
KZL	框支梁		
TZL	托柱转换梁		
L	非框架梁,端支座铰接		
Lg	非框架梁,端支座上部纵筋充分利用钢筋的抗拉强度		
LN	非框架梁受扭设计		
XL	悬挑梁		
JZL	井字梁		
JZLg	井字梁,端支座上部纵筋充分利用钢筋的抗拉强度		

【例】　KL4(2A)：表示第 4 号框架梁，2 跨，一端有悬挑。

WKL5(3B)：表示第 5 号屋面框架梁，3 跨，两端有悬挑。

(3)梁构件的截面尺寸识图

梁集中标注的第二项必注信息为截面尺寸，平法识图参见表 2-31。

表 2-31　梁构件截面尺寸识图

梁截面形状描述		表示方法	说明及识图要点
普通矩形截面		$b \times h$	宽×高，注意梁高是指含板厚在内的梁高度 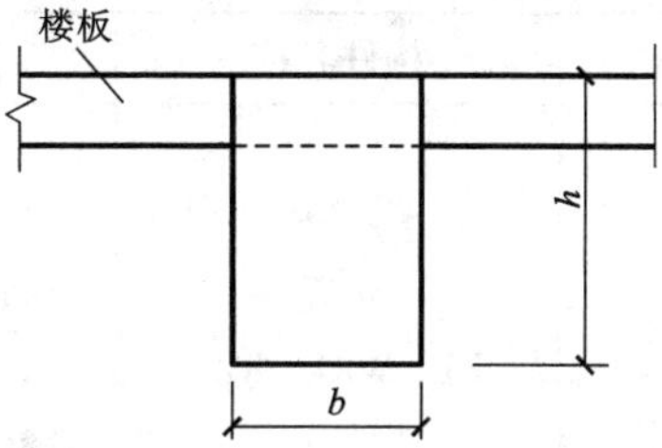
加腋梁	竖向加腋梁	$b \times h \ GY_{c_1 \times c_2}$	c_1 表示腋长，c_2 表示腋高 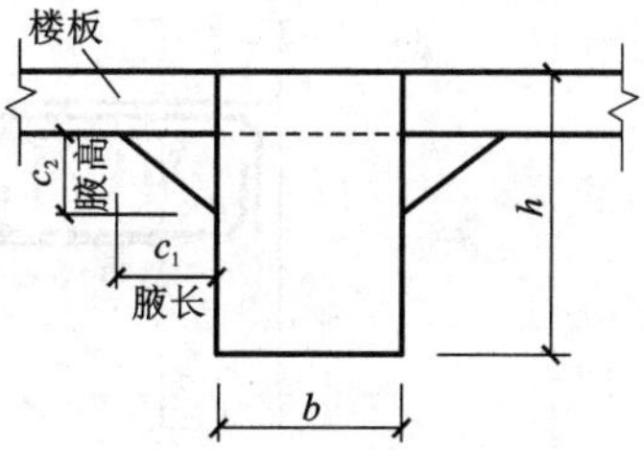
	水平加腋梁	$b \times h \ PY_{c_1 \times c_2}$	c_1 表示腋长，c_2 表示腋宽 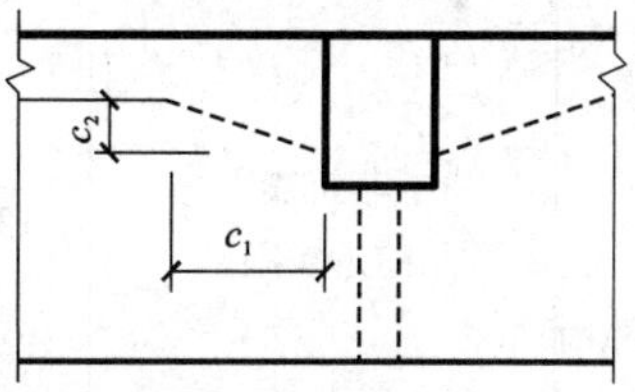
悬挑变截面梁		$b \times h_1 / h_2$	h_1 为悬挑根部高度，h_2 为悬挑远端高度 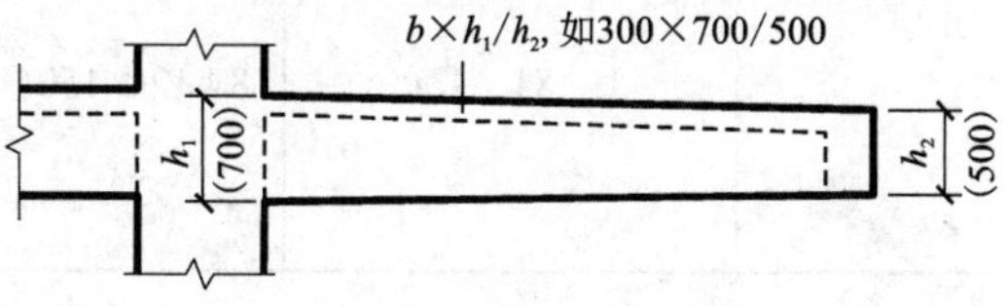 $b \times h_1/h_2$，如 $300 \times 700/500$
异形截面梁		绘制断面图表达异形截面尺寸	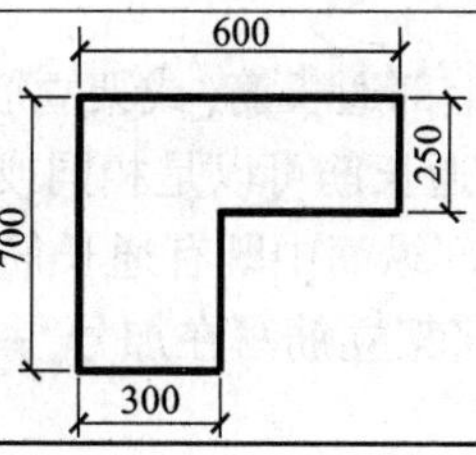

(4)梁构件箍筋识图

梁构件集中标注第三项必注信息为箍筋,包括钢筋级别、直径、加密区间距和非加密区间距及箍筋肢数。

抗震设计的楼层框架梁(KL)、屋面框架梁(WKL)、框支梁(KZL)、托柱转换梁(TZL)等构件设置了箍筋加密区的,须标注加密区箍筋间距。平法图集无标准构造要求的梁构件设置箍筋加密时,须注明加密区箍筋数量及加密间距。梁构件箍筋识图参见表2-32。

表2-32 梁构件箍筋识图

是否加密	构件名称	箍筋表示方法	识图
设箍筋加密区的构件	抗震 KL、WKL、KZL	φ10@100/200(4)	表示箍筋为HPB300钢筋,直径为10 mm,加密区间距为100 mm,非加密区间距为200 mm,均为四肢箍
		φ8@100(4)/150(2)	表示箍筋为HPB300钢筋,直径为8 mm,加密区间距为100 mm,四肢箍;非加密区间距为150 mm,两肢箍
	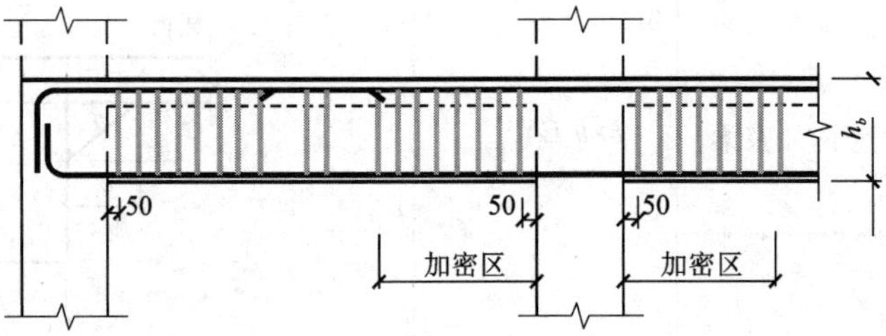 加密区长度依据相应抗震等级的标准构造要求确定,在第3章第4节中梁构件钢筋工程量计算中详细讲解		
平法图集无标准构造要求的箍筋加密区表示方法	非抗震 KL、WKL	13φ10@150/200(4)	表示箍筋为HPB300钢筋,直径为10 mm;梁的两端各有13个四肢箍,间距为150 mm;梁跨中部分间距为200 mm,四肢箍
	L、XL、JZL	18φ12@150(4)/200(2)	表示箍筋为HPB300钢筋,直径为12 mm;梁的两端各有18个四肢箍,间距为150 mm;梁跨中部分间距为200 mm,两肢箍

(5)梁构件上部通长筋(或架立筋)、下部通长筋识图

梁构件上部通长筋可以是相同或不同直径的钢筋,采用搭接、机械连接或焊接的方式连接,当同一排上部纵筋中既有通长筋,又有架立筋时,在集中标注上部通长筋后,增加标注一个加号"+",将架立筋写在加号"+"后面的括号( )内。梁构件的上部通长筋(或架立筋)识图见表2-33。

表 2-33　梁构件的上部通长筋(或架立筋)识图

平法施工图	识图
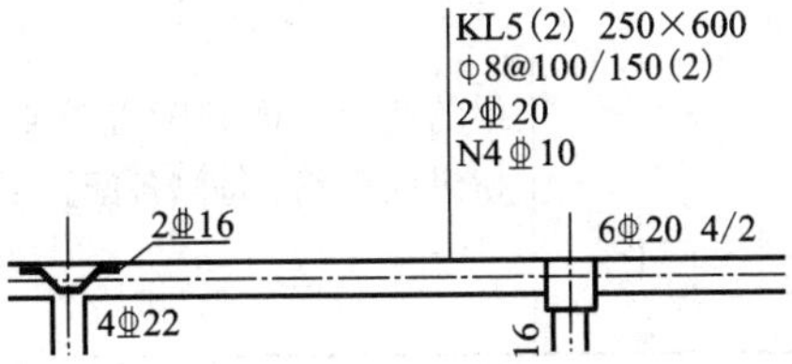 KL5(2) 250×600 φ8@100/150(2) 2Φ20 N4Φ10 2Φ16　　6Φ20 4/2 4Φ22　16	2 根Φ20 的上部通长筋
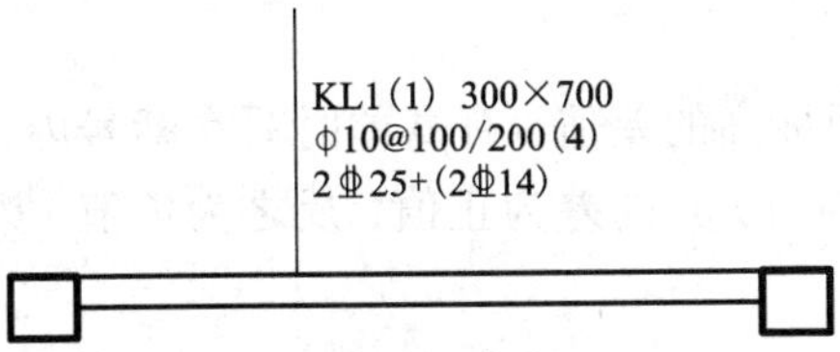 KL1(1) 300×700 φ10@100/200(4) 2Φ25+(2Φ14)	2 根Φ25 的上部通长筋, 2 根Φ14 的架立筋

　　梁构件下部通长筋, 在集中标注上部通长筋后, 用分号";"隔开, 并标注在分号";"后面, 个别跨配筋不同, 则原位标注该跨下部钢筋配筋信息。梁构件下部通长筋识图见表 2-34。

表 2-34　梁构件下部通长筋识图

平法施工图	识图
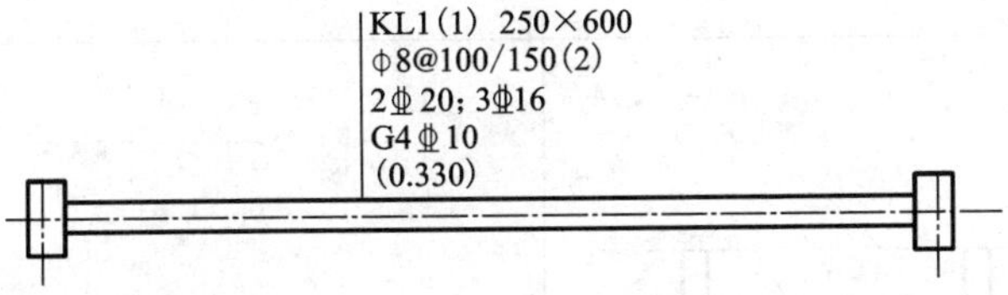 KL1(1) 250×600 φ8@100/150(2) 2Φ20; 3Φ16 G4Φ10 (0.330)	3 根Φ16 的下部通长筋

(6)梁构件侧面纵向钢筋识图

　　当梁腹板的高度 $h_w \geq 450$ mm 时, 需要配置侧面纵向构造钢筋, 以字母"G"打头, 注写配置在梁两侧总配筋值, 对称布置; 当梁的侧面配置抗扭钢筋时, 以字母"N"打头, 注写配置在梁两侧总配筋, 对称布置。梁构件侧面纵向钢筋识图见表 2-35。

表 2-35　梁构件侧面纵向钢筋识图

平法施工图	识图
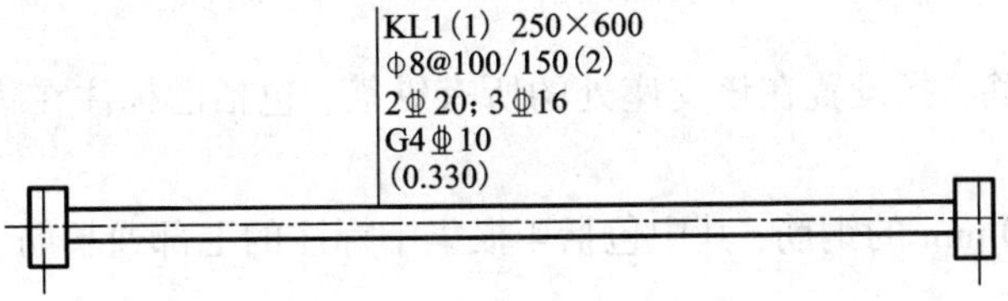 KL1(1) 250×600 φ8@100/150(2) 2Φ20; 3Φ16 G4Φ10 (0.330)	梁的两个侧面共配置了 4Φ10 的纵向构造钢筋, 每侧各配置了 2Φ10 的

平法施工图	识图
KL2(3) 250×600 φ8@100/150(2) 2Φ18 N4Φ10 5Φ18 3/2	梁的两个侧面共配置了4Φ10的受扭纵向钢筋,每侧各配置了2Φ10的

(7)梁顶面的标高高差

梁顶面的标高高差,指相对于结构层的楼面标高的差值,有高差时写在括号内,无高差时不写。当该梁顶面高于所在的结构层楼面标高时,其高差为正值,反之为负值。梁顶面的标高高差平法识图见表2-36。

表2-36 梁顶面的标高高差平法识图

平法施工图	识图
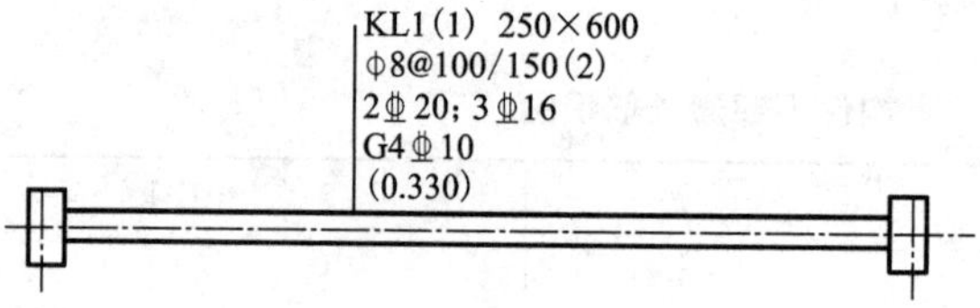 KL1(1) 250×600 φ8@100/150(2) 2Φ20; 3Φ16 G4Φ10 (0.330)	该梁比结构层楼面标高高0.330 m
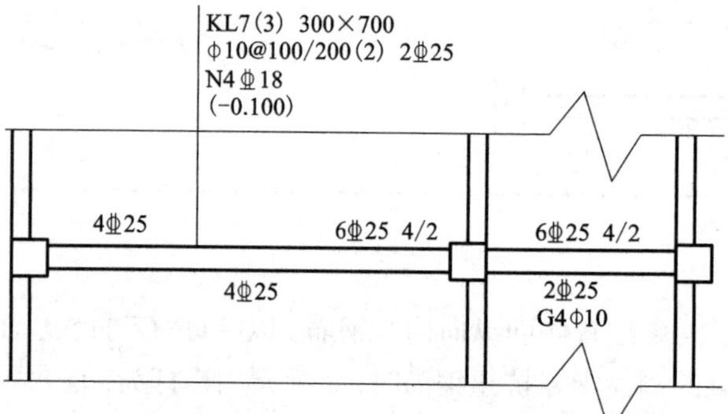 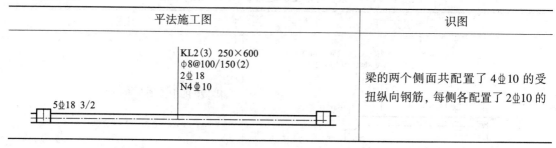	该梁比结构层楼面标高低0.100 m

2.梁构件原位标注识图

(1)梁支座上部纵筋(含该部位上部通长筋在内的所有纵筋)

1)认识梁构件支座的上部纵筋。

梁构件支座处原位标注的上部钢筋,指设置在该支座处的所有纵筋,包括已标注在集中标注的上部通长筋,如图2-58所示。

6Φ20指该位置共有6根直径为20 mm的钢筋,其中包括4根集中标注的上部通长筋,另外2根就是支座负筋。

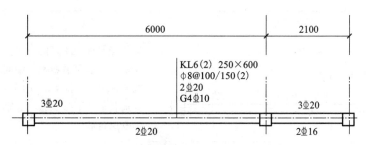

图 2-58　梁支座上部纵筋平法标注

2)梁支座上部纵筋识图。

梁支座上部纵筋识图, 见表 2-37。

表 2-37　梁支座上部纵筋识图

平法施工图	识图	制图规则说明
KL2(3) 250×600 φ8@100/150(2) 2Φ18 N4Φ10 4Φ18 2/2	上、下两排, 上排 2Φ20 是上部通长筋, 下排 2Φ20 是支座负筋	当上部纵筋多于一排时, 用斜线"/"将各排纵筋自上而下分开
KL2(3) 250×600 φ8@100/150(2) 2Φ18 N4Φ10 5Φ18 3/2	上、下两排, 上排 2Φ20 是上部通长筋, 另 1Φ20 是第一排支座负筋, 下排 2Φ20 是第二排支座负筋	当上部纵筋多于一排时, 用斜线"/"将各排纵筋自上而下分开
KL2(3) 250×600 φ8@100/150(2) 2Φ18 N4Φ10 3Φ18　4Φ18 2/2	中间支座两边配筋均为上、下两排, 上排 2Φ20 是上部通长筋, 下排 2Φ20 是支座负筋	当梁中间支座两边的上部纵筋相同时, 可仅在支座的一边标注, 另一边省去不标
KL7(3) 300×700 φ10@100/200(2) 2Φ25 N4Φ18 (-0.100) 4Φ25　6Φ25 4/2　6Φ25 4/2　6Φ25 4/2　4Φ25 4Φ25　2Φ25 G4Φ10　4Φ25	上排 2Φ25 通长筋, 第 1 跨右端支座第一排支座负筋 2Φ25 和第二排支座负筋 2Φ25 贯通第 2 跨, 一直延伸到第 3 跨	上部支座钢筋标注在第 2 跨跨中, 且与第 1 跨右支座、第 3 跨左支座相同, 表示第 1 跨支座负筋贯通第 2 跨, 一直延伸到第 3 跨

73

续表2-37

平法施工图	识图	制图规则说明
KL6(2) 300×500 Φ8@100/200(2) 4Φ20; 2Φ20 6Φ20 4/2　4Φ20　6Φ20 4/2　6Φ20 4/2	支座左侧标注4Φ20，全部是通长筋；右侧的6Φ20，上排4根为通长筋，下排2根为支座负筋	中间支座两边配筋不同时，须在支座两边分别标注
WKL2(3) 250×600 Φ8@100/150(2) 2Φ20; 2Φ20 G4Φ10　　　2Φ20+1Φ16	其中2Φ20是集中标注的上部通长筋，1Φ16是支座负筋	当同排纵筋有两种直径时，用"+"号将两种直径的纵筋相连，注写时角筋写在前面

（2）下部钢筋原位标注识图

下部钢筋没有标注在梁集中标注，而是原位标注在各跨梁的下方。当下部钢筋多于一排时，用斜线"/"自上而下将各排纵筋分开。下部钢筋原位标注识图见表2-38。

表2-38　下部钢筋原位标注识图

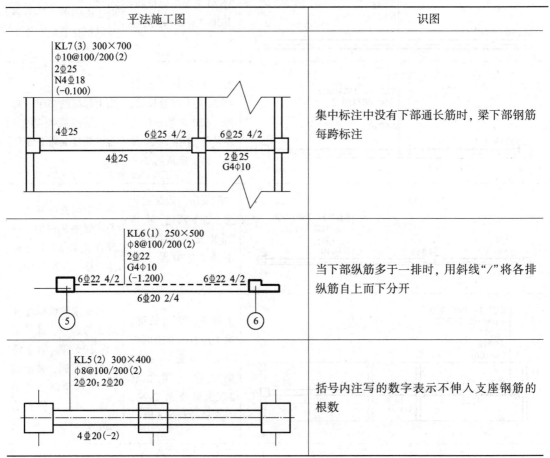

平法施工图	识图
KL7(3) 300×700 Φ10@100/200(2) 2Φ25 N4Φ18 (−0.100) 4Φ25　6Φ25 4/2　6Φ25 4/2 4Φ25　2Φ25 　　　G4Φ10	集中标注中没有下部通长筋时，梁下部钢筋每跨标注
KL6(1) 250×500 Φ8@100/200(2) 2Φ22 G4Φ10 (−1.200) 6Φ22 4/2　　　6Φ22 4/2 6Φ20 2/4 ⑤　　　　　　⑥	当下部纵筋多于一排时，用斜线"/"将各排纵筋自上而下分开
KL5(2) 300×400 Φ8@100/200(2) 2Φ20; 2Φ20 4Φ20(−2)	括号内注写的数字表示不伸入支座钢筋的根数

（3）原位标注修正内容

当梁某跨信息不同于集中标注的内容时，将其信息原位标注在该跨或该外伸部位。如图 2-59 所示，KL6 集中标注的上部通长筋为 2⌀25，第 2 跨上部通长筋原位修正为 6⌀25 4/2，表示第 2 跨上部有 6 根钢筋贯通本跨，其中上排有 4 有根，下排有 2 根。

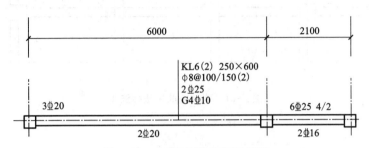

图 2-59　上部钢筋修正平法标注

悬挑端若与梁集中标注的配筋信息不同，则进行原位标注。如图 2-60 所示，KL7(1A)集中标注的上部通长筋为 2⌀20，悬挑端梁上部跨中原位修正为 3⌀20，表示悬挑端有 3 根上部钢筋通过。

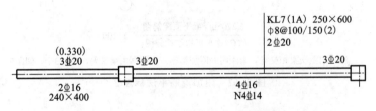

图 2-60　悬挑端信息修正平法标注

（4）附加箍筋或吊筋

在主梁和次梁相交的位置，次梁由主梁支撑，一般会在主梁上增设附加箍筋或附加吊筋。

1）附加箍筋。

附加箍筋平法标注，一般直接将其钢筋图画在梁平面图中的主梁上，并引注其配筋总数量及钢筋直径间距等信息（附加箍筋肢数标注在括号内），如图 2-61 所示。

当附加箍筋或附加吊筋配筋信息大多数相同时，可用文字在梁的平法施工图上统一注明，少数信息与统一注明信息不同时，再原位引注，如图 2-62 所示。

2）附加吊筋。

梁构件附加吊筋的平法标注表达方同附加箍筋，如图 2-63 所示。

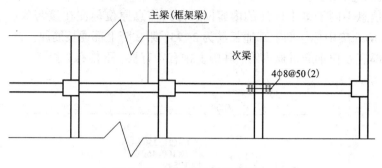

图 2-61　附加箍筋平法标注 1

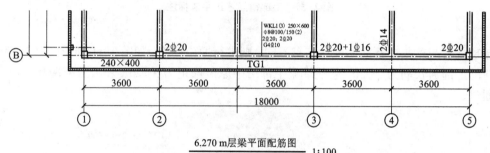

6.270 m层梁平面配筋图 1:100
(TG1详见檐口结构详图)

注：在主次梁相交处，未注明的附加箍筋，直径同主梁箍筋，每边3个，间距50 mm。

图 2-62　附加箍筋平法标注 2

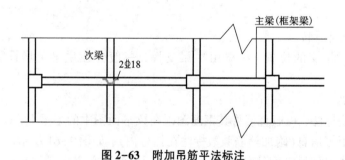

图 2-63　附加吊筋平法标注

第5节　板构件钢筋算量识图

2.5　板构件平法识图

板构件平法识图的依据是板构件平法制图规则。板构件平法制图规则，是指在板平面布置图上，采用平面注写方式，表达板构件结构设计信息。

　　板平法制图规则分为有梁楼盖(有梁板)制图规则和无梁楼盖(无梁板)制图规则。以梁(墙)为支座的楼面与屋面板平法施工图设计遵循有梁楼盖制图规则。本书仅介绍有梁楼盖(有梁板)制图规则的应用。

　　有梁楼盖(有梁板)平法施工图,指在楼面板或屋面板布置图上,采用平面注写的方式表达相关信息。平面注写包括板块的集中标注和板支座的原位标注。

　　为了方便板结构设计的表达和施工图的识读,板结构平面图的坐标方向规定为:

　　1)当两方向轴网正交布置时,规定图面从左至右为 x 向,从下至上为 y 向。

　　2)当轴网有转折时,局部的坐标方向顺着轴网的转折角度做相应的转折。

　　3)当轴网是向心布置时,其切向为 x 向,径向为 y 向。

2.5.1　板构件平法识图知识体系

知识点一
板构件的分类

知识点二
板构件平面表示方法

知识点三
板构件平法识图

2.5.2　板构件的分类

　　板构件依据支座类型来分,可分为有梁楼盖(有梁板)和无梁楼盖(无梁板)。从其所处的位置来分,有楼面板、屋面板、悬挑板之分。

2.5.3　板构件平面表示方法

　　有梁楼盖(有梁板)平法施工图,其平面注写方式采取板块的集中标注和板支座的原位标注相结合来表达。

　　1. 集中标注

　　板块集中标注内容有:板块编号、板厚、上部贯通纵筋、下部纵筋及板面标高高差(板面标高高差,指板块相对于结构层楼面标高的高差)。

　　对于普通的楼面,两个方向均以一跨为一个板块;对于密肋楼盖,两个方向均以主梁(框架梁)的一跨为一板块(非主梁密肋不计)。所有板块逐一编号,相同编号的板块可选择其中一个做集中标注,其他板块仅注写板编号,以及当板面的标高有不同时的标高高差。

　　同一编号板块的类型、板厚和贯通纵筋均相同,但板面标高、跨度、平面形状以及板支座上部非贯通纵筋可以不同,如同一编号板块的平面形状可为矩形、多边形及其他形状等。

2.原位标注

有梁板支座的原位标注内容有：板支座上部非贯通纵筋(即支座负筋)及悬挑板上部受力钢筋。

板支座负筋的原位标注、钢筋信息相同的跨,在第一跨表达相关信息。在板平法施工图上,垂直于板支座(梁或墙)绘制一段适宜长度的中粗实线(当该钢筋通常设置在悬挑板或短跨板上部时,实线段应画至对边或贯通短跨,通常也叫跨板受力筋),该线段代表支座上部非贯通纵筋(支座负筋),并在线段上方注写钢筋编号(如①、②等)、钢筋信息、横向连续布置的跨数(注写在括号内,当为一跨时不标注)以及其是否横向布置到梁的悬挑端;在线段下方注写上部非贯通纵筋(支座负筋)自支座内边线向跨内的延伸长度。当在梁悬挑部位单独配置时则可在梁悬挑部位原位表达。

当中间支座上部非贯通纵筋(支座负筋)在支座两侧的延伸长度相同时,仅在支座一侧线段下方标注其延伸长度,另一侧不注,如图2-64所示。

当向支座两侧延伸长度不同时,应分别在支座两侧线段下方注写延伸长度,如图2-65所示。

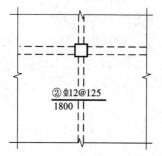

图2-64 上部非贯通纵筋(支座负筋)在支座两侧延伸长度相同的注写示例图

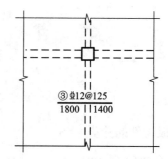

图2-65 上部非贯通纵筋(支座负筋)在支座两侧延伸长度不同的注写示例图

板支座负筋的一侧延伸长度贯通全跨或贯通全悬挑长度时,线段画至板对边;贯通全跨或伸至全悬挑一侧的长度值不注,只注明另一侧的延伸长度值,如图2-66所示。

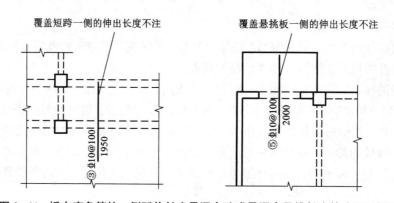

图2-66 板支座负筋的一侧延伸长度贯通全跨或贯通全悬挑长度的注写示例图

2.5.4 板构件平法识图

1. 板块集中标注识图

(1) 板块编号,见表 2-39

表 2-39 板块编号

板类型	代号	序号	示例
楼面板	LB	××	LB1
屋面板	WB	××	WB2
悬挑板	XB	××	XB3

(2) 板厚

1) 板厚用 $h=$×××表达,如 $h=130$。

2) 当悬挑板端部截面厚度有改变时,注写为 $h=$×××/×××(斜线前为板根的厚度,斜线后为板端的厚度),如 $h=120/100$。

(3) 钢筋

板的受力纵筋按板块注写,即分上部贯通纵筋(当板块上部不设贯通纵筋时,不注标)和下部纵筋注写。

平法图集(22G101—1)规定:以字母 B 代表下部钢筋,字母 T 代表上部贯通钢筋,字母 B&T 代表下部与上部贯通钢筋;并以字母 X 代表 X 向纵筋,字母 Y 代表 Y 向纵筋,字母 X&Y 代表两个方向的纵筋配置相同。单向板的分布筋可不注写,只须在图中统一注明;当在某些板内(如悬挑板 XB 的下部)配置有构造钢筋时,则 X 向以字母 X_c、Y 向以字母 Y_c 打头注写。

(4) 板面标高高差

板面标高高差是指相对于结构层楼面标高的高差,将其注写在括号内,有高差则注,无高差不注,如 (-0.100) 表示该板块比本层楼面标准标高低 0.100 m。

(5) 识图案例

1) 双向板配筋(单层布筋)。

LB1 $h=120$

B:Xϕ10@150,Yϕ12@150

上述平法标注表示:编号为 LB1 的楼面板,厚度为 120 mm;板下部布置 X 向贯通纵筋为 ϕ10@150,Y 向贯通纵筋为 ϕ12@150。

该板未配置上部贯通纵筋,板的支座须布置上部非贯通纵筋(即支座负筋)。

2) 双层板配筋(双向布筋)。

LB2 $h=110$

B:Xϕ10@200,Yϕ12@200

T:X&Yϕ10@180

上述平法标注表示:编号为 LB2 的楼面板,厚度为 110 mm;板下部布置 X 向纵筋为 ϕ10@200,Y 向纵筋为 ϕ12@200;X 向和 Y 向均配置上部贯通纵筋ϕ10@180。

3）双层板配筋（双向布筋）。

WB2 h = 130

B&T: X&Y$\underline{\Phi}$10@150

上述平法标注表示：编号为 WB2 的屋面板，厚度为 130 mm；板 X 向和 Y 向下部纵筋和上部贯通纵筋均为 $\underline{\Phi}$10@150。

4）单向板配筋（单层布筋）。

LB3 h = 120

B: Y$\underline{\Phi}$12@150

上述平法标注表示：编号为 LB3 的楼面板，厚度为 120 mm；板下部布置 Y 向纵筋$\underline{\Phi}$12@150。

5）双层双向板平法标注如图 2-67 所示，识读 LB1 信息。

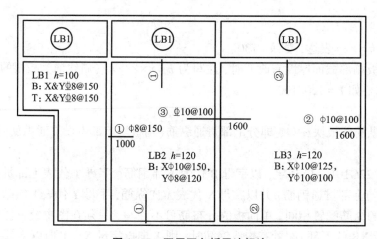

图 2-67 双层双向板平法标注

LB1 平法标注表示：楼面板编号为 LB1，板厚为 100 mm；X 向和 Y 向板下部纵筋均为$\underline{\Phi}$8@150；X 向和 Y 向上部贯通纵筋也是 $\underline{\Phi}$8@150。

6）单层双向板的标注，如图 2-68，识读 LB2 和 LB3 信息。

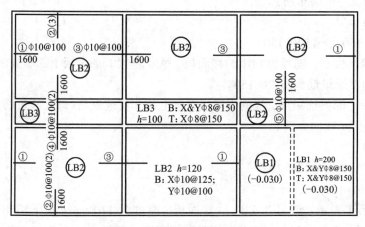

图 2-68 单层双向板平法标注

LB2 平法标注表示：楼面板编号为 LB2，板厚 120 mm；板下部 X 向纵筋为 φ10@125，Y 向纵筋为 φ10@100。

"走廊板"LB3 平法标注表示：楼面板编号为 LB3，板厚 100 mm；板下部 X 向和 Y 向纵筋均为 φ8@150；板上部配有 X 向贯通纵筋 φ8@150（板上部 Y 向没有标注贯通纵筋，由 Y 向原位标注的跨板上部非贯通纵筋 φ10@100 代替。）。

2. 板支座原位标注识图

板原位标注为普通板的支座负筋（即上部非贯通纵筋）和悬挑板上部受力钢筋。

板支座原位标注识图案例，见表 2-40。

表 2-40　板支座原位标注识图

情况分类	说明	图示
单侧支座负筋	①号的支座负筋 φ10@100，从梁内边线向跨内的延伸长度为 1600 mm	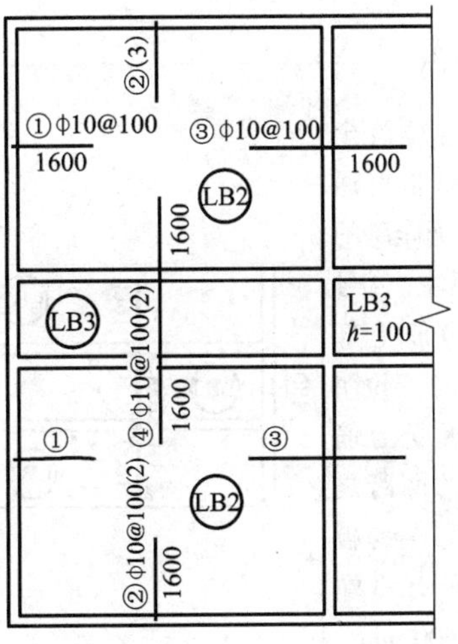
双侧支座负筋（支座两侧对称延伸）	②号支座负筋从梁左右内边线向两侧跨内的延伸长度为 1800 mm	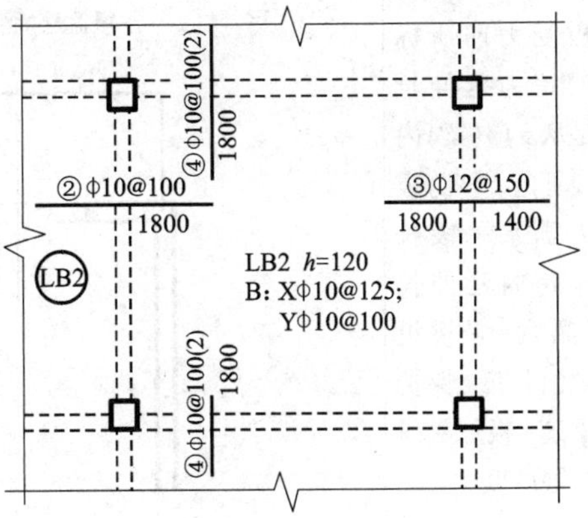

续表2-40

情况分类	说明	图示
双侧支座负筋（支座两侧非对称延伸）	③号支座负筋从梁内边线向左侧跨内的延伸长度为1800 mm；从梁内边线向右侧跨内的延伸长度为1400 mm	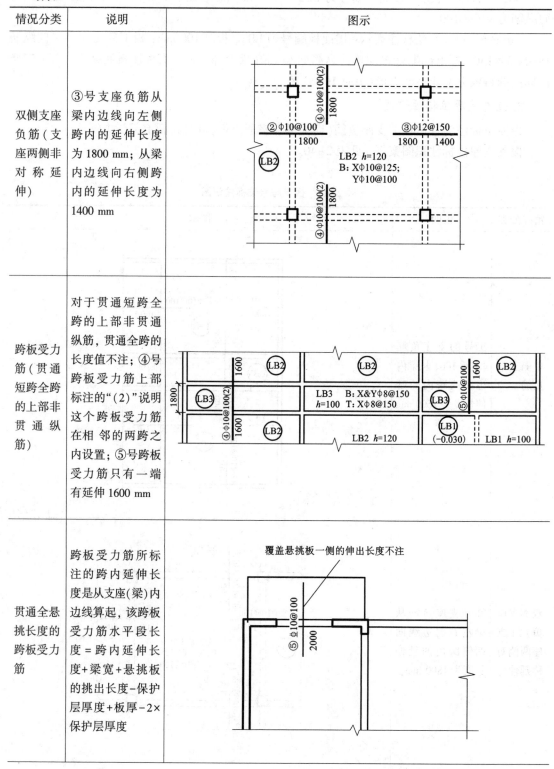
跨板受力筋（贯通短跨全跨的上部非贯通纵筋）	对于贯通短跨全跨的上部非贯通纵筋，贯通全跨的长度值不注；④号跨板受力筋上部标注的"（2）"说明这个跨板受力筋在相邻的两跨之内设置；⑤号跨板受力筋只有一端有延伸1600 mm	
贯通全悬挑长度的跨板受力筋	跨板受力筋所标注的跨内延伸长度是从支座(梁)内边线算起，该跨板受力筋水平段长度=跨内延伸长度+梁宽+悬挑板的挑出长度-保护层厚度+板厚-2×保护层厚度	

续表2-40

情况分类	说明	图示
弧形支座负筋	当板支座为弧形,支座负筋呈放射状分布,须注明配筋间距的度量位置并加注"放射分布"四字,必要时应补绘平面配筋图	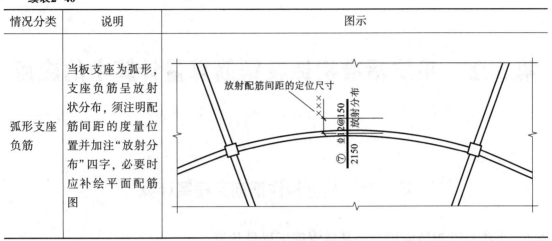

与板支座负筋垂直且绑扎在一起的构造钢筋或分布钢筋,须在图中注明,如在结构施工图的总说明里或在楼层结构平面图中,说明板分布钢筋的规格和间距。

第3章 平法标准构造在钢筋算量计算中的应用

第1节 基础构件钢筋工程量计算

3.1 平法标准构造应用——基础钢筋工程量计算

3.1.1 独立基础钢筋工程量计算

【导】 计算图 3-1 独立基础 DJz02 的钢筋工程量。

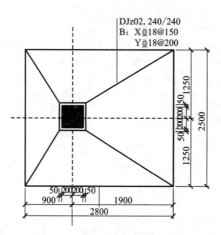

图 3-1 DJz02 钢筋平法施工图

请分析：有哪些钢筋，钢筋长度，根数？

3.1.1.1 独立基础平法构造

民用建筑一般采用普通矩形独立基础，故本任务只讲解普通矩形独立基础的钢筋构造。其底筋构造情况汇总见表 3-1。

3.1.1.2 独立基础平法构造应用

运用独立基础平法构造知识，计算平法标注的独立基础钢筋工程量，具体步骤可分解为：

第一步：选定平法施工图同类构件中的某一个；

第二步：由该构件的集中+原位标注，分析出需要计算的钢筋类型；

第三步：参照标准构造要求，算出单根长度，再计算出这种钢筋根数。

表 3-1　矩形独立基础(以下简称独基)底筋构造情况

独基底筋构造情况		钢筋构造图示	钢筋构造要点
一般构造情况		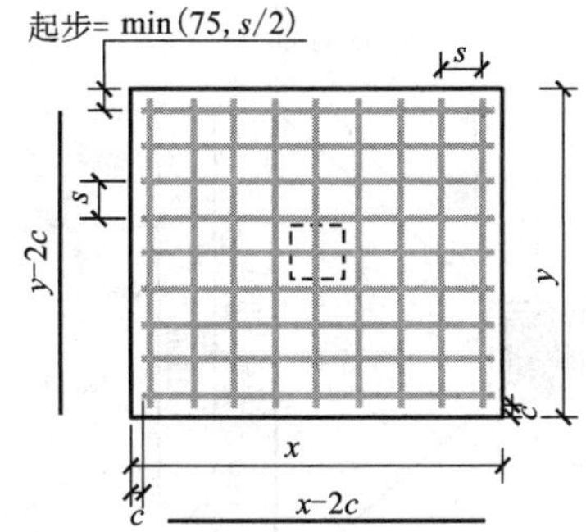	①适用条件:对各种尺寸的单柱、多柱独基都适用,但设有基础梁的多柱独基、平行于基础梁的底筋,须距离基础梁 50 mm 布置(见设有基础梁的双柱独基配筋构造) ②x 向和 y 向的直线形钢筋,以各自的起步 $\min(75, s/2)$ 和间距 s,分别连续垂直布置,形成钢筋网 ③每向、每根钢筋的长度,分别以各向的底边边长减去两端边的基础保护层厚度,形状为直线,若为光圆钢筋,两端应各外加 $6.25d$ 的弯钩
长度缩减 10% 的情况	对称	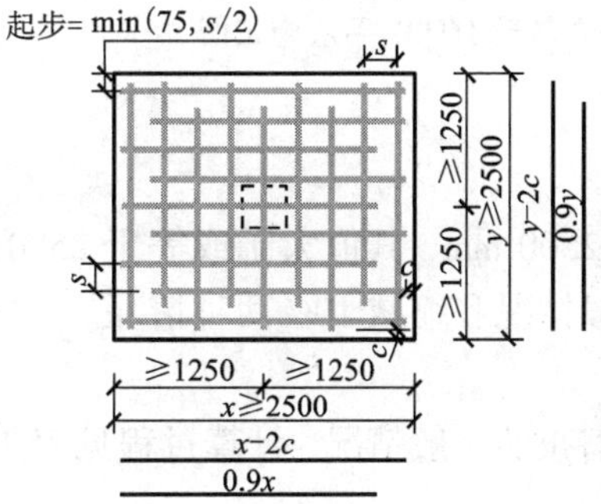	①单柱独基底板 x 和 y 两边长度都 ≥ 2500 mm 时,才能采用,但也可采用不缩减 10% 的一般构造形式;多柱基础,当柱的中心线到基础底板最外边的垂直距离都大于 1250 mm 时,也可采用本情况,但尽量不用 ②采用本情况,x 和 y 边的钢筋须各下料两种长度的钢筋各向最外侧的两根钢筋,长度如一般构造,不缩减其余底筋长度可取相应方向底板长度的 0.9 倍,且缩减后的底筋必须伸过阶形基础的第一台阶布置上须交错(如图所示) ③其余构造如一般情况
	非对称	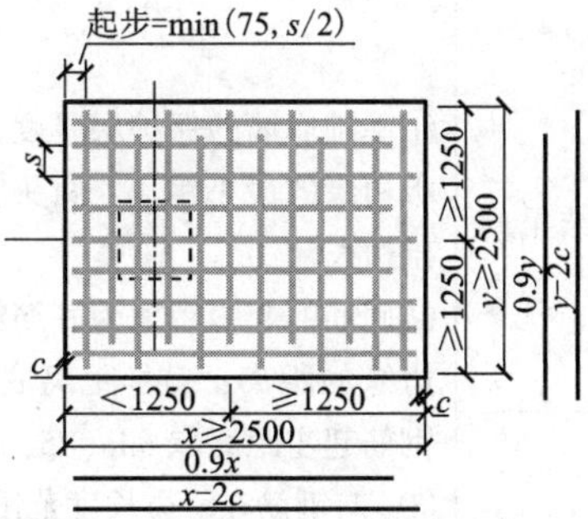	①单柱独基底板 x 和 y 两边长度都 ≥ 2500 mm 时,才能采用,但也可采用不缩减 10% 的一般构造形式 ②当该基础某侧从柱中心至基础底板边缘的距离 <1250 mm 时,钢筋在该侧不应缩减;但当前述距离都 ≥1250 mm 时,也可采用对称情况布置 ③布置时,对称边按对称情况布置;非对称边,按隔一缩一布置 ④钢筋的长度、根数和起步等要求,同对称情况

注:①图中 c 代表基础底筋侧面的混凝土保护层厚度,设计有注明按设计;设计无注明则查表,取基础侧面的保护层厚度。
　②图中 s 为底筋间距。
　③带肋钢筋端部不带钩;光圆钢筋每根钢筋的两个端部做 $6.25d$ 的弯钩,两端共加 $12.5d$ 的长度(d 为钢筋的直径)。
　④起步距离指底筋离构件边缘的第一根钢筋距离,要求 ≤75 mm 且 ≤$s/2$(s 为底筋间距),即 $\min(75, s/2)$。

1.对称独立基础钢筋工程量计算

【案例】 计算图 3-2 对称独立基础 DJj01 的钢筋工程量，C30 混凝土，二 a 类环境。

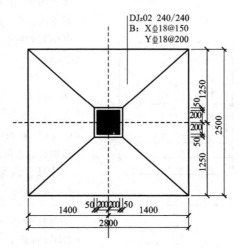

图 3-2　独立基础 DJj01 平法施工图

(1)分析

DJj01 边长 x 向长 2800 mm，y 向长 2500 mm，其值大于或等于 2500 mm，且基础对于柱中心对称，计算钢筋工程量时可以分一般情况和缩减 10% 两种情况。

(2)计算过程

第一种情况：矩形独立基础底筋不缩减的一般情况，计算过程见表 3-2。

表 3-2　DJj01 底筋不缩减的工程量计算过程

钢筋	计算过程	平法标准构造说明
x 向钢筋	①单根长度 = $x-2c$(带肋) = 2800-2×20 = 2760(mm) 形状： ②根数 = [$y-2×$min(75,$s/2$)]/s(结果向上进 1 取整)+1 = (2500-2×75)/150+1 = 17(根)	①基础底筋的保护层厚度为底筋的端头到基础底板边缘的最小距离；两头都有，故单根长度为基础边长减 2c ②底筋的起步距离为底筋第一根钢筋到基础底板边缘的距离；起步距离底板上下边缘各有一个；钢筋起步距离取 min(75,$s/2$) ③x 向钢筋在 y 边长度范围内布置，计算 x 向根数时取 y 边的边长 2500 mm；y 向钢筋沿 x 边长度范围内布置，计算钢筋的根数的时候，取 x 边的边长 2800 mm
y 向钢筋	①单根长度 = $y-2c$(带肋) = 2500-2×20 = 2460(mm) 形状： ②根数 = [$x-2×$min(75,$s/2$)]/s(结果向上进 1 取整)+1 = (2800-2×75)/200+1 = 15(根)	

86

第二种情况：矩形独立基础底筋缩减10%的情况，计算过程见表3-3。

表 3-3 DJj01 底筋缩减 10%的工程量计算过程

钢筋	计算过程	平法标准构造说明
x 向钢筋	①单根不缩减的钢筋长度 $=x-2c$（带肋） $=2800-2\times20=2760$（mm）（有两根） 缩减的钢筋长度 $=0.9x$（带肋） $=0.9\times2800=2520$（mm）且超过顶台阶 ②根数 $=[y-2\times\min(75, s/2)]/s$（结果向上进1取整）+1 $=(2500-2\times75)/150+1=17$（根）	①最外边两根不缩减，按照一般情况计算长度；内侧钢筋都可缩减为基础边长的0.9倍，且超过顶台阶；故要计算两种长度的钢筋 ②钢筋对称交错布置，计算总根数时不受影响。施工时不缩减的钢筋放在底板外侧，缩减的放底板内侧
y 向钢筋	①单根不缩减的钢筋长度 $=y-2c$（带肋）$=$ $2500-2\times20=2460$ mm/根（两根） 缩减的钢筋长度 $=0.9y$（带肋） $=0.9\times2500=2250$（mm）且超过顶台阶 ②根数 $=[x-2\times\min(75, s/2)]/s$（结果向上进1取整）+1 $=(2800-2\times75)/200+1=15$（根）	

2. 不对称独立基础钢筋工程量计算

【案例】 计算图3-3非对称独立基础DJz02的钢筋工程量（C30混凝土，二a类环境）。

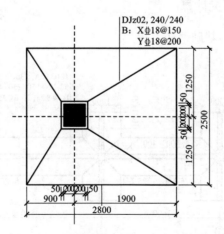

图 3-3 独立基础 DJz02 平法施工图

分析：DJz02边长大于或等于2500 mm，基础相对于柱中心 x 方向不对称，y 方向对称；因此，x 方向基础边缘到柱中心距离小于1250 mm的一侧，钢筋不缩减，另一侧钢筋缩减；y 方向对称，按两侧对称缩减计算，计算过程见表3-4。

表 3-4 非对称独立基础 DJz02 的钢筋工程量计算过程

钢筋	计算过程	平法标准构造说明
x 向钢筋非对称边	①单根不缩减的钢筋长度$=x-2c$（带肋） $=2800-2\times20=2760$（mm）（有两根） 缩减的钢筋长度$=0.9\times x$（带肋） $=0.9\times2800=2520$（mm）且超过顶台阶 ②根数$=[y-2\times\min(75, s/2)]/s$（结果向上进 1 取整）$+1$ $=(2500-2\times75)/150+1=17$（根） 其中： 不缩的钢筋根数$=2+(17-2)/2=10$（根） 缩减的钢筋根数$=(17-2)/2=7$（根）	①非对称边最外边两根不缩减，基础边缘到柱中心距离小于 1250 mm 的一侧也不缩减，按照一般情况计算长度；基础边缘到柱中心距离大于 1250 mm 的一侧，内侧钢筋隔一缩一，故有两种长度的钢筋 ②钢筋非对称交错布置，总的根数不受影响，施工摆放钢筋时，偏心边钢筋靠齐，最外边钢筋不缩减，另一侧内侧钢筋按独立基础对称布置，隔一缩一
y 向钢筋对称边	①单根不缩减的钢筋长度$=y-2c$（带肋） $=2500-2\times20=2460$（mm）（有两根） 缩减的钢筋长度$=0.9\times y$（带肋） $=0.9\times2500=2250$（mm）且超过顶台阶 ②"几根"根数$=[x-2\times\min(75, s/2)]/s$（结果向上进 1 取整）$+1$ $=(2800-2\times75)/200+1=15$（根） 其中：2 根为不缩减的钢筋，剩下 13 根为缩减的钢筋	按减 10% 计算

3.1.2 条形基础钢筋工程量计算

【导】 计算图 3-4 条形基础钢筋工程量。

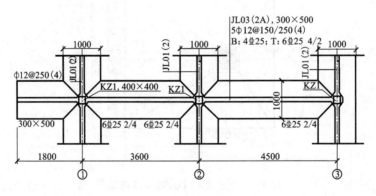

图 3-4 条形基础平法施工图

请分析：包含哪些构件，分别有哪些钢筋，单根钢筋长度，同种钢筋数量？

3.1.2.1　条形基础平法构造

1.基础梁 JL 钢筋构造

（1）基础梁 JL 纵向钢筋构造

基础梁 JL 纵向钢筋构造分三种类型来说明，见表 3-5。

表 3-5　基础梁 JL 纵向钢筋构造

名称	构造图	构造说明
端部等截面外伸构造	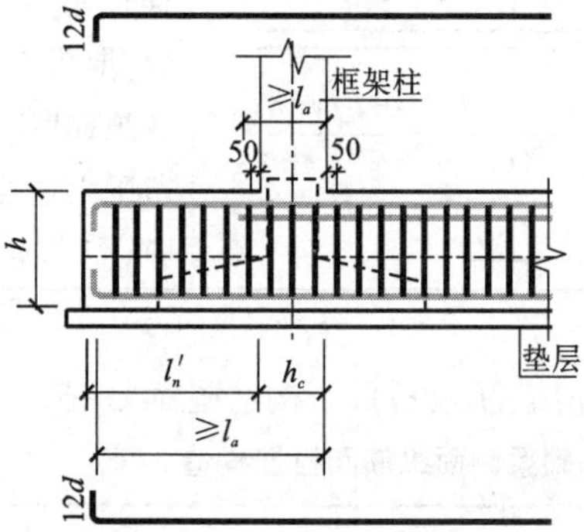	基础梁贯通筋构造： ①底部贯通筋伸至外伸尽端弯折 12d ②顶部贯通筋上排伸至外伸尽端弯折 12d，下排不伸入尽端，从柱内侧起 l_a ③端部等（变）截面外伸构造中，当 $l_n' + h_c \leq l_a$ 时，基础梁底部钢筋应伸至端部后弯折 15d，等同于无外伸构造
端部变截面外伸构造	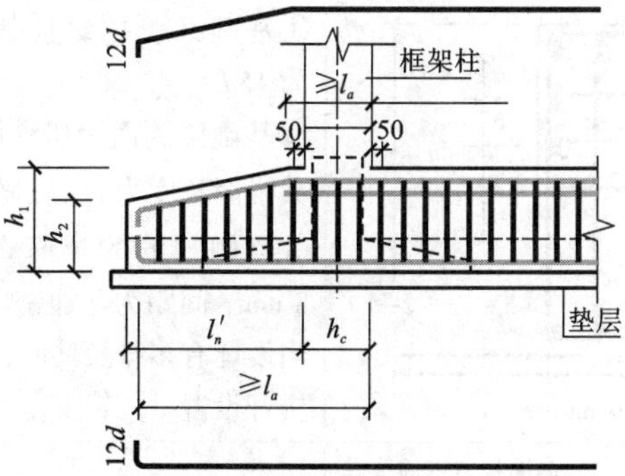	
端部无外伸构造	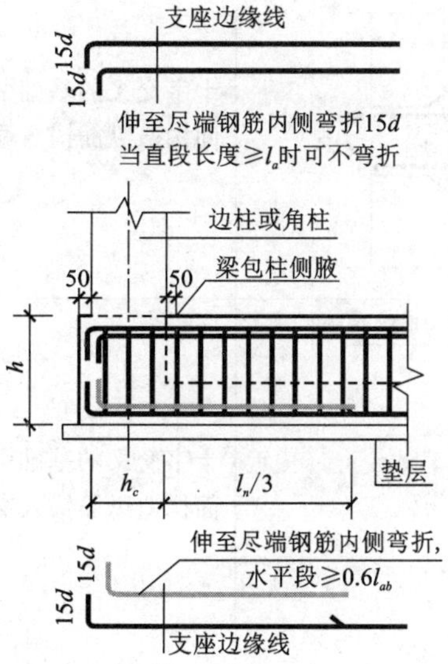	①基础梁贯通筋构造底部贯通筋伸到端部弯折 15d； 顶部贯通筋伸到端部弯折 15d； 当直段长度 ≥l_a 时直锚 ②梁端部及柱下区域底部非贯通筋构造 端部弯折 15d，跨内长度为从节点内侧向跨内延伸 $L_n/3$，L_n 是相邻两跨的较大值

名称	构造图	构造说明
基础梁纵向钢筋（顶部贯通筋，底部贯通筋，底部非贯通筋）中间节点构造	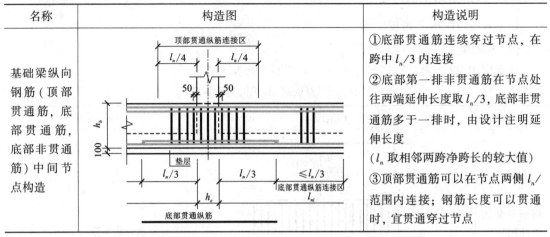	①底部贯通筋连续穿过节点，在跨中 $l_n/3$ 内连接 ②底部第一排非贯通筋在节点处往两端延伸长度取 $l_n/3$，底部非贯通筋多于一排时，由设计注明延伸长度 （l_n 取相邻两跨净跨长的较大值） ③顶部贯通筋可以在节点两侧 $l_n/$ 范围内连接；钢筋长度可以贯通时，宜贯通穿过节点

（2）基础梁侧面构造纵筋和拉筋

基础梁侧面钢筋包括构造纵筋或受扭纵筋及拉筋，构造见表3-6。

表 3-6 基础梁侧面纵筋和拉筋构造

名称	构造图	构造说明
基础梁侧面构造纵筋和拉筋	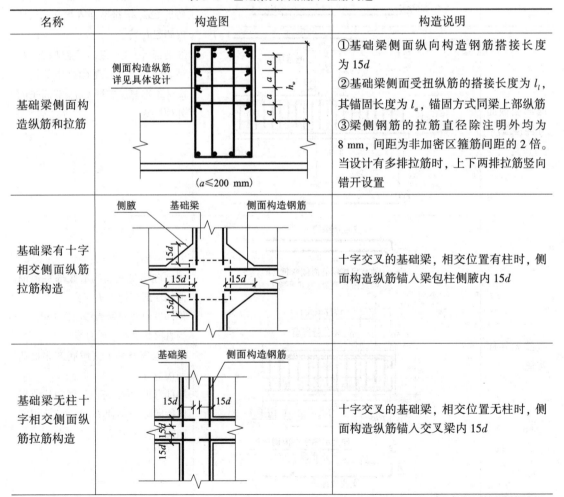	①基础梁侧面纵向构造钢筋搭接长度为 $15d$ ②基础梁侧面受扭纵筋的搭接长度为 l_l，其锚固长度为 l_a，锚固方式同梁上部纵筋 ③梁侧钢筋的拉筋直径除注明外均为 8 mm，间距为非加密区箍筋间距的 2 倍。当设计有多排拉筋时，上下两排拉筋竖向错开设置
基础梁有十字相交侧面纵筋拉筋构造		十字交叉的基础梁，相交位置有柱时，侧面构造纵筋锚入梁包柱侧腋内 $15d$
基础梁无柱十字相交侧面纵筋拉筋构造		十字交叉的基础梁，相交位置无柱时，侧面构造纵筋锚入交叉梁内 $15d$

续表3-6

名称	构造图	构造说明
基础梁无柱丁字相交侧面纵筋拉筋构造	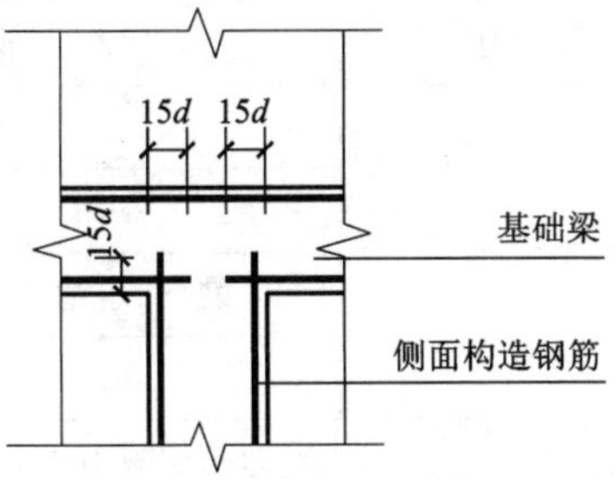	丁字相交的基础梁,当相交位置无柱时,横梁外侧的构造纵筋应贯通,横梁内侧的构造纵筋锚入交叉梁内15d

（3）箍筋的构造情况

基础梁箍筋节点处起步距离和加密区的构造规定见表3-7。

表 3-7　基础梁箍筋构造

类型	构造图	构造说明
节点处起步距离	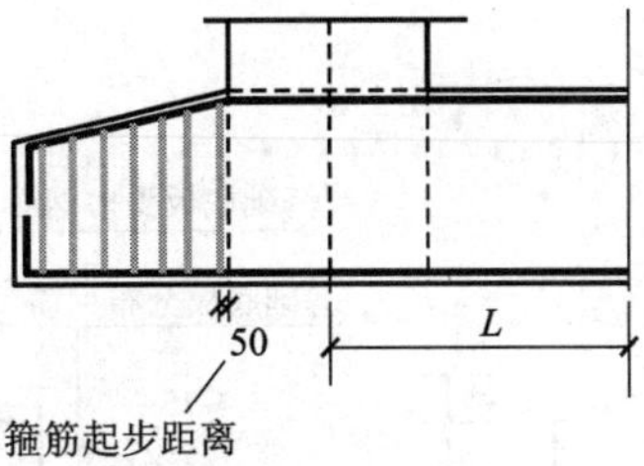	①箍筋起步距离为50 mm ②基础梁变截面外伸,梁高加腋位置,箍筋高度渐变
箍筋加密区设置	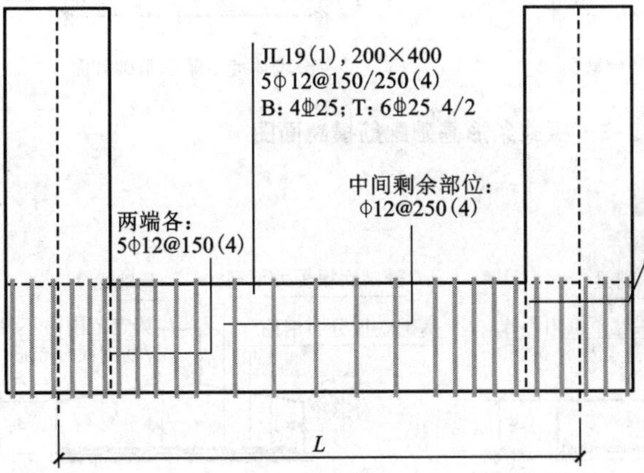	③如节点处箍筋有加密要求,设计须注明,如图梁端箍筋有注明根数为5根、布设间距为150 mm,与中间部位箍筋间距250 mm不同,节点区域箍筋按梁端第一种箍筋设置

2.条形基础底板钢筋构造

条形基础底板钢筋构造应用主要体现在以下几个方面,见表3-8。

表 3-8　条形基础底板钢筋构造情况

条形基础交接处钢筋构造	转角(两向无外伸)	梁下
	丁字交接	墙下
	十字交接	梁下
		墙下
		梁下(也适用于转角均有外伸)
		墙下
条形基础底板宽度≥2500 mm		受力筋缩减10%
条形基础端部钢筋构造		端部无交接底板
条形基础底板不平钢筋构造		条形基础底板不平的钢筋构造

(1)条形基础底板配筋横断面构造

从平法图集条形基础底板配筋横断面(图3-5、图3-6),可以看出其配筋基本构造要求。受力筋在底板范围内连续布置,底板分布钢筋在剪力墙或砌体墙下范围内需要连续布置,在基础梁下范围内不需要布置。

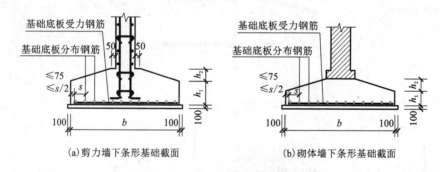

图 3-5　板式条形基础配筋横断面图

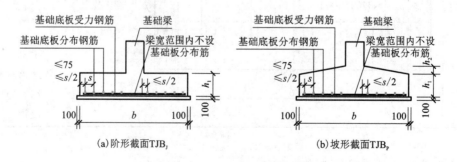

图 3-6　梁板式条形基础配筋横断面图

（2）条形基础底板转角相交（两向无外伸）钢筋构造

条形基础底板转角相交（两向无外伸）钢筋构造见表 3-9。

表 3-9　条形基础底板转角相交（两向无外伸）钢筋构造

平法施工图

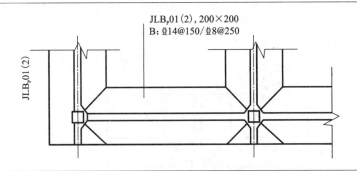

平法钢筋构造要点

梁板式条形基础

构造图	构造要求
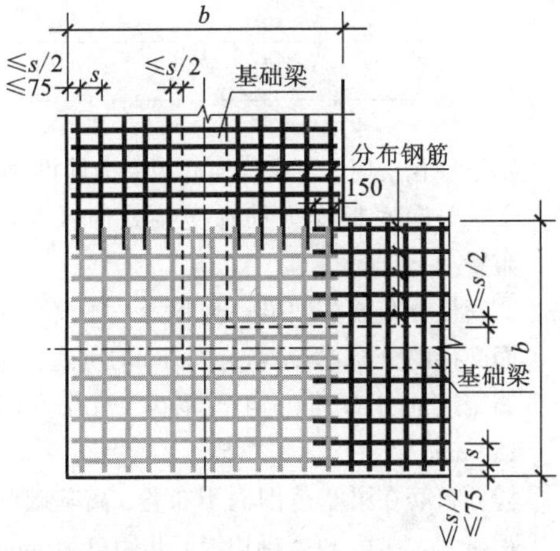 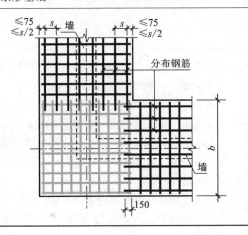	①条形基础底板钢筋起步距离取 min（$s/2$，75 mm），s 为钢筋间距 ②在两向受力钢筋交接处的网状部位，分布钢筋与同向受力钢筋搭接 150 mm ③分布筋在梁宽范围内不布置，离基础梁起步距离为≤$s/2$，离基础边缘起步距离为 min（$s/2$，75 mm），s 为钢筋间距

墙下条形基础

	构造要求
	①条形基础底板钢筋起步距离取 min（$s/2$，75 mm），s 为钢筋间距 ②在两向受力钢筋交接处的网状部位，分布钢筋与同向受力钢筋搭接 150 mm ③分布筋在墙厚范围内也须布置，离基础边缘起步距离为 min（$s/2$，75 mm），s 为钢筋间距

（3）条形基础底板丁字相交钢筋构造

条形基础底板丁字相交，钢筋构造见表3-10。

表 3-10　条形基础底板丁字相交钢筋构造

平法施工图

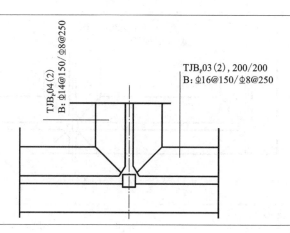

钢筋构造要点

梁板式条形基础

构造图	构造要求
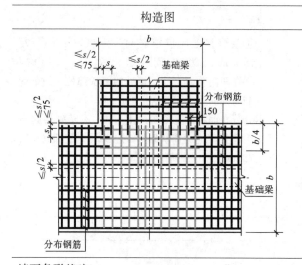	①丁字相交时，丁字横向底板受力筋贯通布置，丁字竖向底板受力筋在交接处伸入 $b/4$ 范围布置 ②底板分布筋基础梁一侧和另一侧没有与受力筋交接的分布筋（$b/4$ 范围外）均贯通，与受力筋交接的分布筋（$b/4$ 范围内）与受力筋搭接150 mm ③分布筋在梁宽范围内不布置，离基础梁起步距离为 ≤$s/2$，离基础边缘起步距离为 $\min(s/2, 75\ \text{mm})$，s 为钢筋间距

墙下条形基础

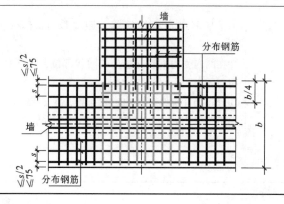	①丁字相交时，丁字横向底板受力筋贯通布置，丁字竖向底板受力筋在交接处伸入 $b/4$ 范围布置 ②底板分布筋基础梁一侧和另一侧没有与受力筋交接的分布筋（$b/4$ 范围外）均贯通，与受力筋交接的分布筋（$b/4$ 范围内）与受力筋搭接150 mm ③分布筋在墙厚范围内也须布置，离基础边缘起步距离为 $\min(s/2, 75\ \text{mm})$，s 为钢筋间距

（4）条形基础底板十字相交钢筋构造

条形基础底板十字相交，钢筋构造见表 3-11。

表 3-11　条形基础底板十字相交钢筋构造

平法施工图

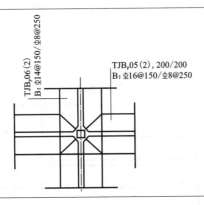

钢筋构造要点

梁板式条形基础

构造图	构造要求
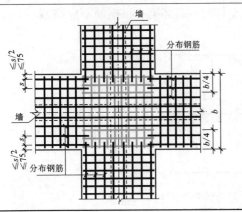	①十字相交时，一向受力筋贯通布置，基础梁内不布置受力筋；另一向受力筋在交接处伸入 $b/4$ 范围布置 ②在未说明哪向受力筋贯通布置时，选配置较大的受力筋贯通布置 ③没有与受力筋交接的分布筋（$b/4$ 范围外）均贯通，与受力筋交接的分布筋（$b/4$ 范围内）与受力筋搭 150 mm ④分布筋在梁宽范围内不布置，分布筋离基础梁起步距离为 $\leq s/2$，离基础边缘起步距离为 $\min(s/2,75\text{ mm})$，s 为钢筋间距

墙下条形基础

构造图	构造要求
	①十字相交接时，一向受力筋贯通布置，另一向受力筋在交接处伸入 $b/4$ 范围布置 ②在未说明哪向受力筋贯通布置时，按较大的受力筋贯通布置 ③没有与受力筋交接的分布筋（$b/4$ 范围外）均贯通，与受力筋交接的分布筋（$b/4$ 范围内）与受力筋搭接 150 mm ④分布筋在墙厚范围内也须布置，离基础边缘起步距离为 $\min(s/2,75\text{ mm})$，s 为钢筋间距

（5）条形基础端部无交接底板钢筋构造

条形基础底板端部无交接，另一向为基础联系梁（没有基础底板）时的钢筋构造见表3-12。

表 3-12　条形基础端部无交接底板时的钢筋构造

平法施工图

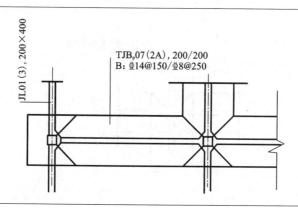

钢筋构造要点

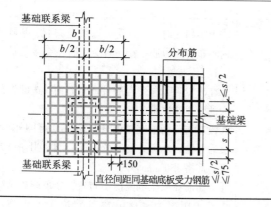

①端部无交接底板时，受力筋在端部底板宽 b 范围内相互交叉布置

②分布筋与受力筋搭接 150 mm，分布筋在梁宽范围内不布置。分布筋离基础梁起步距离≤s/2

（6）条形基础底板受力筋长度缩减 10% 构造

当条形基础底板的宽度 ≥2500 mm 时，底板受力筋长度可缩减 10% 交错配置，如图 3-7 所示。底板交接区的受力钢筋和底板无交接时，端部第一根钢筋不应缩减。

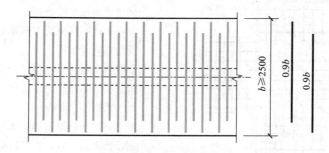

图 3-7　条形基础底板受力筋长度缩减 10% 构造

3.1.2.2　条形基础平法构造应用

1. 条形基础梁钢筋工程计算

【案例】　运用条形基础基础梁构造知识，计算图 3-8 中的 JL03 钢筋工程量(C30 混凝土，二 a 类环境)。

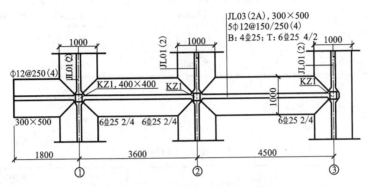

图 3-8　基础梁 JL03 平法施工图

(1)分析

基础梁 JL03 有两跨，一端外伸。钢筋有底部贯通筋 4⊈25，3 个节点处均有纵筋 6⊈25，上排 2 根(非贯通筋 2⊈25)，下排 4 根(贯通筋)；顶部贯通筋 6⊈25，上排 4 根，下排 2 根；箍筋直径 12 mm，节点和端部按 150 mm 间距加密，中间部位间距 250 mm，四肢箍。

基础梁一端外伸，另一端无外伸，应用到两种构造图：如图 3-9 为等截面外伸构造，图 3-10 为无外伸构造。

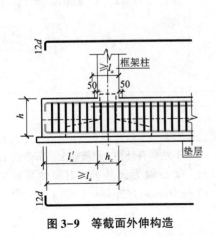

图 3-9　等截面外伸构造

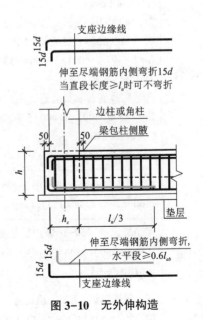

图 3-10　无外伸构造

（2）钢筋计算

1）计算参数，见表3-13。

表3-13 计算参数

参数名称	参数值	数据来源
梁保护层厚度 c	20 mm	平法图集（22G101-3）第2-1页
基础锚固长度 l_a	$l_a = 35d$	平法图集（22G101-3）第2-3页
箍筋起步距离	50 mm	平法图集（22G101-3）第2-25页

2）钢筋计算过程，见表3-14。

表3-14 计算过程

钢筋	计算过程	说明
底部贯通纵筋 B：4Φ25	梁净跨长+h_c+50-c（保护层厚度）+15d+12d ＝1800+3600+4500+200+50-20×2+15×25+12×25 ＝10785（mm）	①左端有外伸，钢筋伸至端部弯折12d ②右端无外伸，钢筋伸至柱侧腋（50 mm）弯折15d
	底部贯通纵筋4Φ25，总长为 10785×4＝43140（mm）＝43.14（m）	
底部非贯通纵筋	①号轴线底部非贯通筋2Φ25 $L = \max\left[(3600-400)/3,\ (1800-200)\right]+400+1600-20$ ＝3580（mm） 2×3580＝7160（mm） ②号轴线底部非贯通筋2Φ25 $L = 2×(4500-400)/3+400 = 3134$（mm） 2×3134＝6268（mm） ③号轴线底部非贯通筋2Φ25 L＝（4500-400）/3+400+50-20+15×25 ＝2172（mm） 2×2172＝4344（mm）	①底部非贯通纵筋上排纵筋伸至端部后截断 ②跨内延伸长度为从节点内侧向跨内延伸 $L_n/3$ 且 $\geq L_n'$，L_n 是相邻两跨的跨度较大值
	3个节点处底部非贯通筋2Φ25的总长为 7160+6268+4344＝17772（mm）＝17.772 m	
顶部贯通纵筋上排 T：4Φ25	梁净跨长+h_c+50-c（保护层厚度）+15d+12d ＝1800+3600+4500+200+50-20×2+15×25+12×25 ＝10785（mm）	①左端有外伸，钢筋伸至端部弯折12d ②右端为无外伸，钢筋伸至柱侧腋（50 mm）弯折15d
	顶部贯通纵筋4Φ25，总长为 10785×4＝43140（mm）＝43.14（m）	

续表3-14

钢筋	计算过程	说明
顶部贯通纵筋下排 T：2⏀25	梁净跨长+h_c+50-c(保护层厚度)+15d+L_a 3600+4500+200+50-20+15×25-200+35×25 =9380 mm	①下排钢筋左端不伸入尽端，从柱内侧起锚固 L_a(查表得 L_a=35d) ②右端无外伸，钢筋伸至柱侧腋(50 mm)弯折15d
	顶部贯通纵筋下排 2⏀25，总长为 9380×2=18760(mm)=18.76(m)	
箍筋 5⏀12@150/250(4)	1. 箍筋长度	
	四肢筋长度计算公式 外大箍的计算长度=(b-2c)×2+(h-2c)×2+[max(10d，75)+1.9d]×2 内小箍的计算长度=[(b-2c-2d-D)/3+D+2d]×2+(h-2c)×2+[max(10d，75)+1.9d]×2	
	外大箍计算长度=(300-2×20)×2+(500-2×20)×2+2×11.9×12=1725.6 mm 内小箍计算长度=[(300-2×20-2×12-25)/3+25+12×2]×2+(500-2×20)×2+2×11.9×12 　　　　　　=1444.2 mm	
	2. 箍筋根数	
	计算公式 梁中间部位根数=(梁净跨长度-2×加密区长度)/间距-1	
	箍筋根数 第一跨： 两端各 5 根 中间根数=(3600-200×2-50×2-150×4×2)/ 　　　　　250-1=7(根) 第一跨总根数=5×2+7=17(根) 第二跨： 两端各 5 根 中间根数=(4500-200×2-50×2-150×4×2)/ 　　　　　250-1=11(根) 第二跨总根数=5×2+11=21(根) 外伸部位根数=(1800-200-2×50)/250+1=7(根) 节点内根数=400/150+1=4(根) 外大箍筋总根数=17+21+7+4×3=57(根) 内小箍筋总根数=17+21+7+4×3=57(根)	①节点处有 5 根箍筋，加密间距 150 mm ②节点内按间距 150 mm 布置
	外大箍总长度=1725.6×57=98359.2(mm)=98.36(m) 内小箍总长度=1444.27×57=82323.39(mm)=823.23(m)	

2.条形基础底板钢筋工程量计算

【案例】 运用条形基础底板构造知识,计算图3-11中的TJB_p04钢筋工程量,C30混凝土,二a类环境。

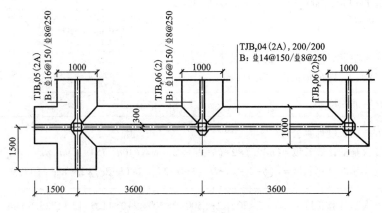

图3-11 TJB_p04平法施工图

(1)分析

基础底板TJB_p04有两跨,底板第一跨转角端部两个方向均有外伸;另一跨端部转角相交,无外伸;中间节点丁字相交。底部受力筋为$\Phi14@150$,分布筋为$\Phi8@250$。

基础底板TJB_p04钢筋构造分析图,如图3-12所示。

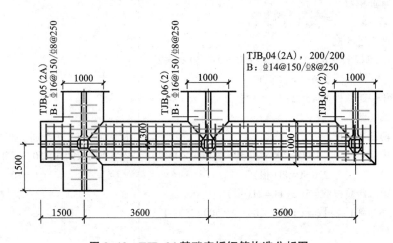

图3-12 TJB_p04基础底板钢筋构造分析图

(2)钢筋计算

1)计算参数,见表3-15。

表 3-15　计算参数

参数名称	参数值	数据来源
基础保护层厚度 c	20 mm	《平法图集》(22G101-3)第 2-1 页
底板受力筋的起步距离	$\min(s'/2, 75\text{ mm})$	《平法图集》(22G101-3)第 2-20 页

(2)计算过程,见表 3-16。

表 3-16　计算过程

钢筋	计算过程
受力筋	1. 计算受力钢筋长度: 受力钢筋平行于基础底板宽度方向 受力钢筋长度=基础底板宽-2×c=1000-2×20=960(mm) 2. 计算受力钢筋分布范围: 分布在底板全长范围内,包括两向基础底板相交处 非外伸端根数=(3600×2+500-75-500+1000/4)/150+1=51(根) 外伸端根数=(1500-500-75+1000/4)/150+1=9(根) 合计:51+9=60(根)
	总长 960×60=57600(mm)=57.60(m)
分布筋	计算分布钢筋长度及数量 分布钢筋平行于基础底板长度方向,与另一向基础底板受力筋搭接 150 mm;分布在受力筋上、基础梁两侧的基础底板范围内 1. 非外伸端不断开时分布筋长度=3600×2-500×2+2×20+2×150=6540(mm) 单跨单侧根数=(500-150-125-75)/250+1=2(根) 总根数=2+1=3(根) 2. 非外伸端断开分布筋长度=3600-500×2+2×20+2×150=2940(mm) 两跨总根数=1+1=2(根) 3. 外伸端分布筋长度=1500-500-20+20+150=1150(mm) 单跨单侧根数=(500-150-125-75)/250+1=2(根) 总根数=2×2=4(根)
	总长 6540×3+2940×2+1150×4=30100(mm)=30.10(m)

3.1.3 筏形基础钢筋工程量计算

【导】 计算图3-13筏形基础钢筋工程量。

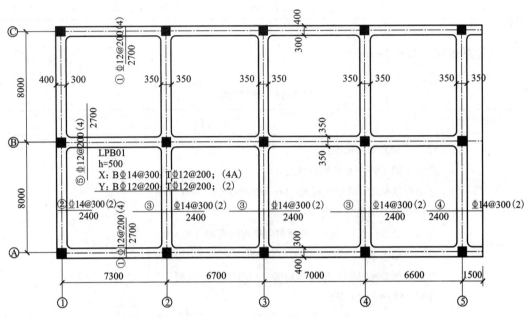

图3-13 筏形基础平法施工图

请分析：该筏形基础包含哪些构件，分别有哪些钢筋，单根钢筋长度，同种钢筋数量？

3.1.3.1 筏形基础平法构造

筏形基础有梁板式筏形基础和平板式筏形基础两大类，梁板式筏形基础包含基础主梁（JL）、基础次梁（JCL）及梁板式筏形基础平板（LPB）三大构件。

这三大构件的主从关系为：JL和JCL的主从关系中，JL为主、JCL为从；JL和LPB的主从关系中，JL为主、LPB为从；JCL和LPB的主从关系中，JCL为主、LPB为从。在它们的节点配筋构造中，应根据节点主从关系考虑钢筋是连续贯通还是避让。连续贯通，指两构件相遇时，主构件的钢筋（纵向钢筋和横向钢筋）连续通过节点，从构件钢筋则必须避让。避让，是指从构件与主构件相交处，与主构件平行的钢筋，不进入节点，离开节点一段规定的起步距离，而与主构件垂直的钢筋在节点处或锚固或贯通。若无主从关系，它们的节点处构造，一般遵循小让大的规则，构件大小相同且无设计规定时可任选。

明白上述两种关系，能为我们更好地理解平法节点构造及钢筋算量的分区做好准备，在每个"分区"内，都要考虑平行躲让钢筋的起步，以及垂直锚固或贯通的钢筋构造要求。

1. 基础主梁（JL）构造

梁板式筏形基础主梁（JL）按端部的三种类型，其纵向钢筋的主要构造见表3-17，其他构造参考条形基础基础梁构造。

表 3-17　基础主梁(JL)纵向钢筋构造

名称	构造图	构造说明
端部无外伸构造	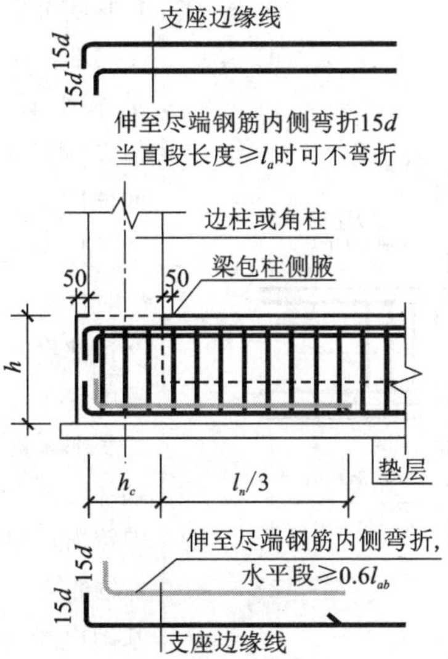 15d 15d 支座边缘线 伸至尽端钢筋内侧弯折15d 当直段长度≥l_a时可不弯折 边柱或角柱 梁包柱侧腋 50　50 h　h_c　$l_n/3$　垫层 15d 15d 伸至尽端钢筋内侧弯折,水平段≥$0.6l_{ab}$ 支座边缘线	1. 基础主梁贯通筋构造 ①底部贯通筋伸到端部弯折 15d ②顶部贯通筋伸到端部弯折 15d;当直段长度≥l_a 时直锚 2. 梁端部及柱下区域底部非贯通筋构造 端部弯折 15d,跨内长度为从节点内侧向跨内延伸 $l_n/3$(l_n 取净跨长)
端部等截面外伸构造	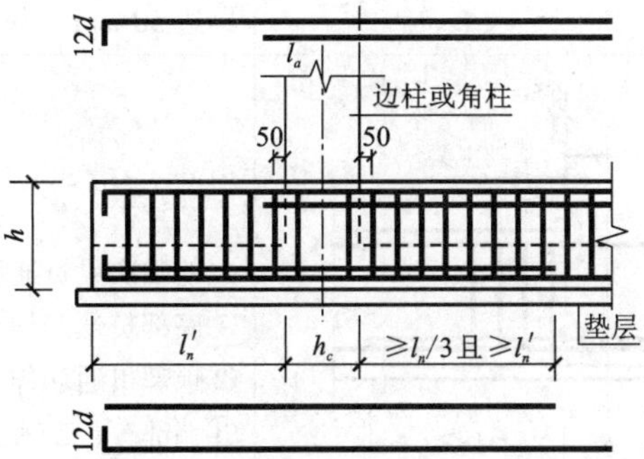 12d l_a 边柱或角柱 50　50 h l_n'　h_c　≥l_n/3且≥l_n'　垫层 12d	1. 基础主梁贯通筋构造 ①底部贯通筋伸至外伸尽端弯折 12d ②顶部贯通筋上排伸至外伸尽端弯折 12d,下排不伸入尽端,从柱内侧起 L_a ③端部等(变)截面外伸构造中,当 $l_n'+h_c≤l_a$ 时,基础梁底部钢筋应伸至端部后弯折 15d,等同于无外伸构造 2. 梁端部及柱下区域底部非贯通筋构造 外侧伸至端部截断,跨内长度为从节点内侧向跨内的延伸,即 $l_n/3$ 且≥l_n'(l_n 取跨内净跨长)
端部变截面外伸构造	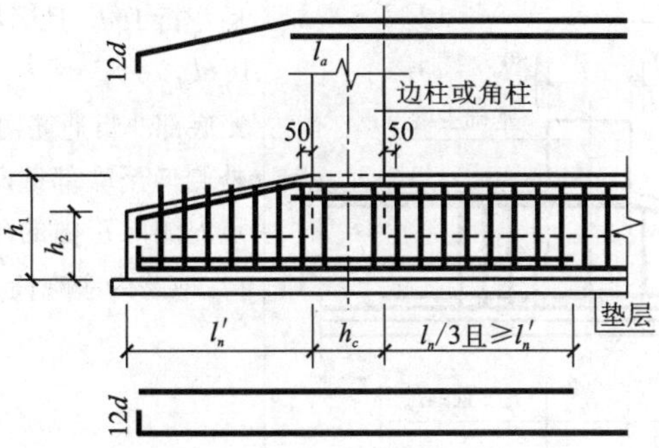 12d l_a 边柱或角柱 50　50 h_1 h_2 l_n'　h_c　$l_n/3$且≥l_n'　垫层 12d	

2.基础次梁(JCL)构造

梁板式筏形基础基础次梁(JCL)按端部的三种类型,其纵向钢筋的主要构造见表 3-18,其他构造参考条形基础基础梁构造。

表 3-18 基础次梁(JCL)纵向钢筋构

名称	构造图	构造说明
端部无外伸构造		1. 基础次梁贯通筋构造 ①底部贯通筋伸到端部弯折 15d,且满足水平段锚入长度设计按铰接(JCL)时≥0.35l_{ab},设计充分利用钢筋的抗拉强度(JCLg)时≥0.6l_{ab};具体形式,由设计用代号标注。当直段长度≥l_a 时直锚 ②顶部贯通纵筋锚入 ≥12d 且至少到梁中线 2. 底部非贯通筋构造 端部弯折 15d,跨内长度为从节点内侧向跨内延伸 l_n/3(l_n 取净跨长) 3. 箍筋 基础次梁箍筋仅在净跨内设置,节点区内不设,箍筋的起步距离为基础主梁边 50 mm
端部等截面外伸构造		1. 基础次梁贯通筋构造 ①底部贯通筋伸至外伸尽端弯折 12d ②顶部贯通筋伸至外伸尽端弯折 12d ③端部等(变)截面外伸构造中,当 l_n'+b_b≤l_a 时,基础梁底部钢筋应伸至端部后弯折 15d,且满足水平段锚入长度≥0.6l_{ab} 2. 底部非贯通筋构造 外侧伸至端部截断,跨内长度为从节点内侧向跨内的延伸,即 l_n/3 且≥l_n'(l_n 取跨内净跨长)
端部变截面外伸构造		

3. 基础平板(LPB)构造

梁板式筏形基础其平板的跨数以构成柱网的主轴线来划分,两主轴线之间无论有几道辅助轴线(如几道墙体或次梁),均按一跨考虑。根据其与基础梁底部的位置关系,其可分为低板位、中板位和高板位。

（1）基础平板（LPB）钢筋构造

基础平板（LPB）钢筋主要有顶部贯通筋、底部贯通筋和非贯通筋；如板厚大于 2 m，除在底部和顶部配置主要受力钢筋外，一般还要在板厚的中间配置水平构造钢筋网。

本书我们主要针对基础平板（LPB）的主要钢筋在各种情况下的一般构造做详细说明。

其一般构造见表 3-19。

表 3-19　基础平板（LPB）一般构造

类型	钢筋构造图示	构造说明
无外伸	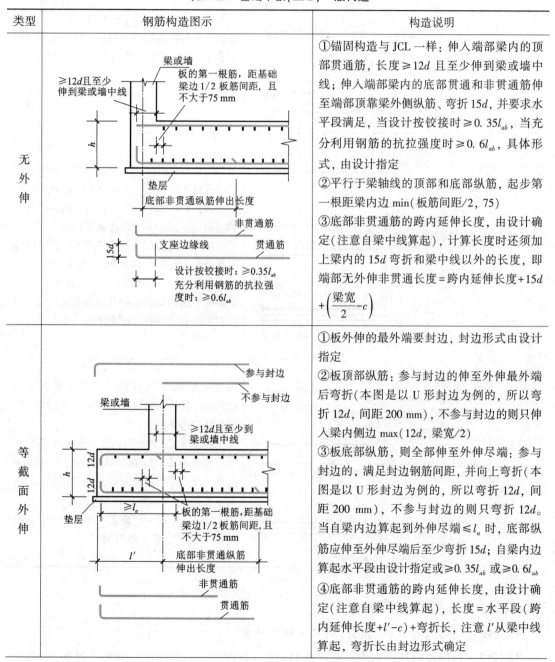	①锚固构造与 JCL 一样：伸入端部梁内的顶部贯通筋，长度≥12d 且至少伸到梁或墙中线；伸入端部梁内的底部贯通和非贯通筋伸至端部顶靠梁外侧纵筋、弯折 15d，并要求水平段满足，当设计按铰接时≥0.35l_{ab}，当充分利用钢筋的抗拉强度时≥0.6l_{ab}，具体形式，由设计指定 ②平行于梁轴线的顶部和底部纵筋，起步第一根距梁内边 min（板筋间距/2，75） ③底部非贯通筋的跨内延伸长度，由设计确定（注意自梁中线算起），计算长度时还须加上梁内的 15d 弯折和梁中线以外的长度，即端部无外伸非贯通长度=跨内延伸长度+15d+$\left(\dfrac{梁宽}{2}-c\right)$
等截面外伸		①板外伸的最外端要封边，封边形式由设计指定 ②板顶部纵筋：参与封边的伸至外伸最外端后弯折（本图是以 U 形封边为例的，所以弯折 12d，间距 200 mm），不参与封边的则只伸入梁内侧边 max（12d，梁宽/2） ③板底部纵筋，则全部伸至外伸尽端：参与封边的，满足封边钢筋间距，并向上弯折（本图是以 U 形封边为例的，所以弯折 12d，间距 200 mm），不参与封边的则只弯折 12d。当自梁内边算起到外伸尽端≤l_a 时，底部纵筋应伸至外伸尽端后至少弯折 15d；自梁内边算起水平段由设计指定或≥0.35l_{ab} 或≥0.6l_{ab} ④底部非贯通筋的跨内延伸长度，由设计确定（注意自梁中线算起），长度 = 水平段（跨内延伸长度+$l'-c$）+弯折长，注意 l' 从梁中线算起，弯折长由封边形式确定

类型	钢筋构造图示	构造说明
变截面外伸	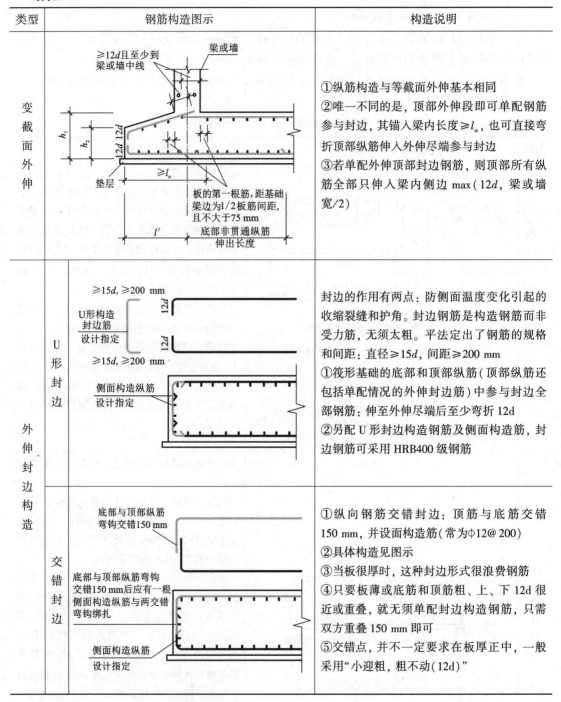	①纵筋构造与等截面外伸基本相同 ②唯一不同的是，顶部外伸段即可单配钢筋参与封边，其锚入梁内长度≥l_a，也可直接弯折顶部纵筋伸入外伸尽端参与封边 ③若单配外伸顶部封边钢筋，则顶部所有纵筋全部只伸入梁内侧边 max（12d，梁或墙宽/2）
外伸封边构造　U形封边		封边的作用有两点：防侧面温度变化引起的收缩裂缝和护角。封边钢筋是构造钢筋而非受力筋，无须太粗。平法定出了钢筋的规格和间距：直径≥15d，间距≥200 mm ①筏形基础的底部和顶部纵筋（顶部纵筋还包括单配情况的外伸封边筋）中参与封边全部钢筋：伸至外伸尽端后至少弯折 12d ②另配 U 形封边构造钢筋及侧面构造筋，封边钢筋可采用 HRB400 级钢筋
外伸封边构造　交错封边		①纵向钢筋交错封边：顶筋与底筋交错150 mm，并设面构造筋（常为φ12@200） ②具体构造见图示 ③当板很厚时，这种封边形式很浪费钢筋 ④只要板薄或底筋和顶筋粗、上、下 12d 很近或重叠，就无须单配封边构造钢筋，只需双方重叠 150 mm 即可 ⑤交错点，并不一定要求在板厚正中，一般采用"小迎粗，粗不动（12d）"

3.1.3.2 筏形基础平法构造应用

1. 梁板式筏形基础底板(LPB)钢筋工程量计算

【案例】 运用筏形基础基础底板构造知识，计算图 3-14 中 LPB01 钢筋工程量。

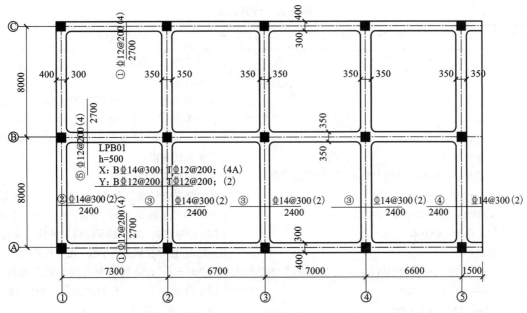

图 3-14　LPB01 平法施工图

（1）分析

LPB01 基础底板 X 向⑤轴有外伸，故⑤轴 X 向要封边，①轴 X 向端部及 Y 向端部均不需要封边。

LPB01 板厚 500 mm，X 向底部贯通筋为 ⊈14@ 300，顶部贯通筋为 ⊈12@ 200。

第一种封边形式：交错封边，端部上、下钢筋弯折 $12d$，重叠 150 mm 的构造，则底筋弯折 $12d = 12 \times 14 = 168$（mm），顶筋弯折 $12d = 12 \times 12 = 144$（mm），$500 - 168 - 144 - 2c = 108$（mm），两个接头距离较近，延伸顶部贯通筋 ⊈12 的长度为 $108 + 150 = 258$ mm，达到了封边构造要求。

第二种封边形式：U 形封边，封边构造钢筋直径 ≥ 12 mm、间距 ≥ 200 mm，封边钢筋单根长 = $h - 2c + \max(15d, 200) \times 2 = 500 - 2 \times 40 + 2 \times \max(15 \times 12, 200) = 820$（mm）

通过两种封边形式对比，得出采用交错封边既能满足构造要求又能节约材料。

（2）钢筋计算

1）钢筋计算条件及参数，见表 3-20。

表 3-20　钢筋计算条件及参数

计算条件	计算条件取值	计算条件	计算条件取值
混凝土强度	C30	带肋钢筋定尺长度	9000 mm
抗震等级	—	c	保护层厚度，取 40 mm
纵筋连接方式	只考虑接头个数 接头个数 = $(l/9000) - 1$（向上取整）	拉锚长度	$l_a = 35d$（Ⅲ级钢）
		l_l 长度	$49d$（Ⅲ级钢）

2)计算过程,见表 3-21。

表 3-21　计算过程

钢筋	计算过程	说明
顶部贯通筋	X：T$\pm$12@200(4A) 单根长度： l = 总板长 - 350 - c + [500 - 12×14(底部贯通筋直径) - 2c + 150](封边) = 29500 - 350 - 40 + 402 = 29512(mm) 接头个数：$l/9000$ - 1 取 3 个 根数： = 2×[l_nAB - 2×min(板筋间距 $s/2$, 75 mm)]/板筋间距 s + 1 = 2×(7350 - 2×75)/200 + 1 = 73(根) 总长 = 73×29512(mm) = 2154.38 (m) 共 219 个接头	一端外伸，一端无外伸 单根长度： ①顶部贯通筋伸入端部梁内的长度≥12d，且至少到梁中线，12d = 12×12 = 144 mm，<350 mm，未到①轴梁中线，锚固长度取到梁中心线长度 ②中间跨内全线贯通 ③LPB 在⑤轴端部有外伸：每隔 200 mm 有一顶部贯通筋伸至外伸尽端，然后弯折至少 12d 参与封边，其余剩下的贯通筋伸入支座 ≥12d，且至少到支座中线；由于板筋间距 s 为 200 mm，封边构造钢筋最大间距相同，因此全部参与封边，封边长取[500 - 12×14(底部贯通筋直径) - 2c + 150] 根数：本钢筋布置两格四跨，两格分别为Ⓐ—Ⓑ、Ⓑ—Ⓒ轴，轴距和净跨长相同 根数： = 2×[l_nAB - 2×min(板筋间距 $s/2$, 75)]/板筋间距 s + 1 起步离梁内边 min(板筋间距 $s/2$, 75) = 75 mm
	Y：T$\pm$12@200(2) 跨内单根长：l_1 = 总板宽 - 2×350 = 16800 - 2×350 = 16100(mm) 接头个数：取 1 个 外伸单根长：等于跨内长Ⓐ、Ⓒ轴边梁有外伸 根数： ①②跨：跨内根数 = (6650 - 2×75)/200 + 1≈34(根) ②③跨：跨内根数 = (6000 - 2×75)/200 + 1≈31(根) ③④跨：跨内根数 = (6300 - 2×75)/200 + 1≈32(根) ④⑤跨：跨内根数 = (5900 - 2×75)/200 + 1≈30(根) ⑤轴跨外：外伸根数 = (1150 - 2×75)/200 + 1≈6(根) 总长 = 16100(mm)×(34 + 31 + 32 + 30 + 6) = 2141.3(m) 共 133 个接头	两端均无外伸，但外伸段布置本钢筋 ①单根长度：伸入端部梁内的顶部贯通筋长度≥12d，且至少到梁中线； 12d = 12×12 = 144(mm)<350 mm，未到Ⓐ、Ⓒ轴梁中线，锚固长度取梁中线 ②根数：本钢筋布置四格及外伸段，贯通两跨；四格分别为①—②轴、②—③轴、③—④轴、④—⑤轴，但轴距和净跨不同，须分别计算跨内根数。 跨内根数 = [净跨 l_n - 2×min(板筋间距 $s/2$, 75)]/板筋间距 s + 1；外伸根数 = [净外伸 l'_n 外 - 2×min(板筋间距 $s/2$, 75)]/板筋间距 s + 1；min(板筋间距 $s/2$, 75) = min(200/2, 75) = 75(mm) 起步离梁内边 min($s/2$, 75)，梁宽范围内不布与之平行的板筋，但允许垂直贯通

续表3-21

钢筋	计算过程	说明
底部贯通筋	X：B⊕14@300（4A） 单根长： l=总板长-2c+15d+12d =29500-2×40+15×14+168 =29798（mm） 接头个数：29798/9000-1≈3（个） 根数： =2×{[l_nAB-2×min（板筋间距 s/2，75）]/@ +1} =2×[（7350-2×75）/300+1] =50（根） 总长=50×29798（mm）=1489.90（m） 共150个接头	一端外伸，一端无外伸 ①单根长度：伸入端部梁内的底部贯通和非贯通筋伸至端部顶靠梁外侧纵筋、弯折15d，并要求水平段满足 中间跨内全线贯通 ②根数：本钢筋布置两格四跨，两格分别为Ⓐ—Ⓑ轴、Ⓑ—Ⓒ轴，轴距和净跨相同时min（板筋间距 s/2，75） =min（300/2，75）=75（mm） 梁宽范围内不布与之平行的板筋，但允许垂直贯通
	Y：B⊕12@200（2） 单根长度： l_1=总板宽-2c+2×15d =16800-2×40+2×15×12=17080（mm） 接头个数：17080/9000-1取1个 外伸单根长：等于跨内长（A、C边梁有外伸） 根数： ①②跨：跨内根数=（6650-2×75）/200+1≈34（根） ②③跨：跨内根数=（6000-2×75）/200+1≈31（根） ③④跨：跨内根数=（6300-2×75）/200+1≈32（根） ④⑤跨：跨内根数=（5900-2×75）/200+1≈30（根） ⑤跨外：外伸根数=（1150-2×75）/200+1≈6（根） 总长=17080（mm）×（34+31+32+30+6） =2271.64（m） 共133个接头	①两端均无外伸，但外伸段布置了本钢筋 ②单根长度：伸入端部梁内的底部贯通和非贯通筋伸至端部顶靠梁外侧纵筋，弯折15d，中间跨内全线贯通 ③根数：本钢筋布置在四格两跨和⑤轴外伸段；四格分别为①—②轴、②—③轴、③—④轴、④—⑤轴，但轴距和净跨不同，须单独计算跨内根数 跨内根数=[净跨 l_n-2×min（板筋间距 s/2，75）]/板筋间距 s+1 外伸根数=[净外伸 l'_n外-2×min（板筋间距 s/2，75）]/板筋间距 s+1 min（板筋间距 s/2，75）=min（200/2，75）=75（mm） 梁宽范围内不布与之平行的板筋，但允许垂直贯通
底部非贯通筋	①号钢筋⊕12@200（4）	单根长度： l=梁内边线伸出长+梁宽-2c+15d =2700+700-2×40+15×12=3500（mm） 根数： ①②跨：跨内根数=（6650-2×75）/200-1 ≈32（根） ②③跨：跨内根数=（6000-2×75）/200-1 ≈29（根） ③④跨：跨内根数=（6300-2×75）/200-1 ≈30（根） ④⑤跨：跨内根数=（5900-2×75）/200-1 ≈28（根） 总根数=2×（32+29+30+28）=238（根） 总长=238×3500（mm）=833.00（m） ①单根长度：伸至端部尽头，弯折15d；自梁内边线伸出2700 mm ②根数：①号钢筋布于Ⓐ、Ⓒ轴全梁四跨，外伸端不布，四跨分别为①—②轴、②—③轴、③—④轴、④—⑤轴，轴距和净跨不同，须单独计算跨内根数 根数=[净跨 l_n-2×min（板筋间距 s/2，75）]/板筋间距 s-1 min（板筋间距 s/2，75）=min（200/2，75）=75（mm） ④Ⓐ、Ⓒ轴布筋相同

钢筋		计算过程	说明
底部附加非贯通筋	②号钢筋 Φ14 @300 (2)	单根长度: l=梁内边线伸出长+梁宽-2c+15d =2400+700-2×40+15×14 =3230(mm) 根数: =[净跨l_n-2×min(板筋间距s/2,75)]/板筋间距s-1 AB跨: 跨内根数=(7350-2×75)/300-1≈23(根) 总根数=2×23=46(根) 总长=46×3230(mm)=148.58(m)	①单根长度:梁内边线伸出2400 mm,端部锚入边梁,伸到端部尽头,弯折15d ②根数:②号钢筋统一布于①轴Ⓐ—Ⓑ、Ⓑ—Ⓒ跨两格,但轴距和净跨相同,可统一计算 跨内根数=[净跨l_n-2×min(板筋间距s/2,75)]/板筋间距s-1 min(板筋间距s/2,75)=min(300/2,75)=75(mm) ③AB、BC跨布筋完全相同
	③号钢筋 Φ14 @300 (2)	单根长度: l=2×梁内边线伸出长=2400×2+700=5500(mm) 根数: AB跨: 跨内根数=(7350-2×75)/300-1≈23(根) 总根数=6×23=138(根) 总长=138×5500(mm)=759.00(m)	①单根长度:梁内边线伸出2400 mm,左右相同,只标一边 ②第③号钢筋统一布于②、③、④轴Ⓐ—Ⓑ、Ⓑ—Ⓒ跨两跨,轴距和净跨相同,可统一计算 ③跨内根数=[净跨l_n-2×min(板筋间距s/2,75)]/板筋间距s-1 min(板筋间距s/2,75)=min(300/2,75)=75(mm)
	④号钢筋 Φ14 @300 (2)	单根长度: l=梁内边线跨内伸出长+支座宽+外伸长+12d-c =2400+700+1500-350+170-40=4380(mm) 根数: AB跨: 跨内根数=(7350-2×75)/300-1≈23(根) 总根数=2×23=46(根) 总长=46×4380(mm)=201.48(m)	①单根长度:梁内边线伸出2400 mm,延伸到外伸端尽头弯折12d ②根数:④号钢筋统一布于⑤轴的Ⓐ—Ⓑ、Ⓑ—Ⓒ跨两跨,轴距和净跨相同,可统一计算 跨内根数=[净跨l_n-2×min(板筋间距s/2,75)]/板筋间距s-1 min(板筋间距s/2,75)=min(300/2,75)=75(mm)
	⑤号钢筋 Φ12 @200 (4)	单根长度: l=2×梁中线伸出长=2700×2+700=6100(mm) 根数: ①②跨: 跨内根数=(6650-2×75)/200-1≈32(根) ②③跨: 跨内根数=(6000-2×75)/200-1≈29(根) ③④跨: 跨内根数=(6300-2×75)/200-1≈30(根) ④⑤跨: 跨内根数=(5900-2×75)/200-1≈28(根) 合计总根数=32+29+30+28=119(根) 合计总长=119×6190(mm)=725.90(m)	①单根长度: 梁内边线伸出2700 mm,左右相同,只标一边,布于B轴、连续四跨,非等跨梁底 ②根数: ⑤号钢筋统一布于B轴全梁四跨,但外伸不布,四跨分别为①—②轴、②—③轴、③—④轴、④—⑤轴,轴距和净跨长不同,须单独计算 跨内根数=[净跨l_n-2×min(板筋间距s/2,75)]/板筋间距s-1 min(板筋间距s/2,75)=min(200/2,75)=75(mm)

续表3-21

钢筋	计算过程	说明
侧面构造钢筋 $\Phi 12$ @200	采用交错外伸封边的形式,增加侧面构造分布筋 单根长度: l=总板宽-$2c$=16800-2×40=16720(mm) 接头个数=16720/9000-1≈1(个) 总根数=2(根) 总长=2×16720(mm)=33.44(m)	由于板厚 h=500 mm,而侧面构造钢筋的间距为200 mm,按计算须配一根构造钢筋,因构造要求重叠处正中也须配一根,因此须多配一根
马凳筋 $\Phi 14$	采用 I 型马凳筋,其规格为 $\Phi 14$,1 根/m² 马凳筋根数: 马凳筋根数=板筋分布净面积/(马凳筋的横向间距×纵向间距) 1.Ⓐ—Ⓑ轴内 格①—②、Ⓐ—Ⓑ内: 板筋分布净面积=7.35×6.65=48.88(m²) 马凳筋根数=49(根) 格②—③、Ⓐ—Ⓑ内: 板筋分布净面积=7.35×6.00=44.1(m²) 马凳筋根数=44(根) 格③—④、Ⓐ—Ⓑ内: 板筋分布净面积=7.35×6.3=46.31(m²) 马凳筋根数=46(根) 格④—⑤、Ⓐ—Ⓑ内: 板筋分布净面积=7.35×5.9=43.37(m²) 马凳筋根数=43(根) 外伸,Ⓐ—Ⓒ内: 板筋分布净面积=1.15×15.4=17.71(m²) 马凳筋根数=18(根) 计算同Ⓐ—Ⓑ轴。 2.Ⓑ—Ⓒ轴内 合计: 总马凳筋根数=2×(49+44+46+43)+18=382(根) 单根马凳筋长:采用下平直段 l_3 相同的做法 马凳筋高度 l_2=板厚-2×保护层厚度-上部板筋与板最下排钢筋直径之和 上平直段 l_1 为板顶筋间距+50 mm 下平直段 l_3 为板顶筋间距+50 mm l_2=500-2×40-(12+12+14)=382(mm) l_1=200+50=250(mm) l_3=150+50=200(mm) 单根马凳筋长=l_1+2×(l_2+l_3) =250+2×(382+200)=1414(mm)≈1415(mm) 总长=382×1415(mm)=540.53(m)	板厚 h=500 mm<800 mm,故须配马凳筋;当300 mm<h≤500 mm 时,马凳筋直径可采用 $\Phi 14$,1 根/m²; 板顶筋间距为200 mm,由于底筋间距"隔一布一",因此为150 mm; 上部长 l_1,应用顶筋间距200 mm,下部长 l_3,应用底筋间距150 mm; 马凳筋的上部 l_1,支撑在板顶部钢筋网的最下排钢筋下,下部 l_3,为了防止返锈,不得支撑在模板和板底部钢筋的垫块上,而是支撑于板底部钢筋网的最下排钢筋上; 板顶部钢筋全为贯通筋,全部需要支撑,因此板筋分布净面积代表板格内的全部净面积,为净跨之乘积

第2节 柱构件钢筋工程量计算

3.2 平法标准构造应用——柱构件钢筋工程量计算

【导】 计算表 3-22 中框架柱 KZ4 的钢筋工程量。

表 3-22 框架柱 KZ4 平法钢筋表

名称	构件信息
截面	1C16 1C18 500 500
编号	KZ4
起止标高/m	基础顶~4.2000
纵筋	4C18 角筋+2C16+2C18（即 4Φ18+2Φ16+2Φ18）
箍筋	C8@100/200（即 Φ8@100/200）

请分析：柱截面尺寸，柱高，柱所处位置（边柱、角柱、中柱），有哪些钢筋，单根钢筋长度，根数？

3.2.1 柱构件平法构造

柱构件由纵向钢筋和箍筋组成其钢筋骨架，纵向钢筋须考虑的构造分类如图 3-15 所示。

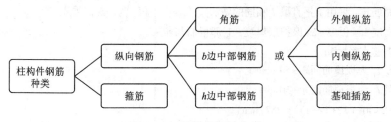

图 3-15 柱构件钢筋分类

3.2.1.1 柱纵向钢筋构造

1. 基础插筋锚固构造

基础插筋即在基础施工时，预留在基础内的柱纵向钢筋，其构造见表 3-23。

表 3-23　基础插筋构造

构造详图	构造要点	长度计算公式
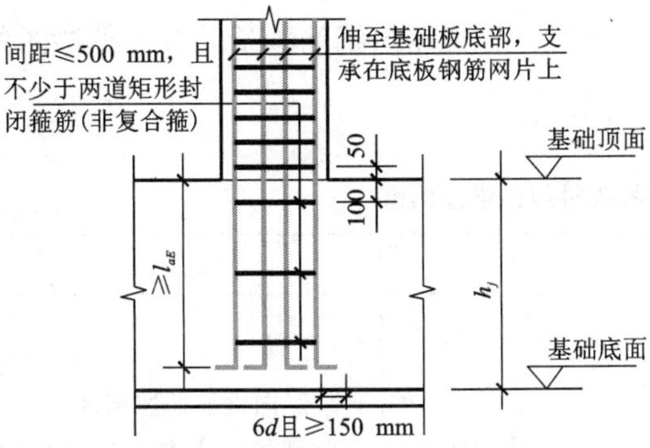 间距≤500 mm，且不少于两道矩形封闭箍筋（非复合箍） 伸至基础板底部，支承在底板钢筋网片上 50　100 基础顶面 ≥l_{aE}　h_j 基础底面 6d且≥150 mm 基础高度满足直锚	$h_j - c \geq l_{aE}$ 时： 插筋伸至基础底弯折 max(6d, 150) h_j：基础底面至顶面的高度 c：基础保护层厚度 d：插筋直径 l_{aE}：抗震锚固长度	基础内的长度： $h_j - c + \max(6d, 150)$
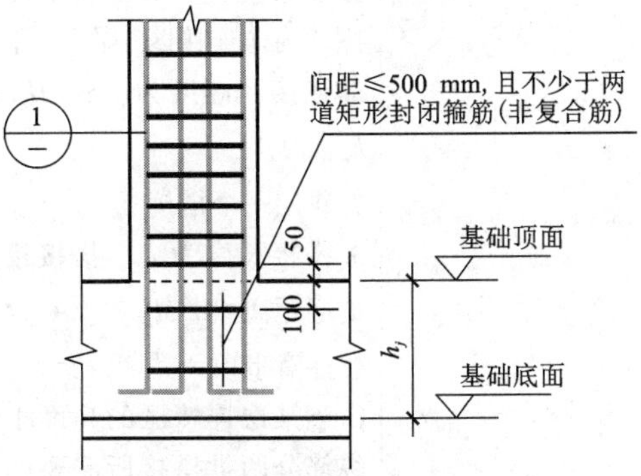 ① 间距≤500 mm，且不少于两道矩形封闭箍筋（非复合筋） 50　100 基础顶面 h_j 基础底面 柱插筋在基础中锚固构造（二） $h_j < l_{aE}(l_a)$ 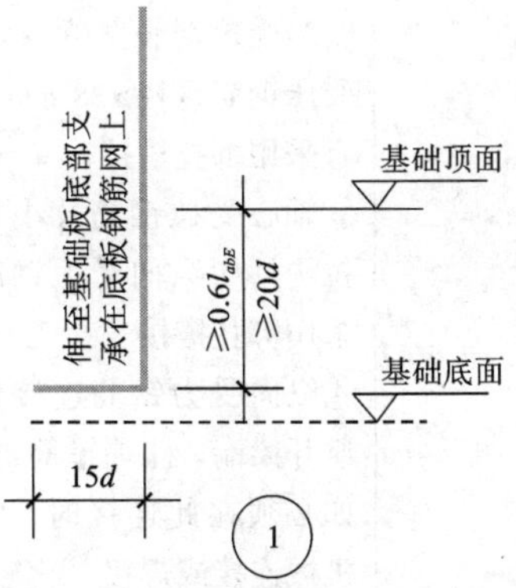 伸至基础板底部支承在底板钢筋网上 基础顶面 ≥0.6l_{aE}　≥20d 基础底面 15d　①	当 $h_j - c < l_{aE}$ 时： 柱插筋伸至基础底弯折 15d h_j：基础底面至顶面的高度 c：基础保护层厚度 d：插筋直径 l_{aE}：抗震锚固长度	基础内的长度： $h_j - c + 15d$

当柱为轴心受压或小偏心受压，独立基础、条形基础高度不小于 1200 mm 时；或者当柱为大偏心受压，独立基础、条形基础高度不小于 1400 mm 时，可仅将柱四角插筋伸至底板钢筋网上（伸至底板钢筋网上的柱插筋之间间距不应大于 1000 mm），其他钢筋满足锚固长度 l_{aE} 即可

2. 纵向钢筋中间连接构造

在有地下室或无地下室的结构里，抗震框架柱嵌固部位不同，其纵向钢筋连接构造也不同。

1) 无地下室的抗震框架柱，嵌固部位一般在基础顶，其纵向钢筋构造，参考平法图集（22G101-1）第2-9页，见表3-24。

表3-24 无地下室抗震框架柱纵向钢筋构造

连接方式	构造详图	构造要点
绑扎搭接	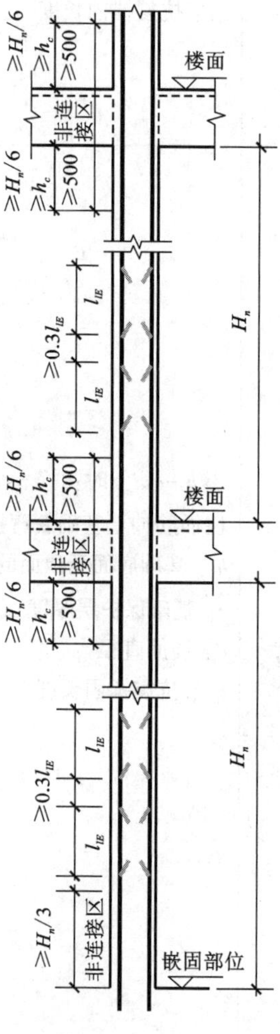 绑扎搭接	1. 柱纵向钢筋非连接区 嵌固部位以上非连接区高度为 $H_n/3$； 楼层梁上、下部位及梁高范围均为非连接区，梁上、下部非连接区高度为 $\max(H_n/6, h_c, 500)$； 2. 每层一个搭接 3. 搭接长度为 l_{lE}，搭接错开的净距离 $\geq 0.3l_{lE}$ 4. 注意事项 ①当某层连接区的高度小于纵筋分两批搭接所需要的高度时，应改用机械连接或焊接连接 ②当受拉钢筋直径>25 mm及受压钢筋直径>28 mm时，不宜采用绑扎搭接 ③轴心受拉钢筋及小偏心受拉构件中纵向受力钢筋不应采用绑扎搭接 ④纵向受力钢筋连接位置宜避开梁端、柱端箍筋加密区，如必须在此连接时，应采用机械连接或焊接

114

续表3-24

连接方式	构造详图	构造要点
机械连接 焊接连接	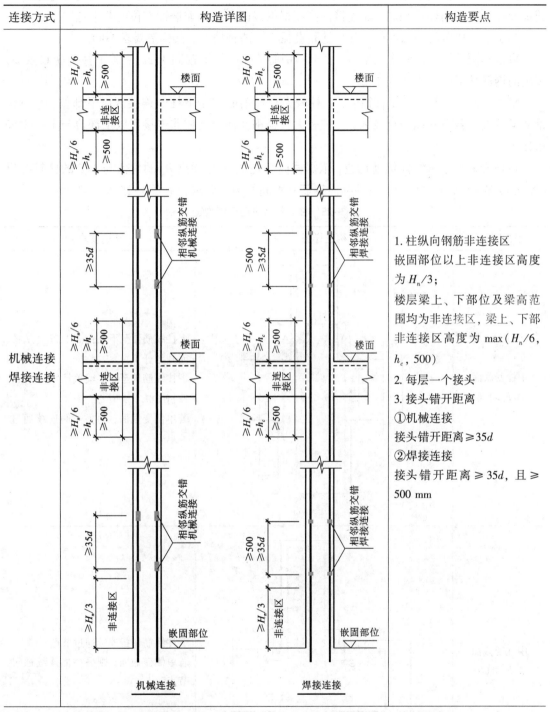	1. 柱纵向钢筋非连接区 嵌固部位以上非连接区高度 为 $H_n/3$； 楼层梁上、下部位及梁高范 围均为非连接区，梁上、下部 非连接区高度为 $\max(H_n/6,$ $h_c,500)$ 2. 每层一个接头 3. 接头错开距离 ①机械连接 接头错开距离≥35d ②焊接连接 接头错开距离 ≥ 35d，且 ≥ 500 mm

1.表中 h_c 为柱截面长边尺寸(圆柱为截面直径)，H_n 为所在楼层的柱净高，d 为钢筋直径。

2.当钢筋直径相同时，钢筋连接接头面积百分率为50%(同一连接区段内接头钢筋截面积占总钢筋截面积的比例，即钢筋接头区段内所有接头钢筋的截面积÷所有纵向钢筋的总截面积×100%)

2）有地下室的抗震框架柱，嵌固部位一般在地下室顶板，其纵向钢筋构造与无地下室抗震框架柱纵向钢筋构造相同，非连接区高度根据嵌固部位和非嵌固部位的要求选取。

3）上、下柱纵筋信息不同，有数量和直径不同两种情况，其构造要求不同。

数量不同，若上柱钢筋数量多，多出的钢筋从楼面往下锚固 $1.2l_{aE}$；若下柱钢筋数量多，多出的钢筋从梁底往上锚固 $1.2l_{aE}$。

直径不同，若上柱纵筋直径大，上柱较大直径钢筋伸至下柱非连接区以下部位，与下柱钢筋搭接 l_{lE}；若下柱纵筋直径大，下柱较大直径钢筋伸至上柱非连接区以上部位与上柱钢筋搭接 l_{lE}。

4）柱变截面位置纵向钢筋构造，依据截面变化值 Δ 与梁高 h_b 的比值与 1/6 的比较结果（$\Delta/h_b>1/6$ 或 $\Delta/h_b\leq1/6$），对柱纵向钢筋有不同的构造要求，见表 3-25。

表 3-25　柱变截面纵向钢筋构造

变截面情况	构造详图	构造要求
中柱变截面 $\Delta/h_b>1/6$	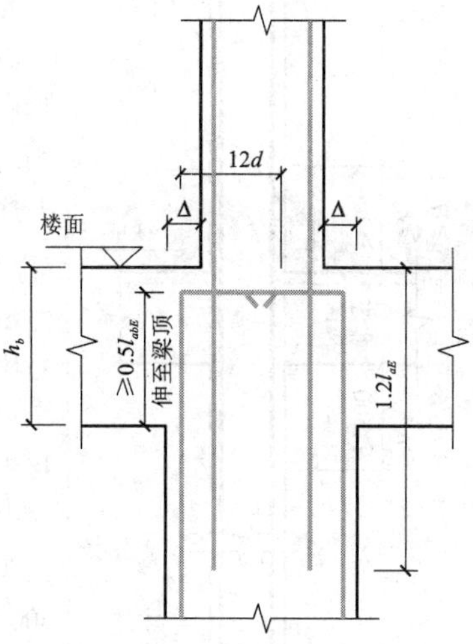 （$\Delta/h_b>1/6$）	上柱纵筋伸至下柱锚固 $1.2l_{aE}$（从楼面开始计算） 下柱纵筋伸至本层梁顶且 $\geq0.5l_{abE}$，弯折 $12d$ 若单侧变截面，则另一侧连续通过节点
中柱变截面 $\Delta/h_b\leq1/6$	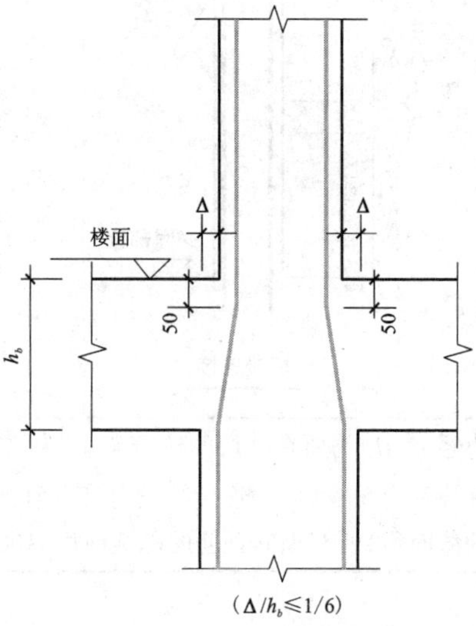 （$\Delta/h_b\leq1/6$）	下柱纵筋弯折连续通过节点 若单侧变截面，则另一侧连续通过节点

续表3-25

变截面情况	构造详图	构造要求
边柱变截面 (一侧变截面)	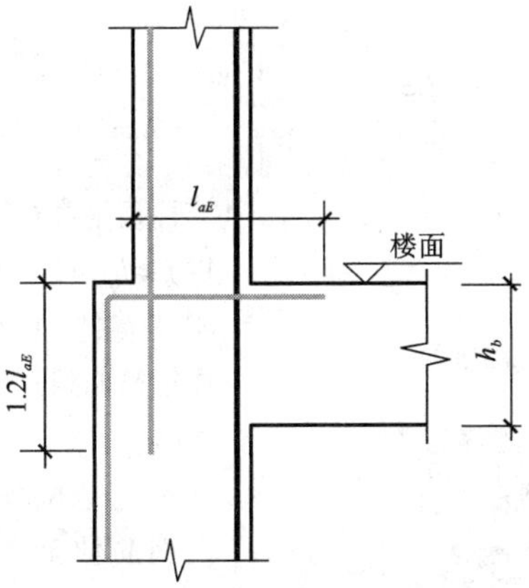	上柱纵筋伸至下柱锚固 $1.2l_{aE}$ (从梁顶面开始计算) 下柱纵筋伸至本层梁顶且 $\geq 0.5l_{abE}$, 弯折 l_{aE} 另一侧连续通过节点

3. 抗震 KZ 纵向钢筋柱顶构造

抗震框架柱柱顶的钢筋构造分为中柱、角柱、边柱三种情况。

边柱和角柱的纵筋在柱顶的锚固分两种情况,分别为柱纵筋伸至楼层梁里锚固(俗称柱包梁)、柱纵筋在柱顶锚固(俗称梁包柱)。

中柱、角柱及边柱纵向钢筋柱顶构造,参考平法图集(22G101-1)第 2-14~2-16 页,见表 3-26。

表 3-26 KZ 纵向钢筋柱顶构造

柱位置	构造详图	构造要点	计算公式
中柱	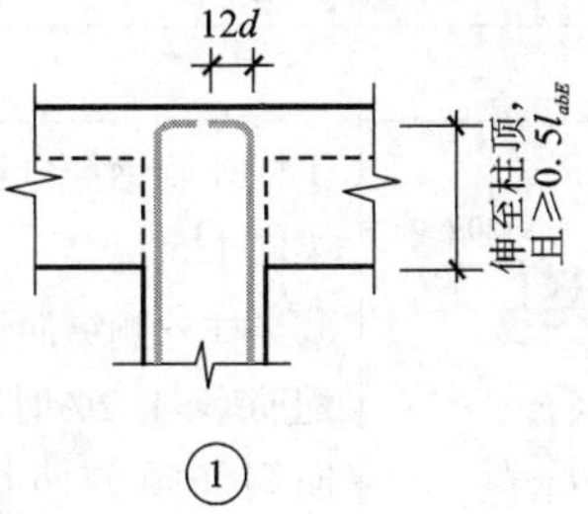	当柱顶梁高不满足直锚($h_b-c<l_{aE}$ 时)柱纵向钢筋伸至柱顶,向柱内或板内弯折 $12d$	锚固长度: $h_b-c+12d$

柱位置	构造详图	构造要点	计算公式
中柱	 ② (当柱顶有不小于100 mm厚的现浇板) 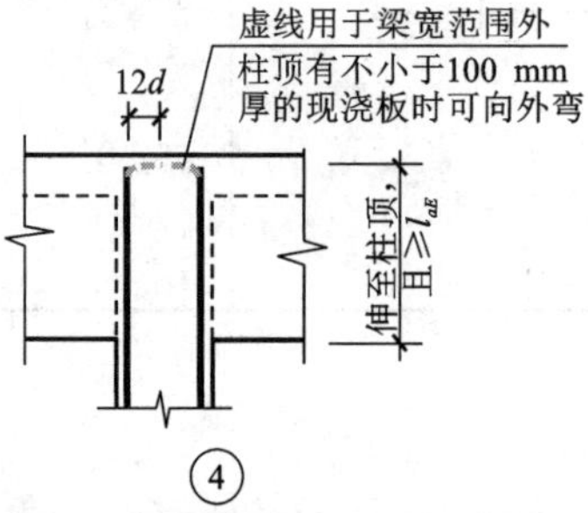 ④ (当直锚长度≥l_{aE}时)	当柱顶梁高(直锚长度)≥l_{aE}时,可直锚 ① 梁宽范围内柱纵向钢筋伸到柱顶,且≥l_{aE}; ② 梁宽范围外柱纵向钢筋伸至柱顶弯折12d	梁宽范围内: ① 柱顶钢筋锚固长度为h_b-c; ② 梁宽范围外:柱顶钢筋锚固长度为$h_b-c+12d$
边柱、角柱	柱纵向钢筋伸至梁内锚固(即柱包梁) 柱外侧纵筋作为梁上部钢筋使用 梁宽范围内柱外侧纵向钢筋弯入梁内作梁筋构造	当柱外侧纵向钢筋直径不小于梁上部钢筋时: ① 柱外侧纵筋可弯入梁内作梁上部纵向钢筋 ② 柱内侧钢筋同中柱的柱顶纵向钢筋构造	钢筋不截断 锚固长度: 弯锚为$h_b-c+12d$ 直锚为h_b-c
	当$1.5l_{abE}>h_b-c+h_c-c$时 (a)梁宽范围内钢筋 [伸入梁内柱纵向钢筋做法(从梁底算起1.5l_{abE}超过柱内侧边缘)]	①柱外侧钢筋弯锚入梁内1.5l_{abE} ②当柱外侧纵向钢筋配筋率>1.2%时,纵向钢筋须分两批截断,错开截断长度≥20d ③柱内侧纵筋同中柱的柱顶纵向钢筋构造	①锚固长度: 1.5l_{abE} ②锚固长度: 5l_{abE}+20d ③锚固长度: 弯锚为$h_b-c+12d$ 直锚为h_b-c

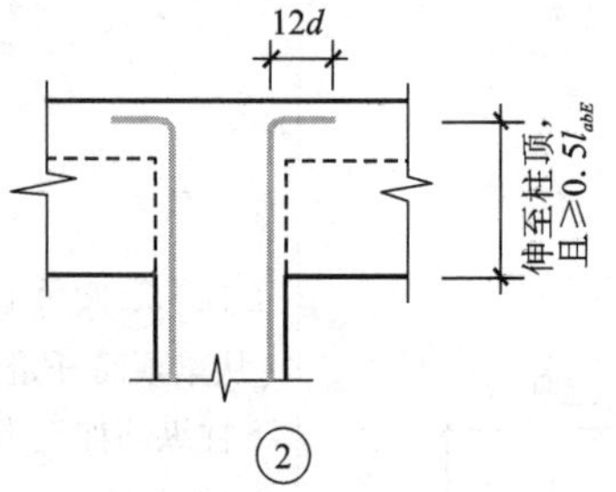

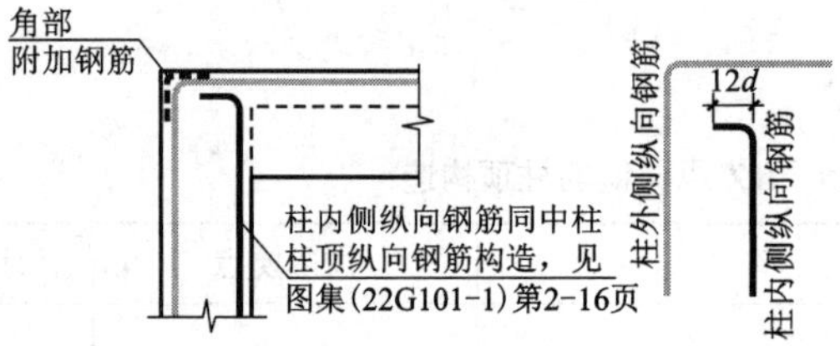

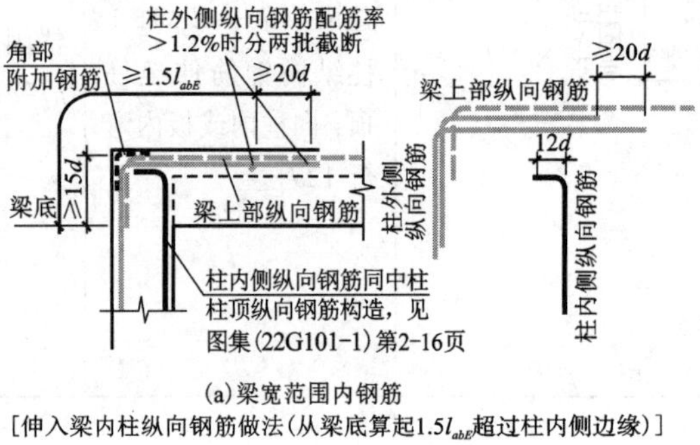

118

续表3-26

柱位置		构造详图	构造要点	计算公式
边柱、角柱	柱纵向钢筋伸至梁内锚固（即柱包梁）	当 $1.5l_{abE} \leq h_b - c + h_c - c$ 时 角部附加钢筋 $\geq 20d$ $\geq 1.5l_{abE}$ $\geq 15d$ 梁底 $\geq 15d$ 柱外侧纵向钢筋配筋率>1.2%时分两批截断 梁上部纵向钢筋 $\geq 20d$ 12d 梁上部纵筋 柱内侧纵向钢筋同中柱柱顶纵向钢筋构造，见图集(22G101-1)第2-16页 柱外侧纵向钢筋 (b)梁宽范围内钢筋 [伸入梁内柱纵向钢筋做法(从梁底算起1.5l_{abE}未超过柱内侧边缘)]	①柱外侧钢筋伸至柱顶弯折 $15d$，且锚固长度 $\geq 1.5l_{abE}$ ②柱外侧纵向钢筋配筋率>1.2%时，纵向钢筋分两批截断，错开截断长度 $\geq 20d$ ③柱内侧纵筋同中柱柱顶纵向钢筋构造	①锚固长度：$\max(h_b - c + 15d, 1.5l_{abE})$ ②锚固长度：$\max(h_b - c + 15d, 1.5l_{abE}) + 20d$ ③锚固长度：弯锚为 $h_b - c + 12d$ 直锚为 $h_b - c$
		综合(a)、(b)节点构造，柱外侧纵向钢筋柱顶锚固长度计算公式为 $\max(h_b - c + 15d, 1.5l_{abE})$； 柱外侧纵向钢筋配筋率>1.2%时，错开截断的外侧纵向钢筋柱顶锚固长度计算公式为 $\max(h_b - c + 15d, 1.5l_{abE}) + 20d$； 柱外侧纵向钢筋配筋率=柱外侧纵向钢筋截面面积之和/柱截面面积		
		柱截面尺寸(柱与梁相交面)大于梁宽，梁宽范围外柱外侧钢筋不能弯锚伸入梁内		
		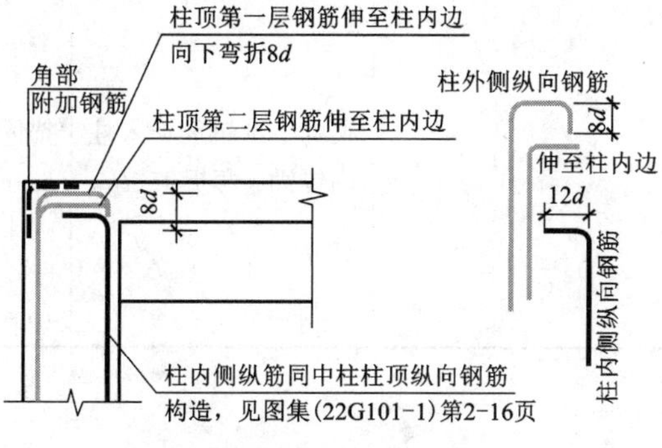 柱顶第一层钢筋伸至柱内边向下弯折8d 角部附加钢筋 柱顶第二层钢筋伸至柱内边 柱外侧纵向钢筋 伸至柱内边 8d 8d 12d 柱内侧纵筋同中柱柱顶纵向钢筋构造，见图集(22G101-1)第2-16页 柱外侧纵向钢筋 柱内侧纵向钢筋 (c)梁宽范围外钢筋在节点内锚固	当板厚<100 mm时： ①柱顶第一层钢筋伸至柱内边向下弯折 $8d$ ②柱顶第二层钢筋伸至柱内边折断即可	柱顶第一层钢筋锚固长度：$h_b - c + h_c - 2c + 8d$ 柱顶第二层钢筋锚固长度：$h_b - c + h_c - 2c$
		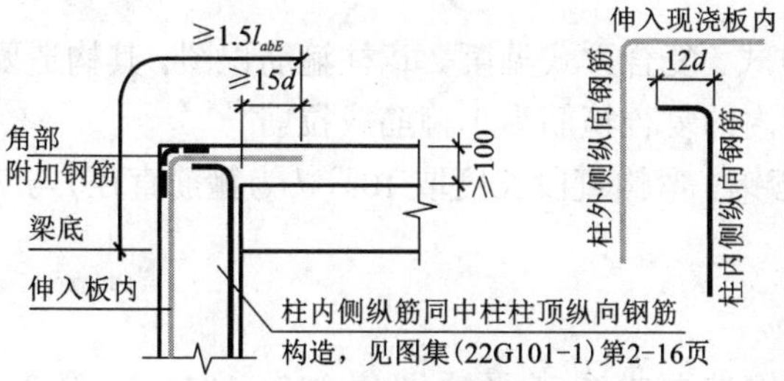 $\geq 1.5l_{abE}$ $\geq 15d$ 伸入现浇板内 12d ≥ 100 角部附加钢筋 梁底 伸入板内 柱内侧纵筋同中柱柱顶纵向钢筋构造，见图集(22G101-1)第2-16页 柱外侧纵向钢筋 柱内侧纵向钢筋 (d)梁宽范围外钢筋伸入现浇板内锚固 (现浇板厚度不小于100 mm时)	当现浇板厚度 $\geq$ 100 mm时，伸入板内锚固	锚固长度：$\max(h_b - c + h_c - c + 15d, 1.5l_{abE})$
		柱内侧纵筋同中柱柱顶纵向钢筋构造		锚固长度：弯锚为 $h_b - c + 12d$ 直锚为 $h_b - c$

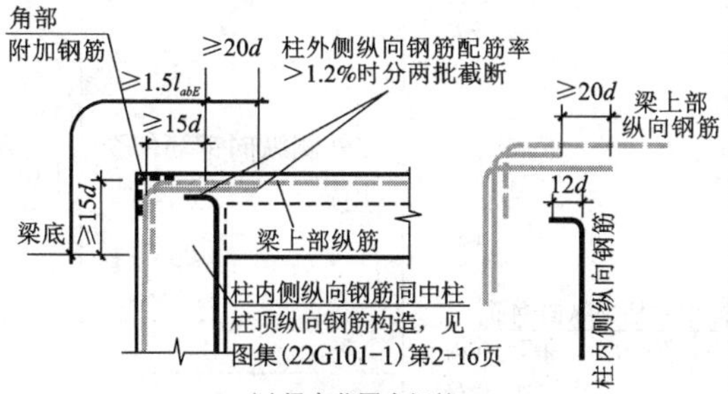

柱位置	构造详图	构造要点	计算公式
边柱、角柱	梁纵向钢筋伸至柱内锚固(即梁包柱)	**锚固采用梁包柱的形式时** 梁上部纵筋 ≥1.7l_{abE} 且伸至梁底 ≥20d 柱内侧纵筋同中柱柱顶纵向钢筋构造,见图集(22G101-1)第2-16页 梁上部纵向钢筋配筋率>1.2%时,应分两批截断。当梁上部纵向钢筋为2排时,先断第二排钢筋 梁上部纵向钢筋 柱外侧纵向钢筋 12d ≥20d 柱内侧纵向钢筋 梁宽范围内钢筋	柱外侧纵向钢筋伸至柱顶	锚固长度:h_b-c
			柱内侧纵筋同中柱柱顶纵向钢筋构造	锚固长度: 弯锚为$h_b-c+12d$ 直锚为h_b-c
		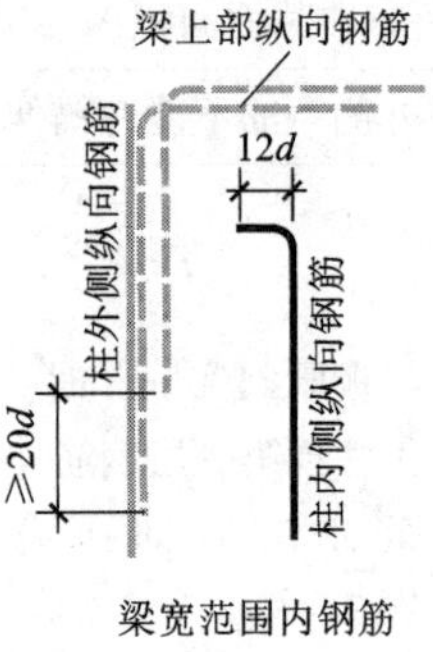	梁的上部钢筋伸入柱内锚固,弯折1.7l_{abE}	锚固长度: $h_c-c+1.7l_{abE}$

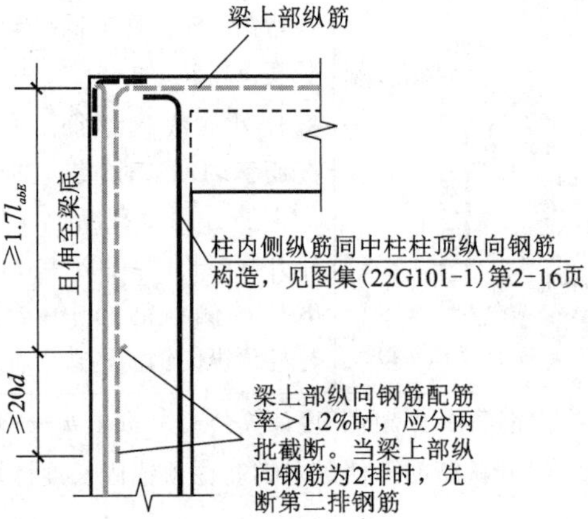

3.2.1.2 柱箍筋构造

1. 箍筋形式

抗震框架柱箍筋一般采用复合方式,复合方式见第2章柱箍筋识图,其构造要求如下:

①柱截面四周为封闭箍筋,截面内的复合箍筋为小箍筋或拉筋。

②抗震柱所有箍筋都要做135°弯钩,弯钩直段长度取10d(d为箍筋直径)与75 mm的较大值。

2. 基础内箍筋配置构造

柱插筋在基础内须配置箍筋,构造要求参考平法图集(22G101-3)第2-10页,见表3-27。

表 3-27　基础内箍筋构造

构造分类	构造详图	构造要点	计算公式
箍筋构造（保护层厚度>5d）	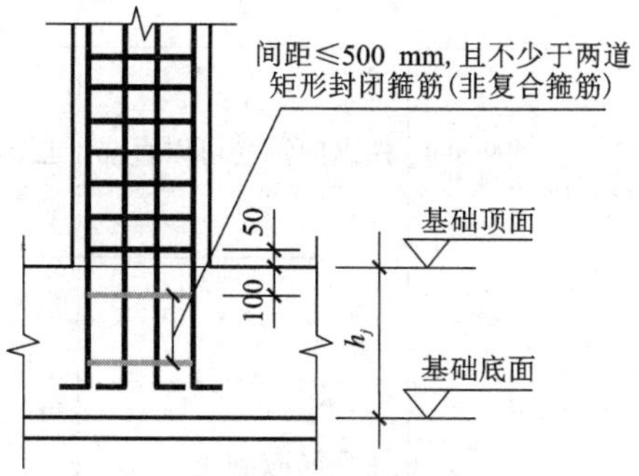 间距≤500 mm,且不少于两道矩形封闭箍筋(非复合箍筋) 基础顶面 基础底面	当保护层厚度>5d时,基础内箍筋布置要求:间距≤500 mm,且不少于两道矩形封闭箍筋(非复合箍筋)	根数：$\max[2,(h_j-100-c)/500+1]$
箍筋构造（保护层厚度≤5d）	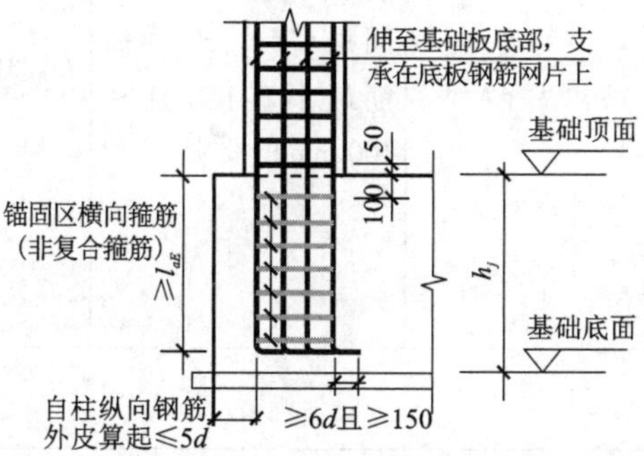 伸至基础板底部,支承在底板钢筋网片上 基础顶面 锚固区横向箍筋(非复合箍筋) 基础底面 自柱纵向钢筋外皮算起≤5d　≥6d且≥150	当保护层厚度≤5d时,锚固区横向箍筋应满足直径≥d_1/4(d_1为插筋最大直径)、间距≤$5d_2$(d_2为插筋最小直径)且≤100 mm的要求	根数：$\max[(h_j-100-c)/5d_2+1,(h_j-100-c)/100+1]$

3. 箍筋加密区范围的确定

抗震框架柱箍筋的加密区范围,与柱纵筋非连接区相同。嵌固部位,其箍筋加密区的高度为 $H_n/3$;非嵌固部位的节点上、下区域箍筋加密区的高度为 $\max(h_c,H_n/6,500)$;中间节点梁高度范围内箍筋全高加密。

节点位置箍筋起止位置:框架柱箍筋在楼层位置分段布置,梁面位置上、下起步距离各为 50 mm。

3.2.1.3　其他构造

边柱、角柱等截面伸出屋面时纵向钢筋及箍筋构造,见表 3-28。

表 3-28　边柱、角柱等截面伸出屋面时纵向钢筋及箍筋构造

柱位置	构造详图	构造要点	计算公式
边柱、角柱	当柱顶伸出高度 $h_n-c \geq l_{aE}$ 时 箍筋规格及数量由设计指定，肢距不大于400 mm 箍筋间距应满足图集（22G101-1）第2-3页注7要求 伸至柱外侧纵筋内侧， 且≥0.6l_{abE} 梁上部纵筋 ≥l_{aE} ≥15d 梁下部纵筋 ① （当伸出长度自梁顶算起满足直锚长度l_{aE}时）	柱纵向钢筋可以直锚	直锚长度=l_{aE}
		柱箍筋应满足 直径≥$d_1/4$（d_1 为插筋最大直径）， 间距≤5d_2（d_2 为插筋最小直径）且≤100 mm 的要求	根数： max$[L_{aE}/5d_2+1,$ $L_{aE}/100+1]$
	当柱顶伸出高度 $h_n-c < l_{aE}$ 时 箍筋规格及数量由设计指定，肢距不大于400 mm 箍筋间距应满足图集（22G101-1）第2-3页注7要求 15d 15d 伸至柱外侧纵筋内侧， 且≥0.6l_{abE} 梁上部纵筋 伸至柱顶 ≥0.6l_{aE} ≥15d 梁下部纵筋 ② （当伸出长度自梁顶算起不满足直锚长度l_{aE}时）	柱外侧纵向钢筋伸至柱顶弯折 15d	锚固长度： $h_n-c+15d$
		柱内侧钢筋伸至柱顶弯折 15d	锚固长度： $h_n-c+15d$
		柱箍筋应满足： 直径≥$d_1/4$（d_1 为插筋最大直径） 间距≤5d_2（d_2 为插筋最小直径）且≤100 mm 的要求	箍筋根数： max$[(h_n-50)/$ $5d_2+1(h-50)/$ $100+1]$

122

3.2.2　柱构件平法构造应用

3.2.2.1　柱构件钢筋工程量计算

【案例】　结合附图基础顶~4.2 m 柱平法施工图计算 3-2 轴交 3-B 轴边柱 KZ4 的钢筋工程量,KZ4 柱信息见表 3-29。

表 3-29　框架柱 KZ4 平法钢筋表

名称	构件信息
截面	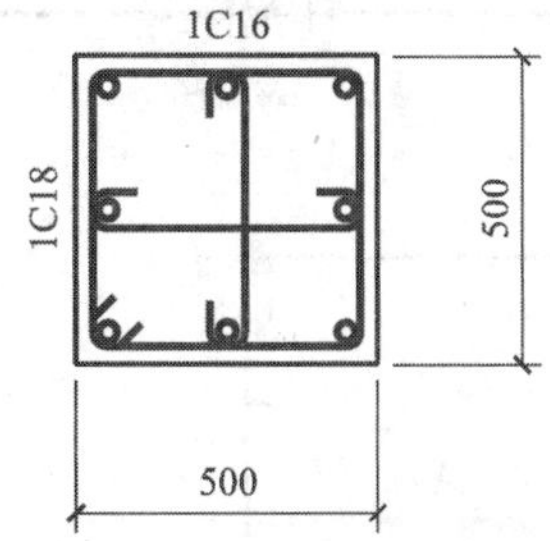
编号	KZ4
起止标高	基础顶~4.200 m(建筑标高)
纵筋	4C18 角筋+2C16+2C18(即 4ϕ18+2ϕ16+2ϕ18)
箍筋	C8@ 100/200(即 ϕ8@ 100/200)

（1）分析

KZ4 在平法施工图中所处位置,有角柱、边柱、中柱之分,该任务要求计算的 KZ4 所处位置为边柱,该柱高为从承台顶标高(-2.300 m)到柱顶(~4.200 m),如图 3-16 所示。

柱纵筋分外侧纵筋和内侧纵筋计算,柱顶现浇板厚≥100 mm,外侧纵筋柱顶锚固长度为 max(1.5l_{abE},$h_b-c+15d$),内侧纵筋柱顶锚固,弯折 12d;纵筋直径有 18 mm 和 16 mm 两种。

箍筋直径为 8 mm,3×3 的复合箍。加密区间距为 100 mm,嵌固位置 $H_n/3$,柱梁板相交的节点下部 max($H_n/6$,h_c) 和节点内(WKL1 和 WKL9 梁高均为 900 mm)三个位置箍筋须加密。

非加密区间距为 200 mm,柱中间位置箍筋为非加密的。

（2）钢筋计算

1）钢筋计算条件及参数,见表 3-30。

表 3-30　钢筋计算条件及参数

计算条件	计算条件取值	计算条件	计算条件取值
混凝土强度	C30	带肋钢筋定尺长度	9000 mm
抗震等级	四级	保护层厚度 c	一类环境,取 20 mm
纵筋连接方式	焊接只考虑接头个数 接头个数 = (l/9000) - 1(向上取整)	锚固长度	$l_{aE}=l_a=35d$(Ⅲ级钢)
		搭接长度	$L_{lE}=L_l=49d$(Ⅲ级钢)

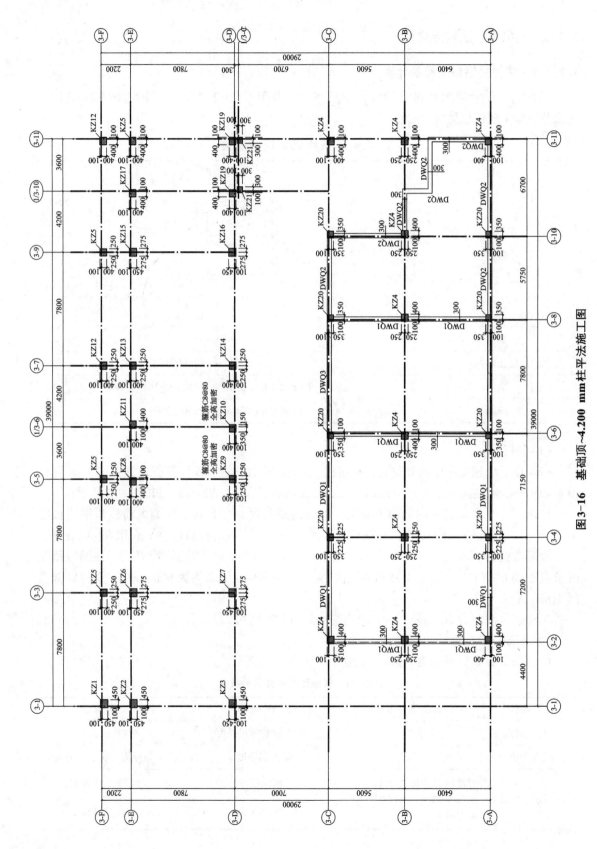

图 3-16 基础顶~-4.200 mm 柱平法施工图

124

3) 钢筋计算过程, 见表 3-31。

表 3-31 钢筋计算过程

钢筋	计算过程	说明
纵筋 6⌀18 在基础内的插筋长度	基础内长度 = l_{aE} 基础内长度 = 35×18 = 630(mm)	基础平法施工图 1—1 剖面图要求框架柱纵筋伸入承台 l_{aE}
	基础内插筋(低位) 基础插筋总长度 = 基础内长度 + 伸出基础非连接区高度 = 630 + H_n/3 = 630 + (4200+2300−600)/3 = 630 + 1967 = 2597(mm)	①基础插筋总长度 = 基础内长度 + 伸出基础非连接区高度 ②伸出基础非连接区高度: H_n/3 ③纵筋不能在同一截面截断: 错开距离 max(500, 35d)
	基础内插筋(高位) 基础插筋总长度 = 基础内插筋(低位 + 错开距离) = 2597 + max(500, 35d) = 2597 + 35×18 = 3227(mm)	
纵筋 2⌀16 在基础内的插筋长度	基础内长度 = l_{aE} 基础内长度 = 35×16 = 560(mm)	基础平法施工图 1—1 剖面图要求框架柱纵筋伸入承台 l_{aE}
	基础内插筋(低位) 基础插筋总长度 = 基础内长度 + 伸出基础非连接区高度 = 560 + H_n/3 = 560 + (4200+2300−600)/3 = 2527(mm)	①基础插筋总长度 = 基础内长度 + 伸出基础非连接区高度 ②伸出基础非连接区高度: H_n/3 ③纵筋不能在同一截面截断: 错开距离 max(500, 35d)
	基础内插筋(高位) 基础插筋总长度 = 基础内插筋(低位 + 错开距离) = 2527 + max(500, 35d) = 2527 + 35×16 = 3087(mm)	
一层外侧纵筋 3⌀18	纵筋长度(低位) = 层净高 − 基础插筋伸入本层的高度 + 柱顶锚固 = 4200 + 2300 − 600 − H_n/3 + max(1.5l_{abE}, h_b−c+15d) = 4200 + 2300 − 600 − 1967 + max(1.5×35×18 = 945, 600−20+15×18 = 850) = 4878(mm) 纵筋长度(高位) = 纵筋长度(低位) − 错开距离 = 4878 − max(500, 35d) = 4878 − 35×18 = 4248(mm)	①外侧纵筋柱顶锚固长度 max(1.5l_{abE}, h_b−c+15d) ② 此处因为高位基础插筋比低位基础插钢筋多 max(500, 35d), 因此要减错开距离
一层内侧纵筋 3⌀18	纵筋长度(低位) = 层高 − 保护层 − 基础插筋伸入本层的高度 + 柱顶锚固 = 4200 + 2300 − 20 − H_n/3 + 12d = 4200 + 2300 − 20 − 1967 + 12×18 = 4729(mm) 纵筋长度(高位) = 纵筋长度(低位) − 错开距离 = 4729 − max(500, 35d) = 4729 − 35×18 = 4099(mm)	①内侧纵筋柱顶锚固长度 12d ②此处因为高位基础插筋比低位基础插钢筋多 max(500, 35d), 因此要减错开距离

钢筋	计算过程	说明
一层内侧纵筋 2⊕16	纵筋长度(低位) =层高-保护层-基础插筋伸入本层的高度+柱顶锚固 =4200+2300-$H_n/3$+12d =4200+2300-20-1967+12×16=4705(mm) 纵筋长度(高位) =纵筋长度(低位)-错开距离=4705-max(500,35d) =4705-35×16=4145(mm)	①内侧纵筋柱顶锚固长度12d ②此处因为高位基础插筋比低位基础插钢筋多 max(500,35d),因此要减错开距离
基础内箍筋⊕8	2根矩形封闭箍筋	
一层箍筋 ⊕8@100/200 的根数	大箍筋长度 =(b-2c)×2+(h-2c)×2+[1.9d+max(10d,75)]×2 =(500-20×2)×4+11.9×8×2=2030(mm)	
	拉筋长度=b-2c+11.9d×2 =500-20×2+11.9×8×2 =650(mm)	
	一层: 大箍筋总根数=21+17+14=52(根) 拉筋的根数=52×2=104(根)	
	下端加密区根数 =($H_n/3$-起步距离)/100+1 =[(4200+2300-600)/3-50]/100+1 =(1967-50)/100+1 =21(根) 上端加密区根数 =[max($H_n/6$,h_c,500)+梁高-起步距离]/100+1 =[(4200+2300-600)/6+600-50]/100+1 =(983+600-50)/100+1 =17(根) 中间非加密区根数 =(柱净高-两个加密区高度)/200-1 =(4200+2300-600-1967-983)/200-1=14(根)	①基础顶面以上加密区范围为$H_n/3$ ②楼层梁上、下部位包括梁高范围形成箍筋加密区,梁下部箍筋加密区长度为 max($H_n/6$,h_c,500) ③起步距离为50 mm ④计算结果向上进1取整

大箍筋总长度=2030×(2+52)=109620(mm)=109.62(m)

拉筋总长度=650×104=67600(mm)=67.60(m)

第3节　剪力墙构件钢筋工程量计算

3.3　剪力墙构件钢筋工程量计算

【导】　计算图 3-17 剪力墙构件的钢筋工程量。

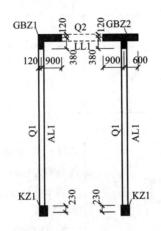

编号	所在楼层号	梁顶相对标高高差/m	梁截面 $b×h$/mm×mm	上部纵筋	下部纵筋	箍筋
LL1	2 层	0.000	250×1950	4Φ18(2/2)	4Φ18(2/2)	Φ8@ 100(2)
AL1	1～2 层	0.000	250×400	2Φ18	2Φ18	Φ8@ 150(2)
AL2	1 层	-0.750	250×400	2Φ18	2Φ18	Φ8@ 150(2)

图 3-17　剪力墙构件局部平法施工图

请分析：剪力墙由哪些构件组成，各构件的截面尺寸，墙身和墙柱的起止高度，梁墙配置在哪些楼层，各构件分别有哪些钢筋，单根钢筋长度，根数？

3.3.1　剪力墙构件平法构造

剪力墙构件一般由墙身、墙柱、墙梁三类构件组成，剪力墙平法构造从该三个方面分别阐述。

3.3.1.1　剪力墙的墙身构造

1.墙身水平分布筋构造

1)墙身水平分布筋在暗柱中的锚固构造。

墙身水平分布筋在暗柱锚固情况分为端部有一字形暗柱、L 形暗柱及暗柱转角墙三种情况，具体构造要求见表 3-32。

表 3-32 墙身水平分布筋在暗柱中的锚固构造

构造图示	构造要点	计算公式
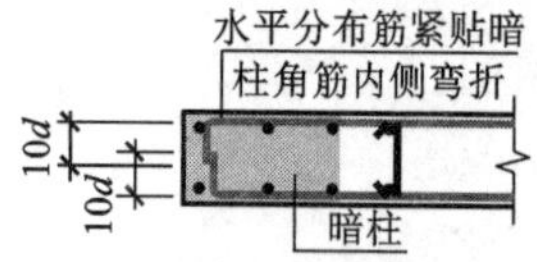 水平分布筋紧贴暗柱角筋内侧弯折 $10d$ $10d$ 暗柱	①墙身端部为暗柱，墙身水平分布筋须伸到暗柱的对边再弯折 $10d$ ②水平分布筋紧贴暗柱角筋内侧再弯折	锚固长度取： 暗柱长度$-c$（保护层厚度）$+10d$
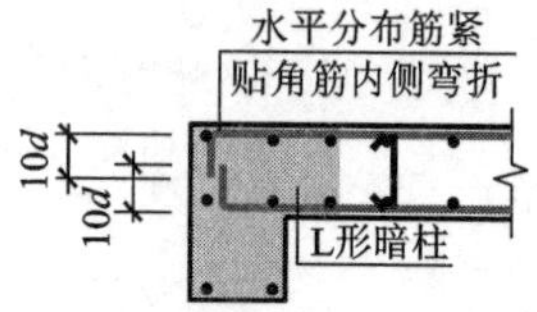 水平分布筋紧贴角筋内侧弯折 $10d$ $10d$ L形暗柱	①墙身端部为 L 形暗柱，水平分布筋须伸到暗柱的对边再弯折 $10d$	锚固长度取： 暗柱长度$-c$（保护层厚度）$+10d$
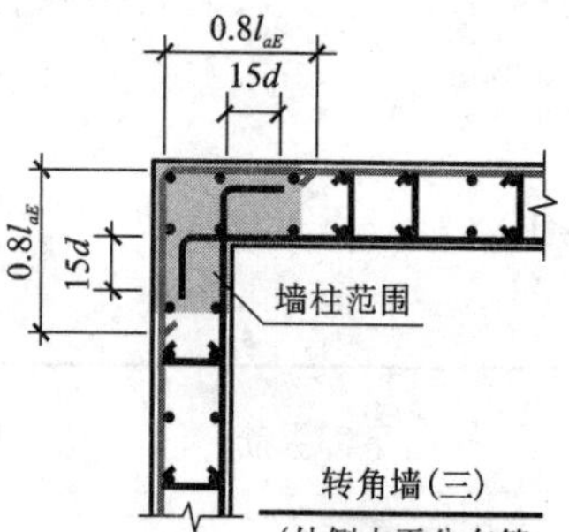 $0.8l_{aE}$ $15d$ $0.8l_{aE}$ $15d$ 墙柱范围 转角墙（三） （外侧水平分布筋在转角处搭接）	暗柱长度$>0.8l_{aE}$ 转角剪力墙有暗柱，墙身外侧水平分布筋在暗柱范围内搭接： ①墙身内侧水平筋伸至暗柱的对边弯折 $15d$ ②墙身外侧水平筋须伸至暗柱的外侧再弯折 $0.8l_{aE}$	①墙身内侧水平分布筋在暗柱内的长度取： 暗柱长度$-c$（保护层厚度）$+15d$ ②墙身外侧水平分布筋在转角处的长度取： 暗柱长度$-c$（保护层厚度）$+0.8l_{aE}$
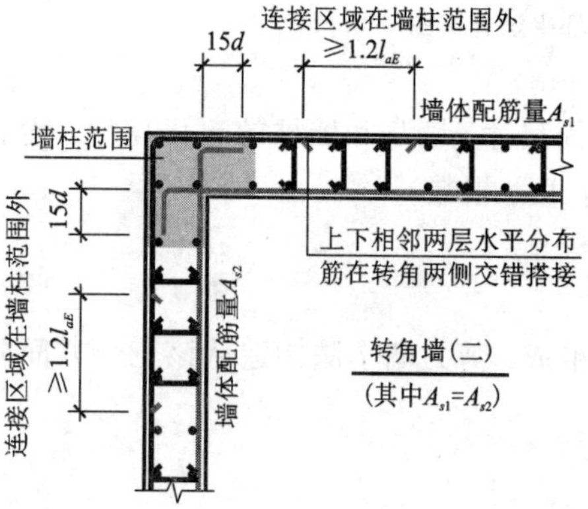 连接区域在墙柱范围外 $\geq1.2l_{aE}$ $15d$ 墙体配筋量A_{s1} 墙柱范围 $15d$ 上下相邻两层水平分布筋在转角两侧交错搭接 墙体配筋量A_{s2} 连接区域在墙柱范围外 $\geq1.2l_{aE}$ 转角墙（二） （其中$A_{s1}=A_{s2}$）	转角剪力墙有暗柱，墙身外侧水平分布筋在暗柱的外侧搭接，$A_{s1}=A_{s2}$（A_s 为墙体配筋率）： ①墙身内侧水平分布筋伸至暗柱的对边弯折 $15d$ ②墙身外侧的水平分布筋可连续通过该转角暗柱，墙身上下相邻的水平分布筋在转角的两侧交错搭接，其搭接长度满足 $\geq1.2l_{aE}$	①墙身内侧水平分布筋在暗柱内的长度取： 暗柱长度$-c$（保护层厚度）$+15d$ ②墙身外侧的水平分布筋在转角 处的长度取： 暗柱长 1$-c$（保护层厚度）$+$暗柱长 2$-c$（保护层厚度）$+1.2l_{aE}$

续表3-32

构造图示	构造要点	计算公式
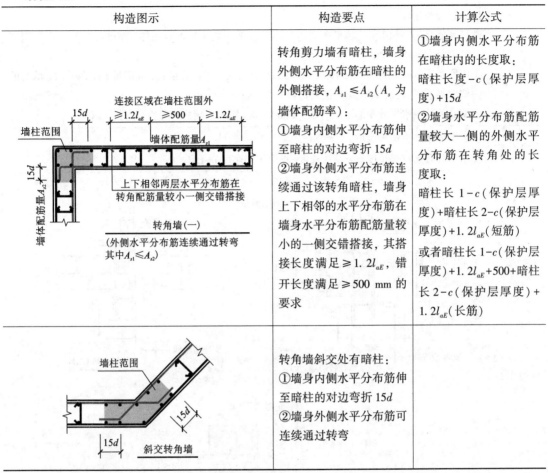	转角剪力墙有暗柱，墙身外侧水平分布筋在暗柱的外侧搭接，$A_{s1} \leqslant A_{s2}$（A_s 为墙体配筋率）： ①墙身内侧水平分布筋伸至暗柱的对边弯 $15d$ ②墙身外侧水平分布筋连续通过该转角暗柱，墙身上下相邻的水平分布筋在墙身水平分布筋配筋量较小的一侧交错搭接，其搭接长度满足 $\geqslant 1.2l_{aE}$，错开长度满足 $\geqslant 500$ mm 的要求	①墙身内侧水平分布筋在暗柱内的长度取： 暗柱长度 $-c$（保护层厚度）$+15d$ ②墙身水平分布筋配筋量较大一侧的外侧水平分布筋在转角处的长度取： 暗柱长 $1-c$（保护层厚度）$+$暗柱长 $2-c$（保护层厚度）$+1.2l_{aE}$（短筋） 或者暗柱长 $1-c$（保护层厚度）$+1.2l_{aE}+500+$暗柱长 $2-c$（保护层厚度）$+1.2l_{aE}$（长筋）
	转角墙斜交处有暗柱： ①墙身内侧水平分布筋伸至暗柱的对边弯折 $15d$ ②墙身外侧水平分布筋可连续通过转弯	

注：剪力墙的水平分布筋配置若为多排时，中间排的水平分布筋其端部的构造与内侧钢筋的构造相同。

2）墙身水平分布筋在端柱中的锚固构造。

墙身的水平分布筋在端柱中的构造见表3-33。

表 3-33　墙身的水平分布筋在端柱中的构造

构造图示	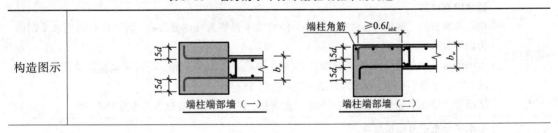

构造要点	**墙身端部为端柱** 端柱和墙身的一侧平齐,称平齐端柱一侧的水平钢筋为外侧分布筋,而墙身对侧的水平钢筋为内侧分布筋 ①内侧水平分布筋可伸入到端柱的长度满足≥l_{aE}时,可以直锚;不能满足直锚条件时,墙身的内侧水平筋须弯锚,伸至端柱的对边再弯折15d ②墙身的外侧水平分布筋不能直锚,只能弯锚,伸入到端柱的对边再弯折15d
计算公式	①水平分布筋直锚长度取:l_{aE} ②水平分布筋弯锚长度取:端柱长度$-c$(保护层厚度)$+15d$
构造图示	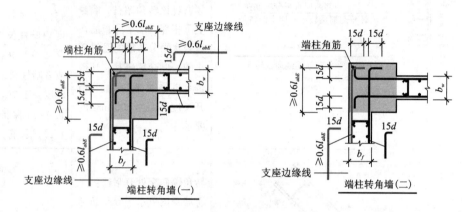 端柱转角墙(一)　　端柱转角墙(二) 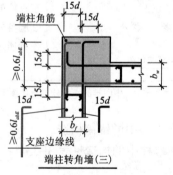 端柱转角墙(三)
构造要点	**转角墙有端柱** 端柱和墙身的一侧平齐,称平齐端柱一侧的水平钢筋为外侧分布筋,而墙身对侧的水平钢筋为内侧分布筋 ①内侧水平分布筋可伸入到端柱的长度满足≥l_{aE}时,可以直锚;不能满足直锚条件时,墙身的内侧水平筋须弯锚,伸至端柱的对边再弯折15d ②墙身的外侧水平分布筋不能直锚,只能弯锚,伸入到端柱的对边再弯折15d
计算公式	①水平分布筋直锚长度取:l_{aE} ②水平分布筋弯锚长度取:端柱长度$-c$(保护层厚度)$+15d$

3)翼墙的墙身水平分布筋在暗柱中的锚固构造见表 3-34。

表 3-34　翼墙的墙身水平分布筋在暗柱中的锚固构造

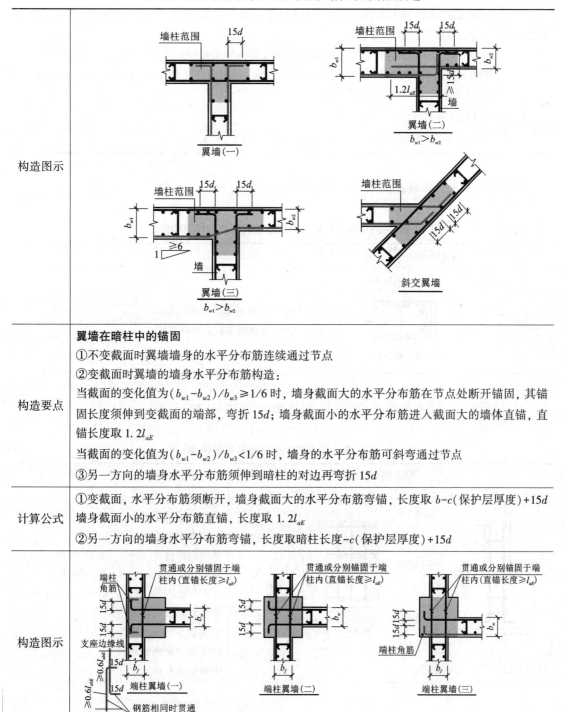

构造图示	
构造要点	**翼墙在暗柱中的锚固** ①不变截面时翼墙墙身的水平分布筋连续通过节点 ②变截面时翼墙的墙身水平分布筋构造： 当截面的变化值为 $(b_{w1}-b_{w2})/b_{w3} \geqslant 1/6$ 时，墙身截面大的水平分布筋在节点处断开锚固，其锚固长度须伸到变截面的端部，弯折 $15d$；墙身截面小的水平分布筋进入截面大的墙体直锚，直锚长度取 $1.2l_{aE}$ 当截面的变化值为 $(b_{w1}-b_{w2})/b_{w3} < 1/6$ 时，墙身的水平分布筋可斜弯通过节点 ③另一方向的墙身水平分布筋须伸到暗柱的对边再弯折 $15d$
计算公式	①变截面，水平分布筋须断开，墙身截面大的水平分布筋弯锚，长度取 $b-c$(保护层厚度)$+15d$ 墙身截面小的水平分布筋直锚，长度取 $1.2l_{aE}$ ②另一方向的墙身水平分布筋弯锚，长度取暗柱长度$-c$(保护层厚度)$+15d$
构造图示	

构造要点	翼墙在端柱中的锚固构造 ①翼墙的墙身内侧水平筋，贯通端柱或者分别直锚在端柱内，其直锚长度取 $\geq l_{aE}$ ②翼墙墙身的一侧与端柱一侧平齐时［见端柱翼墙（一）构造图示］，墙身的外侧水平分布筋连续通过节点 ③另一方向的墙身水平筋伸入到端柱内锚固，伸入到端柱的长度满足 $\geq l_{aE}$ 时，可以直锚；不能满足直锚条件时，伸至端柱的对边再弯折15d；墙身的外侧水平分布筋伸至端柱的对边再弯折15d［见端柱翼墙（三）构造图示］
计算公式	①水平分布筋直锚长度取：l_{aE} ②水平分布筋弯锚长度取：端柱长度-c（保护层厚度）+15d

4）墙身的水平分布筋在洞口处的切断构造，见表3-35。

表3-35　墙身的水平分布筋在洞口处的切断构造

构造图示	构造要点	计算公式
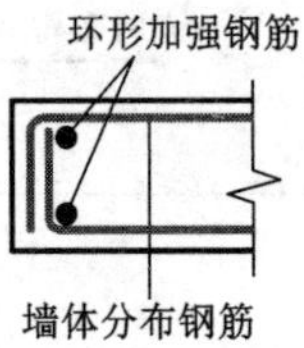 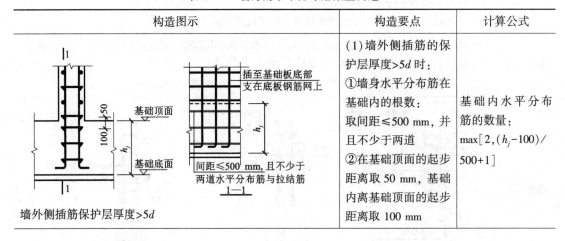	墙身在洞口处的水平分布筋被切断，水平分布筋弯折，伸至对边	弯折长度取： 墙厚-2c （c 为墙的保护层厚度）

（4）墙身的水平分布筋数量构造，见表3-36。

表3-36　墙身的水平分布筋数量构造

构造图示	构造要点	计算公式
墙外侧插筋保护层厚度>5d	（1）墙外侧插筋的保护层厚度>5d 时： ①墙身水平分布筋在基础内的根数：取间距≤500 mm，并且不少于两道 ②在基础顶面的起步距离取 50 mm，基础内离基础顶面的起步距离取 100 mm	基础内水平分布筋的数量： max[2,(h_j-100)/500+1]

续表3-36

构造图示	构造要点	计算公式
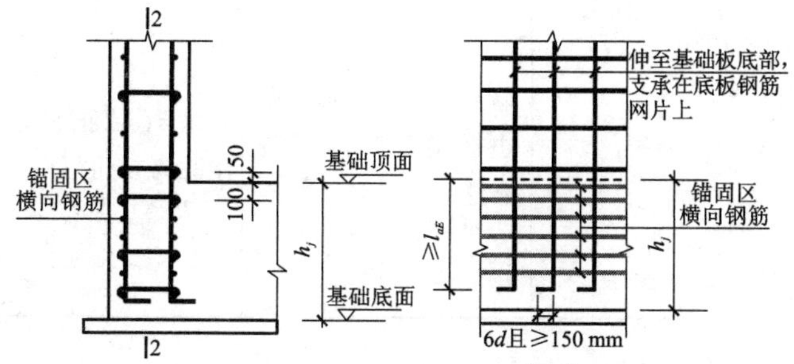 墙外侧插筋保护层厚度≤5d	(2)墙外侧插筋的保护层厚度≤5d时： ①锚固区的横向水平分布筋筋间距≤10d（d 为墙身基础插筋的最小直径），并且≤100 mm ②在基础顶面的起步距离取 50 mm，在基础内与基础顶面起步距离取 100 mm	墙身水平分布筋在基础内的数量： max]{[（h_j-100）/10d+1]，（h_j-100）/100+1}
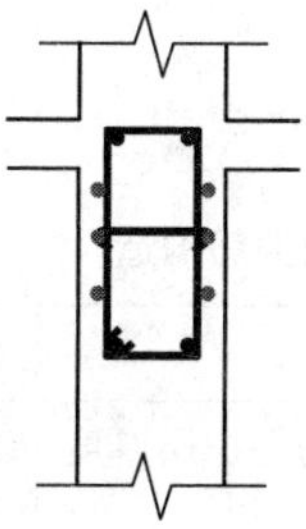 连梁	①墙身的水平分布筋在连梁的箍筋外侧须连续布置 ②墙身水平分布筋在楼面的起步距离取 50 mm	数量 =（楼层层高-起步距离）/间距+1
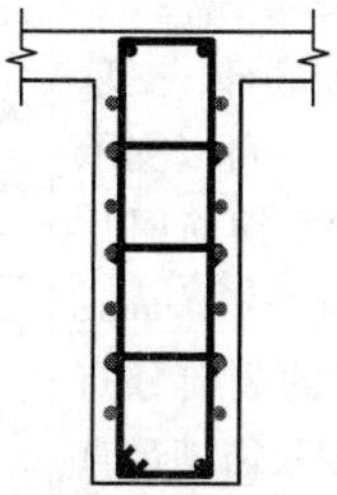 暗梁	①墙身的水平分布筋在暗梁的箍筋外侧须连续布置 ②墙身水平分布筋在楼面的起步距离取 50 mm	同上
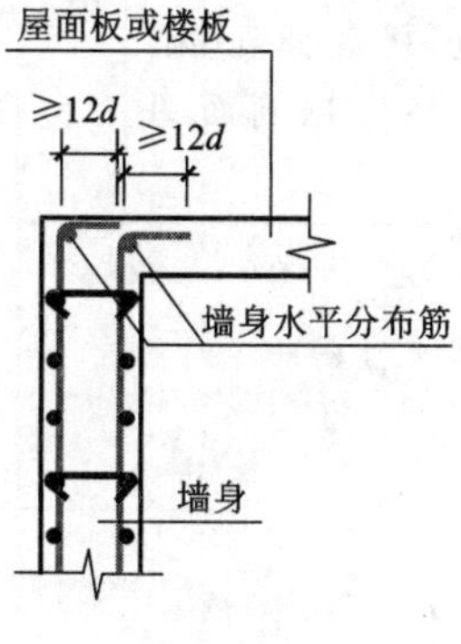 屋面板或楼板	①墙身的水平分布筋在楼板和屋面板须连续布置 ②水平分布筋在楼面的起步距离取 50 mm	同上

133

构造图示	构造要点	计算公式
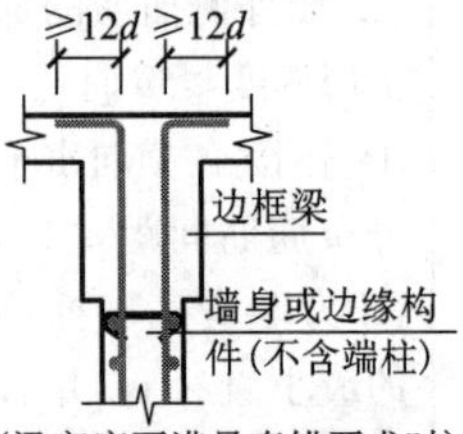 （梁高度不满足直锚要求时）	墙身的水平分布筋在边框梁范围内不需布置	数量=(层净高-起步距离)/间距+1

2.墙身竖向分布筋构造

墙身竖向分布筋的构造将从其在基础内的插筋构造、中间楼层连接构造、顶层的锚固构造及数量构造要求四个方面进行阐述。

1)墙身竖向分布筋在基础内的插筋构造,见表3-37。

表3-37 墙身竖向分布筋在基础内的插筋构造

构造图示	构造要点	计算公式
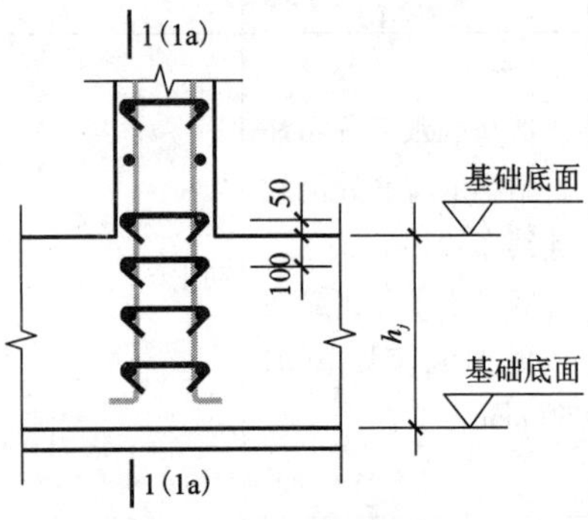 (a)保护层厚度>5d	墙身外侧基础插筋的保护层厚度>5d时: (1)$h_j>l_{aE}$ 墙身竖向分布筋采取"隔二下一"的方式伸到基础底部,支承于底板的钢筋网片上,可以支承在筏形基础中间层的钢筋网片上,再弯折 6d 并且 ≥150 mm;没有伸至基础底部的竖向分布筋,伸入基础的长度仅需满足直锚长度即可(见剖面图1—1) (2)$h_j≤l_{aE}$ 墙身竖向分布筋须全部插至基础底部,再弯折 15d(见剖面图1a—1a)	(1)$h_j>l_{aE}$ ①伸到基础底部的竖向分布筋,在基础内长度取:$h_j-c+\max(6d,150)$ ②没有伸到基础底部的竖向分布筋在基础内的长度取:l_{aE} (2)$h_j≤l_{aE}$ 墙身竖向分布筋在基础内长度取:$h_j-c+15d$

续表3-37

构造图示	构造要点	计算公式
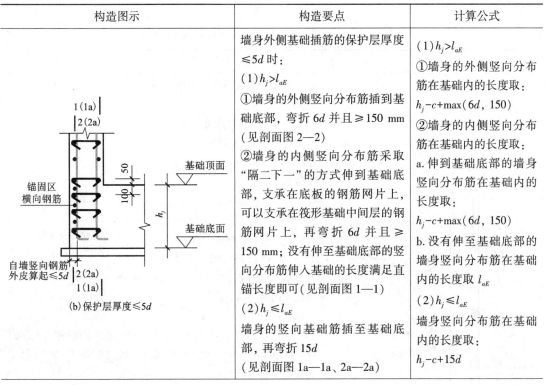 (b) 保护层厚度≤5d	墙身外侧基础插筋的保护层厚度≤5d 时： (1) $h_j > l_{aE}$ ①墙身的外侧竖向分布筋插到基础底部，弯折 6d 并且≥150 mm（见剖面图 2—2） ②墙身的内侧竖向分布筋采取"隔二下一"的方式伸到基础底部，支承在底板的钢筋网片上，可以支承在筏形基础中间层的钢筋网片上，再弯折 6d 并且≥150 mm；没有伸至基础底部的竖向分布筋伸入基础的长度满足直锚长度即可（见剖面图 1—1） (2) $h_j \leq l_{aE}$ 墙身的竖向基础筋插至基础底部，再弯折 15d（见剖面图 1a—1a、2a—2a）	(1) $h_j > l_{aE}$ ①墙身的外侧竖向分布筋在基础内的长度取： $h_j - c + \max(6d, 150)$ ②墙身的内侧竖向分布筋在基础内的长度取： a. 伸到基础底部的墙身竖向分布筋在基础内的长度取： $h_j - c + \max(6d, 150)$ b. 没有伸至基础底部的墙身竖向分布筋在基础内的长度取 l_{aE} (2) $h_j \leq l_{aE}$ 墙身竖向分布筋在基础内的长度取： $h_j - c + 15d$

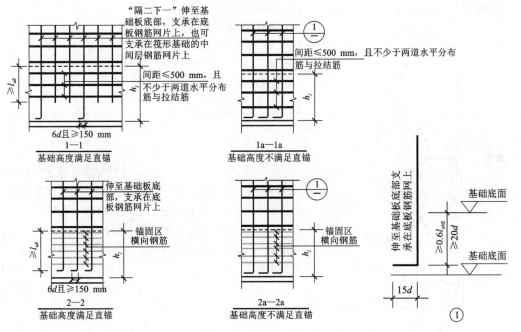

2)墙身的竖向分布筋在中间楼层的基本构造，见表3-38。

表3-38　墙身竖向分布筋在中间楼层的基本构造

构造图示	构造要点	计算公式
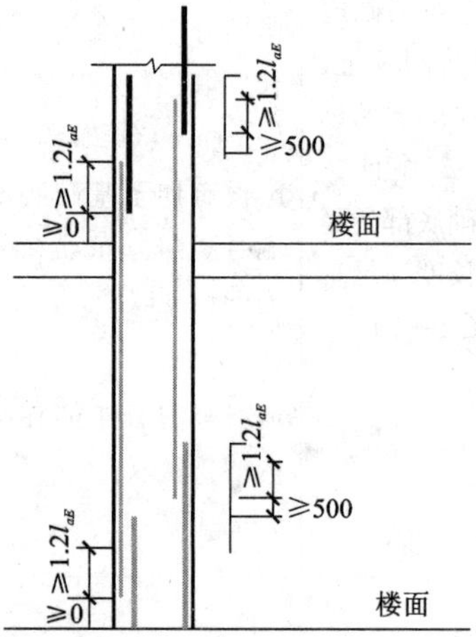	墙身的竖向分布筋在每个楼层的连接： (1)竖向分布筋的搭接连接 ①下层的竖向分布筋伸出本层的楼面和本层的竖向分布筋搭接，搭接长度取 $1.2l_{aE}$ ②一、二级抗震等级的剪力墙的底部加强部位，其竖向分布筋错开搭接，错开长度取 500 mm ③一、二级抗震等级的剪力墙，其非底部加强部位，以及三、四级抗震的剪力墙，其竖向分布筋可以在同一个部位搭接 (2)竖向分布筋若采用机械连接，则相邻两根竖向分布筋连接位置须错开≥35d (3)竖向分布筋若采用焊接连接，则相邻两根竖向分布筋连接位置须错开 ≥ 35d，并且 ≥ 500 mm (4)机械连接及焊接连接的非连接区高度，取 500 mm	竖向分布筋错开搭接时，长度取： (1)低位钢筋：本层的层高 + 伸入上层的 $1.2l_{aE}$ -起步距离 (2)高位钢筋：本层的层高 - 下层伸入的 $1.2l_{aE}$ -500-起步距离+伸入上层的 $1.2l_{aE}$($1.2l_a$)+500+起步距离
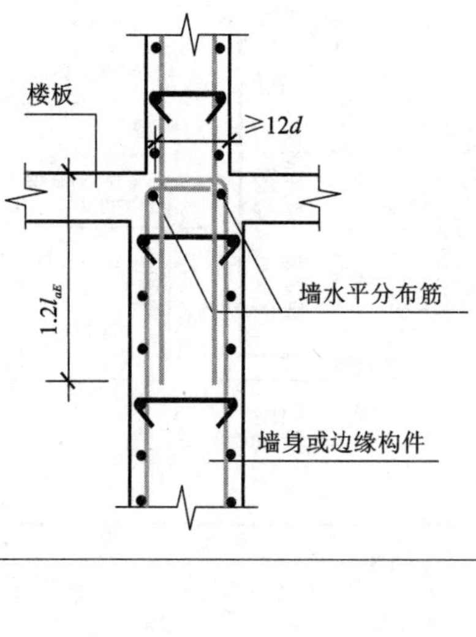	$\Delta > 30$ mm 时，在变截面处，下层的墙体竖向分布筋伸到板顶，再弯折12d，上层的墙体竖向分布筋须锚入下层的墙体，锚固长度从板面算起，取 $1.2l_{aE}$	(1)下层墙体的竖向分布筋在板内的锚固长度取：$h-c+12d$(h 为板厚，c 为板的保护层厚度) (2)上层的墙体竖向分布筋伸到下层墙体内的锚固长度取：$1.2l_{aE}$

136

续表3-38

构造图示	构造要点	计算公式
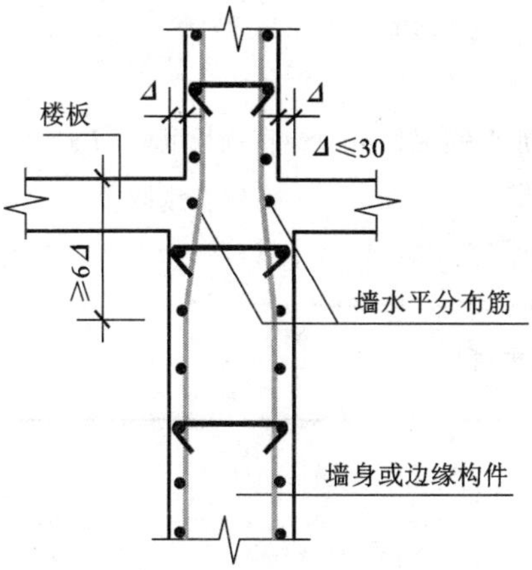楼板 Δ Δ Δ≤30 ≥6Δ 墙水平分布筋 墙身或边缘构件	Δ≤30 mm，墙身竖向分布筋斜弯通过	
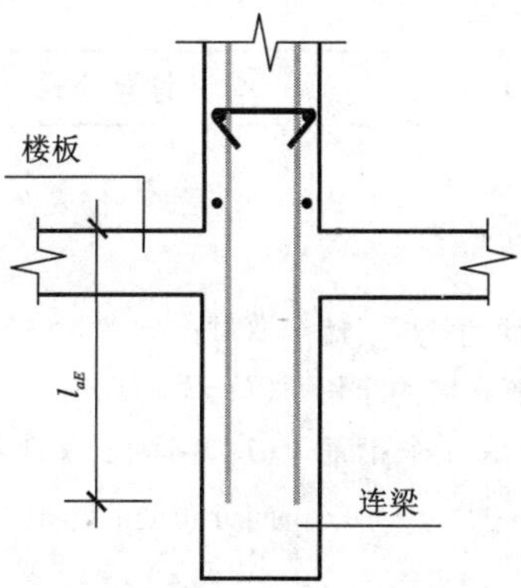楼板 l_{aE} 连梁	剪力墙的竖向分布筋锚入连梁内，锚固长度自楼面起算，取 l_{aE}	锚固长度取：l_{aE}

3)墙身竖向分布筋在顶层的构造见表 3-39。

表 3-39　墙身竖向分布筋在顶层的构造

构造图示	构造要点	计算公式
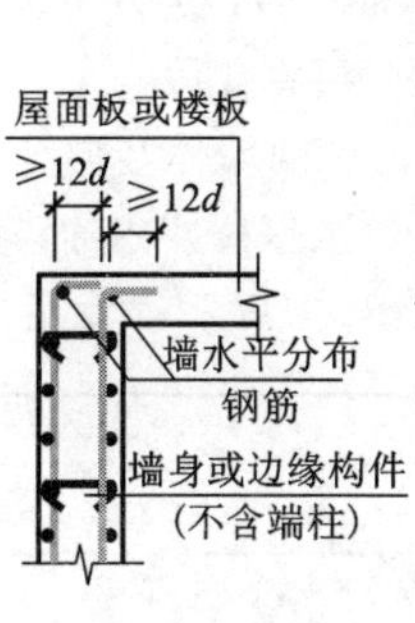屋面板或楼板 ≥12d ≥12d 墙水平分布钢筋 墙身或边缘构件 (不含端柱) 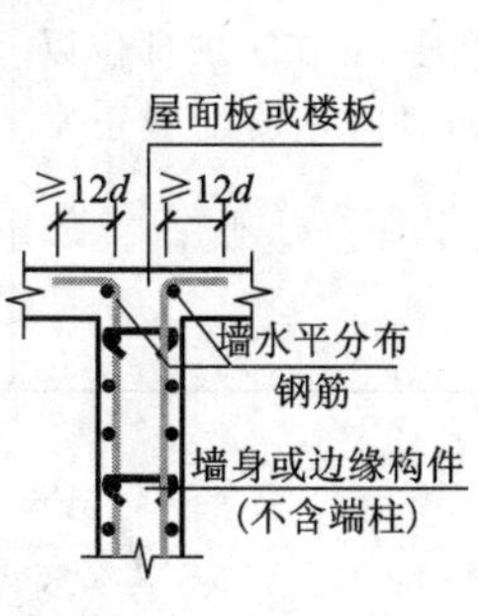屋面板或楼板 ≥12d ≥12d 墙水平分布钢筋 墙身或边缘构件 (不含端柱)	墙顶为板时： (1)墙身竖向分布筋须伸至板顶再弯折 12d (2)如剪力墙是外墙，并且剪力墙的外侧竖向分布筋和屋面板的上部纵筋搭接传力，则墙身的外侧竖向分布筋须伸至板顶再弯折 12d	竖向分布筋在顶层的锚固长度取： $h-c+12d$ 外侧竖向分布筋(和屋面板纵向受力筋搭接传力)的锚固长度取： $h-c+12d$(h 板厚)

构造图示	构造要点	计算公式
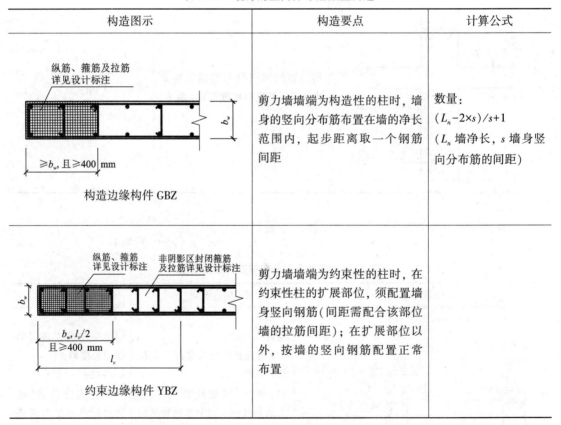（梁高度满足直锚要求时）　　（梁高度不满足直锚要求时）	墙顶为边框梁，则墙身竖向分布筋应锚入边框梁内： ①梁高度满足直锚时，可直锚，其锚固长度取 l_{aE} ②梁高度不满足直锚时，则墙身竖向分布筋须弯锚，竖向分布筋伸至板顶再弯折 $12d$	直锚长度取：l_{aE} 弯锚长度取： 梁高 $-c+12d$

4) 墙身的竖向分布筋数量构造，见表3-40。

表 3-40　墙身的竖向分布筋数量构造

构造图示	构造要点	计算公式
纵筋、箍筋及拉筋详见设计标注 b_w $\geqslant b_w$，且$\geqslant 400$ mm 构造边缘构件 GBZ	剪力墙墙端为构造性的柱时，墙身的竖向分布筋布置在墙的净长范围内，起步距离取一个钢筋间距	数量： $(L_n-2\times s)/s+1$ （L_n 墙净长，s 墙身竖向分布筋的间距）
纵筋、箍筋详见设计标注　　非阴影区封闭箍筋及拉筋详见设计标注 b_w b_w, $l_c/2$ 且$\geqslant 400$ mm l_c 约束边缘构件 YBZ	剪力墙墙端为约束性的柱时，在约束性柱的扩展部位，须配置墙身竖向钢筋（间距需配合该部位墙的拉筋间距）；在扩展部位以外，按墙的竖向钢筋配置正常布置	

3.墙身拉结筋的构造

墙身拉结筋的构造，如图 3-18 所示。

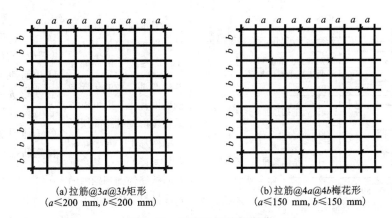

(a)拉筋@3a@3b矩形
($a \leqslant 200$ mm, $b \leqslant 200$ mm)

(b)拉筋@4a@4b梅花形
($a \leqslant 150$ mm, $b \leqslant 150$ mm)

图 3-18　墙身拉结筋的构造

构造要点：

①墙身拉结筋布置有矩形和梅花形两种构造。

②墙身拉结筋在层高范围内的布置：自楼面往上第二排的墙身水平钢筋到屋顶板底（或梁底）以下的第一排墙身水平钢筋。

③墙身拉结筋在墙身宽度范围内的布置：从端部墙柱边第一排的墙身竖向钢筋开始布置；在连梁范围内，也需要布置拉结筋。

3.3.1.2　剪力墙的墙柱构造

墙柱的钢筋构造从端柱和暗柱两个角度阐述。

1.端柱

端柱的纵向钢筋和箍筋构造同框架柱钢筋构造，具体构造要求见框架柱构造，这里不再详细阐述。

2.边缘构件（暗柱）

1）纵筋顶部构造同墙身竖向筋：

边缘构件（暗柱）顶无边框梁时，纵向钢筋伸至板顶，弯折 $12d$；柱外侧纵向钢筋与屋面板上部钢筋搭接传力时，弯折 $12d$。

边缘构件（暗柱）顶为边框梁时，纵向钢筋可锚入边框梁，直锚长度为 l_{aE}，弯锚长度为纵筋到梁顶后再弯折 $12d$。

2）箍筋：

约束边缘构件和构造边缘构件箍筋均设置在核心部位（构造图中阴影部分）。

约束边缘构件非阴影区箍筋、拉筋竖向间距同阴影。

3）边缘构件（暗柱）的纵向钢筋及箍筋在基础中的锚固构造与墙身钢筋构造不同，其构造见表 3-41。

表 3-41　边缘构件(暗柱)的纵向钢筋及箍筋在基础中的锚固构造

构造图示	构造要点	计算公式
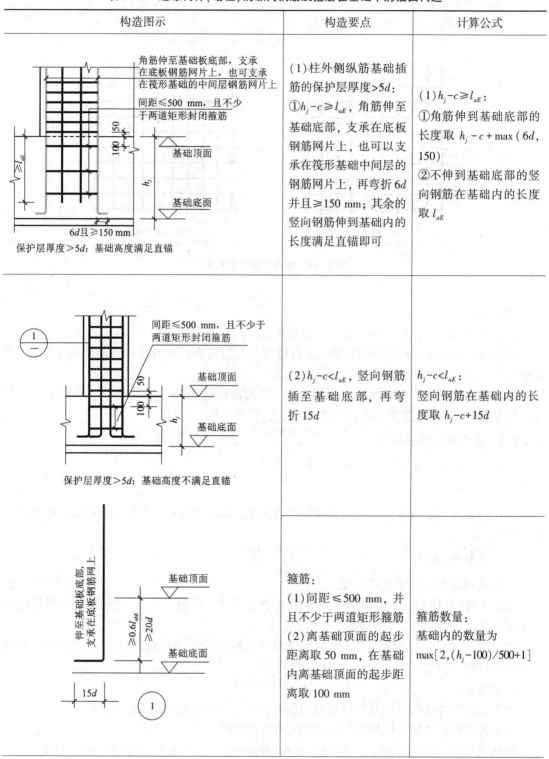	(1)柱外侧纵筋基础插筋的保护层厚度>5d： ①$h_j-c \geqslant l_{aE}$，角筋伸至基础底部，支承在底板钢筋网片上，也可以支承在筏形基础中间层的钢筋网片上，再弯折6d并且≥150 mm；其余的竖向钢筋伸到基础内的长度满足直锚即可	(1)$h_j-c \geqslant l_{aE}$： ①角筋伸到基础底部的长度取 $h_j - c + \max(6d, 150)$ ②不伸到基础底部的竖向钢筋在基础内的长度取 l_{aE}
	(2)$h_j-c < l_{aE}$，竖向钢筋插至基础底部，再弯折 15d	$h_j-c < l_{aE}$： 竖向钢筋在基础内的长度取 $h_j-c+15d$
	箍筋： (1)间距≤500 mm，并且不少于两道矩形箍筋 (2)离基础顶面的起步距离取 50 mm，在基础内离基础顶面的起步距离取 100 mm	箍筋数量： 基础内的数量为 $\max[2, (h_j-100)/500+1]$

140

续表3-41

构造图示	构造要点	计算公式
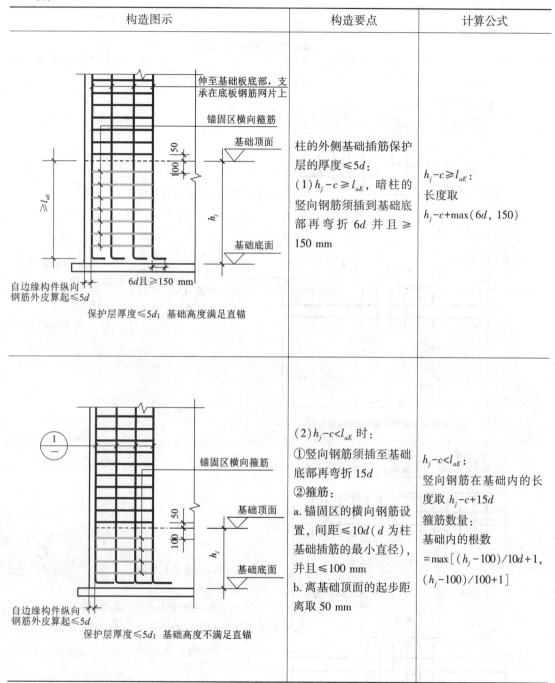	柱的外侧基础插筋保护层的厚度≤5d： （1）$h_j-c \geq l_{aE}$，暗柱的竖向钢筋须插到基础底部再弯折 6d 并且 ≥ 150 mm	$h_j-c \geq l_{aE}$： 长度取 $h_j-c+\max(6d,\ 150)$
	（2）$h_j-c < l_{aE}$ 时： ①竖向钢筋须插至基础底部再弯折 15d ②箍筋： a. 锚固区的横向钢筋设置，间距≤10d（ d 为柱基础插筋的最小直径），并且≤100 mm b. 离基础顶面的起步距离取 50 mm	$h_j-c < l_{aE}$： 竖向钢筋在基础内的长度取 $h_j-c+15d$ 箍筋数量： 基础内的根数 $=\max\big[(h_j-100)/10d+1,$ $(h_j-100)/100+1\big]$

3.3.1.3　剪力墙的墙梁构造

剪力墙的墙梁有连梁 LL、暗梁 AL、边框梁 BKL 三种类型，墙梁的构造从纵向受力筋和箍筋以及侧面纵筋和拉筋构造要求分别进行阐述。

1. 连梁纵向受力筋和箍筋构造

连梁纵向受力筋和箍筋构造,见表3-42。

表3-42　连梁纵向受力筋和箍筋构造

构造图示	构造要点	计算公式
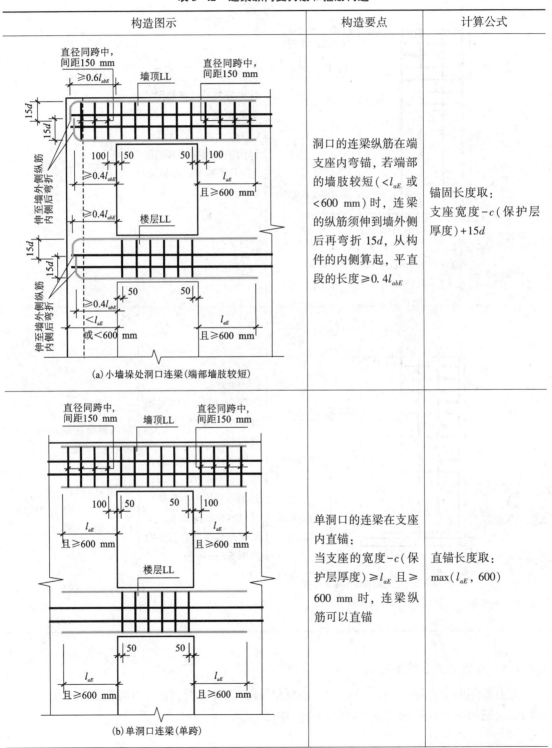 (a)小墙垛处洞口连梁(端部墙肢较短)	洞口的连梁纵筋在端支座内弯锚,若端部的墙肢较短($<l_{aE}$或<600 mm)时,连梁的纵筋须伸至墙外侧后再弯折$15d$,从构件的内侧算起,平直段的长度$\geqslant 0.4l_{abE}$	锚固长度取:支座宽度$-c$(保护层厚度)$+15d$
(b)单洞口连梁(单跨)	单洞口的连梁在支座内直锚:当支座的宽度$-c$(保护层厚度)$\geqslant l_{aE}$且$\geqslant 600$ mm时,连梁纵筋可以直锚	直锚长度取:$\max(l_{aE},600)$

续表3-42

构造图示	构造要点	计算公式
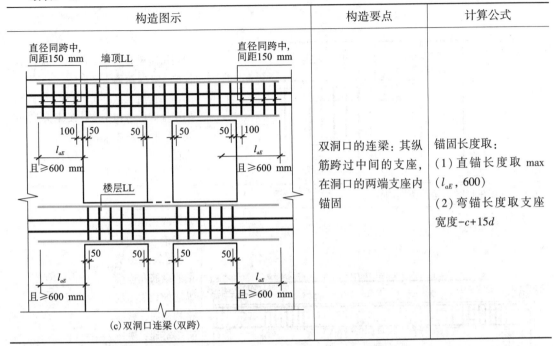 (c)双洞口连梁(双跨)	双洞口的连梁：其纵筋跨过中间的支座，在洞口的两端支座内锚固	锚固长度取： (1)直锚长度取 max $(l_{aE}, 600)$ (2)弯锚长度取支座宽度$-c+15d$

箍筋：

1）中间层的连梁箍筋，在洞口范围内布置，起步距离为50 mm。

2）顶层连梁的箍筋，在连梁纵向钢筋长度范围内布置，支座范围内的箍筋间距为150 mm，直径同跨中箍筋直径，跨中箍筋的起步距离为50 mm，支座内箍筋的起步距离为100 mm。

2. 暗梁和边框梁的纵向受力筋和箍筋构造

暗梁和边框梁的纵向受力筋和箍筋构造，见表3-43。

表 3-43　暗梁和边框梁的纵向受力筋和箍筋构造

构造图示	构造要点	计算公式
节点做法同框架结构　顶层BKL或AL ┌50	顶层暗梁和边框梁的纵向钢筋，其锚固构造与屋面框架梁构造相同	上部纵筋锚固长度取： ①梁包柱： 其锚固长度为支座宽度$-c+1.7l_{abE}$ ②柱包梁： 其锚固长度为支座宽度$-c+$max（梁高$-c$, $15d$）

构造图示	构造要点	计算公式
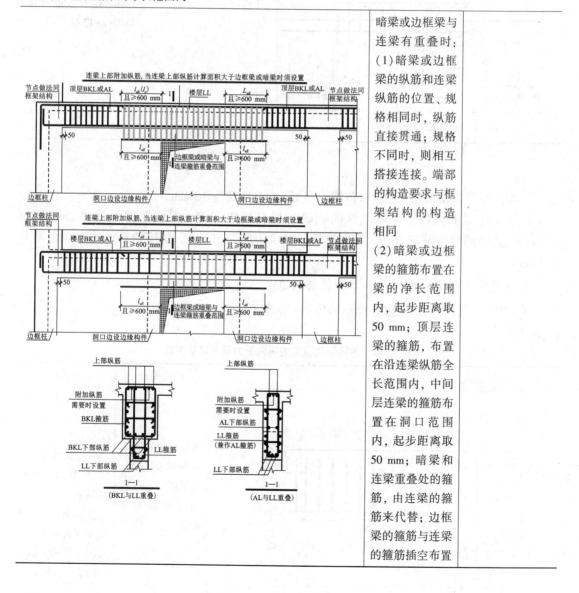	中间层暗梁和边框梁，纵向钢筋的锚固构造与框架梁锚固构造相同，采取弯锚或直锚	上部纵筋锚固长度取： ①(弯锚)锚固长度：支座宽度$-c$$+15d$ ②直锚长度：l_{aE}

箍筋：布置在暗梁的净长范围内

暗梁或边框梁与连梁有重叠时： (1)暗梁或边框梁的纵筋和连梁纵筋的位置、规格相同时，纵筋直接贯通；规格不同时，则相互搭接连接。端部的构造要求与框架结构的构造相同 (2)暗梁或边框梁的箍筋布置在梁的净长范围内，起步距离取50 mm；顶层连梁的箍筋，布置在沿连梁纵筋全长范围内，中间层连梁的箍筋布置在洞口范围内，起步距离取50 mm；暗梁和连梁重叠处的箍筋，由连梁的箍筋来代替；边框梁的箍筋与连梁的箍筋插空布置

3.连梁、暗梁及边框梁的侧面纵筋和拉筋的构造

连梁 LL、暗梁 AL 及边框梁 BKL 的侧面纵筋和拉筋的构造,见表 3-44。

表 3-44　连梁 LL、暗梁 AL 及边框梁 BKL 的侧面纵筋和拉筋的构造

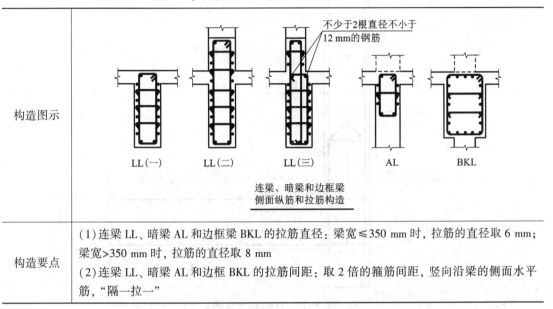

构造图示	连梁、暗梁和边框梁侧面纵筋和拉筋构造
构造要点	(1)连梁 LL、暗梁 AL 和边框梁 BKL 的拉筋直径:梁宽≤350 mm 时,拉筋的直径取 6 mm;梁宽>350 mm 时,拉筋的直径取 8 mm (2)连梁 LL、暗梁 AL 和边框 BKL 的拉筋间距:取 2 倍的箍筋间距,竖向沿梁的侧面水平筋,"隔一拉一"

3.3.2　剪力墙构件平法构造应用

3.3.2.1　剪力墙墙身钢筋工程量计算

【案例】　结合附图基础顶~4.2 m 柱平法施工图计算③—ⓒ轴交③—⑥和③—⑧轴之间的剪力墙 DWQ3 的钢筋工程量,DWQ3 的配筋信息见图 3-19 所示。

1.分析

DWQ3 墙身高 2.3 m(起点-2.300~0.000 m);配筋有水平分布筋和竖向分布筋,均为 ⊕12@150(即图 3-19 C12@150),拉筋φ6@600×600(即图 3-19 A6@600×600);竖向分布筋锚入基础长度为 l_{aE}。墙柱为框架柱,墙梁为框架梁,本案例只计算墙身钢筋工程量。

1)计算条件见表 3-45。

表 3-45　计算条件

计算条件	数据
抗震等级	四级
混凝土强度	C30
纵筋连接方式	剪力墙墙身、墙柱、墙梁钢筋采用绑扎搭接
钢筋定尺长度	9000 mm

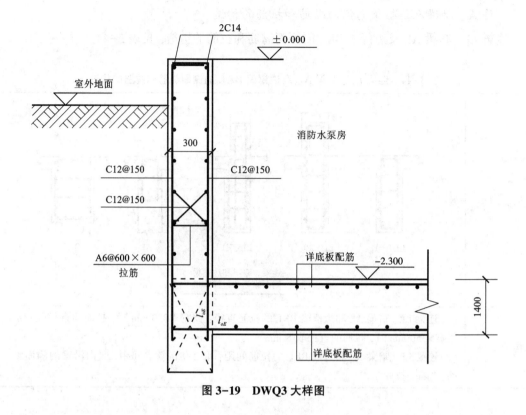

图 3-19　DWQ3 大样图

2) 计算参数见表 3-46。

表 3-46　计算参数

参数	值
c(保护层厚度)	框架柱为 35 mm；墙柱、墙梁为 25 mm；墙为 25 mm
锚固长度	$l_{aE}=35d$(墙身) $l_{aE}=40d$(墙柱、墙梁)
搭接长度	$l_{lE}=1.2l_{aE}=1.2×35d=42d$
水平分布筋起步距离	50 mm
竖向分布筋起步距离	一个竖向分布筋间距
基础底保护层	40 mm

2. 钢筋计算

DWQ3 墙身钢筋计算过程，见表 3-47。

表 3-47　计算过程

钢筋		计算过程	说明
Q1 水平分布筋 $\Phi12@150$	内外侧钢筋	长度计算公式： 墙净长+端柱锚固×2 $=(7800-100-100)+l_{aE}×2=7600+35×12×2$ $=8440$（mm）	①内外侧钢筋锚固构造相同 ②墙身水平分布筋在端柱翼墙内贯通或单独锚固，这里按单独锚固计算，直锚长度$\geq l_{aE}$
		根数：4+16=20（根） 第一层： 墙身根数为（2300-50）/150+1=16（根） 基础内根数为 1400/500=4（根）	墙身基础顶面（-2.3 m）到室内地面（0.000 m）
		总长度=8440×19×2=320720（mm）=320.72（m）	
竖向分布筋 $\Phi12@150$	竖向分布筋	长度计算公式： 基础内锚固长度+中间层长度+顶层锚固长度+搭接长度 $H_j=1400>35d=420$ mm，可用两种方式在基础内锚固 (1)伸到基础底部弯折的竖向钢筋长度 长度=1400-40+max(6d=72，150)+2300-35+12d 　　=3919（mm） (2)伸到基础内直锚的竖向钢筋长度 长度=l_{aE}+2300-35+12d=35×12+2300-35+12×12 　　=2829（mm）	内外侧钢筋构造相同 ①基础内锚固长度： 当$H_j\geq l_{aE}$时，"隔二下一"伸至基础底部弯折 max（6d，150），其余钢筋在基础内直锚l_{aE} ②顶层锚固： 伸到墙顶弯折12d
		总根数=（7800-200-150×2）/150+1=50（根） (1)伸到基础底的竖向钢筋根数：50÷3=16.7（根），取 17 根，内外侧共 17×2=34（根） (2)伸到基础内直锚的钢筋根数：50-17=33（根），内外侧共 33×2=66（根）	"隔二下一"伸到基础底弯折
		总长度=3919×34+2829×66=319960（mm） 　　　　=319.96（m）	
拉筋 $\Phi6@600×600$	按矩形布置	单根长度=墙厚-保护层厚度+弯钩长度 $=300-25×2+2×[$ max(75，10d)+1.9d$]=422.8$（mm）	
		根数 拉筋根数=5×13=65（根） (1)第一层墙身水平分布筋根数为 20 根，从第 2 排起水平分布筋开始布拉筋即 20-1=19（根） 拉筋根数=19÷4=5（根） (3)墙身竖向钢筋根数为 50 根 拉筋根数=50÷4=13（根）	(1)拉筋根数间距为墙身钢筋间距的 4 倍； (2)拉筋总根数为水平方向根数×竖向根数
		总长度=422.8×65=27482（mm）=27.48（m）	

第4节 梁构件钢筋工程量计算

3.4 梁构件钢筋工程量计算

【导】 计算图3-20梁局部平法施工图中梁构件的钢筋工程量。

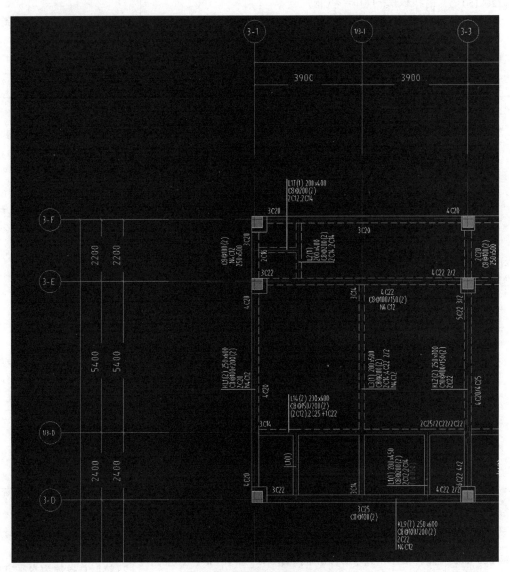

图3-20 梁局部平法施工图

请分析：梁构件分类有哪些，各构件的名称及表达方式，截面尺寸，跨数，分别有哪些钢筋，单根钢筋长度，根数？

3.4.1　梁构件平法构造

梁构件根据所处的位置及受力情况，分为楼层框架梁 KL、屋面框架梁 WKL，非框架梁 L、框支梁 KZL、悬挑梁 XL、井字梁 JZL 等。本任务主要讲解楼层框架梁 KL、屋面框架梁 WKL、非框架梁 L 构造。

3.4.1.1　楼层框架梁 KL 构造

1. 梁的钢筋骨架

楼层框架梁的钢筋骨架，一般由纵筋、箍筋、附加箍筋或吊筋组成，具体见表 3-48。

表 3-48　楼层框架梁的钢筋骨架

纵筋	上部通长筋、支座负筋及架立筋	
	侧部钢筋(拉筋)	构造钢筋
		受扭钢筋
	下部钢筋	贯通筋或非贯通筋
箍筋		
附加箍筋或吊筋		

2. 纵筋的构造

(1)纵筋的构造知识体系

纵筋的构造知识体系，见表 3-49。

表 3-49　纵筋的构造知识体系(支座负筋及架立筋构造单列)

纵筋锚固与连接			对应《平法图集》(22G101-1)页码
上、下部纵筋的锚固情况	端支座	直锚	第 2-33 页
		弯锚	
	中间支座截面不变	下部钢筋节点内直锚	
		下部钢筋节点外搭接	
		下部钢筋可连续通过	(18G901-1)第 2-1 页
	中间支座截面有变化	斜弯通过	第 2-37 页
		断开锚固	第 2-37 页
	不伸入支座的下部钢筋		第 2-41 页
	悬挑端		第 2-43 页
上部钢筋连接	通长筋的直径不同		第 2-33 页
	支座负筋与架立筋的连接		
侧部钢筋	构造钢筋、受扭钢筋及拉筋构造		第 2-41 页

（2）上部、下部纵筋在端支座的锚固

上部、下部纵筋在端支座的锚固构造，见表3-50。

表3-50　上部、下部纵筋在端支座的锚固构造[《平法图集》(22G101-1)第2-33、2-38页]

构造类型	构造详图	构造要点	长度计算公式
端支座直锚	（1）当端部的支座为框架柱或厚剪力墙或扶壁柱时 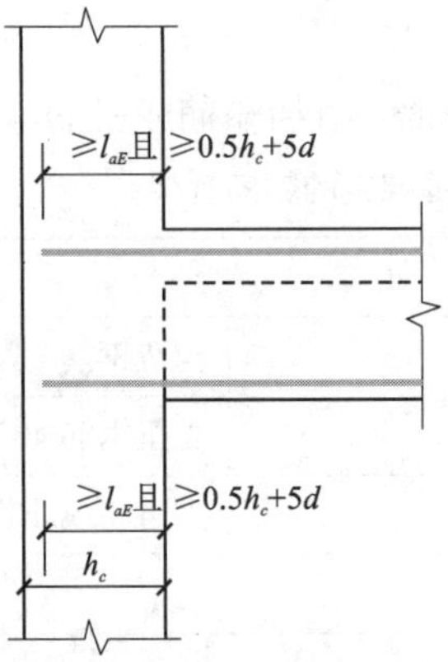 （2）当端部的支座与剪力墙在同一平面(即框架梁和剪力墙在平面内相交)时 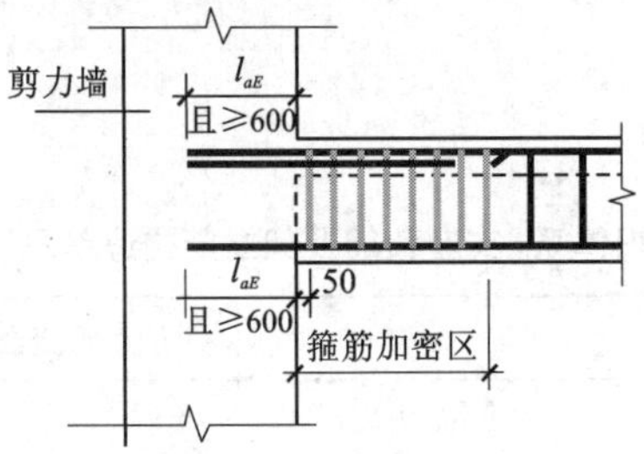 	（1）当端部的支座为框架柱、厚剪力墙或扶壁柱时，此时支座宽度足够直锚（即 $h_c-c \geqslant l_{aE}$ 时，采用直锚） （2）端部的支座与剪力墙在同一平面时，梁纵筋可直锚	（1）第一种类型的端部支座直锚时，直锚长度：$\max(l_{aE}, 0.5h_c+5d)$ （2）第二种类型的端部支座直锚时，直锚长度：$\max(l_{aE}, 600)$
端支座弯锚	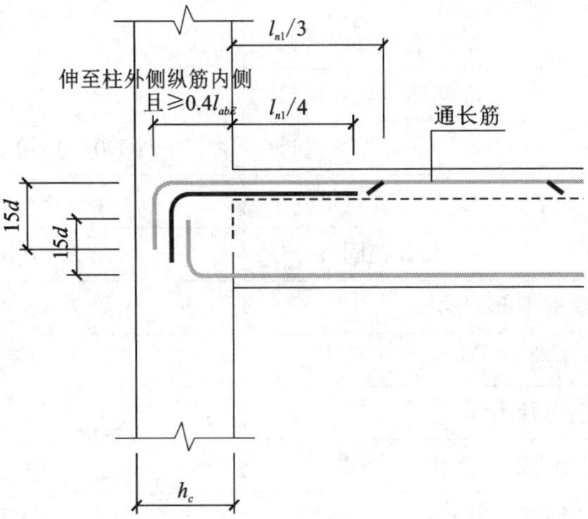	当支座的宽度不满足直锚时，采用弯锚（即 $h_c-c < l_{aE}$，采用弯锚）	弯锚长度为：$h_c-c+15d$(h_c 为支座宽度，c 为保护层厚度)

续表3-50

构造类型	构造详图	构造要点	长度计算公式
在端支座加锚头(或锚板)锚固	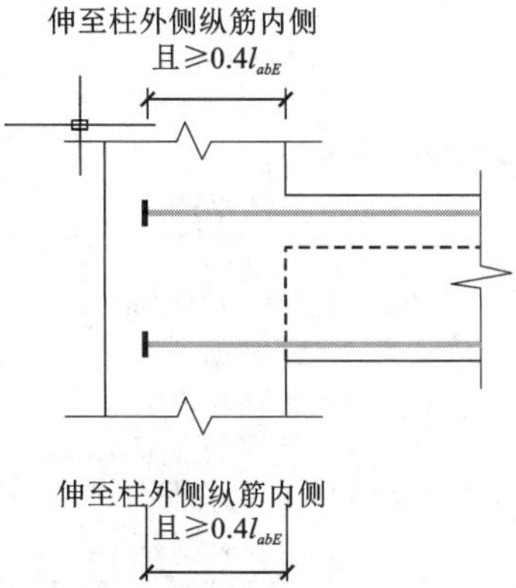 伸至柱外侧纵筋内侧 且≥0.4l_{abE} 伸至柱外侧纵筋内侧 且≥0.4l_{abE}	在端支座加锚头(或锚板)锚固时,梁纵筋伸至柱外侧纵筋内侧且≥0.4l_{abE}	直锚长度为: $h_c - c$

(3)纵筋(上部纵筋、下部纵筋)在中间支座时的锚固构造

楼层框架梁的中间支座有截面不变和截面变化两种情况。

如果中间支座截面不变,上部通长筋可连续通过该支座。楼层框架梁的下部钢筋在中间支座处的构造有支座截面不变、支座截面变化和支座两边的纵筋数量不同等三种情况,见表3-51。

表 3-51　纵筋在中间支座的构造[平法图集(22G101-1)第 2-33、2-37、2-38 页]

中间支座变化情况	构造详图	构造要点	长度计算公式
不变截面(下部钢筋在支座内的锚固)	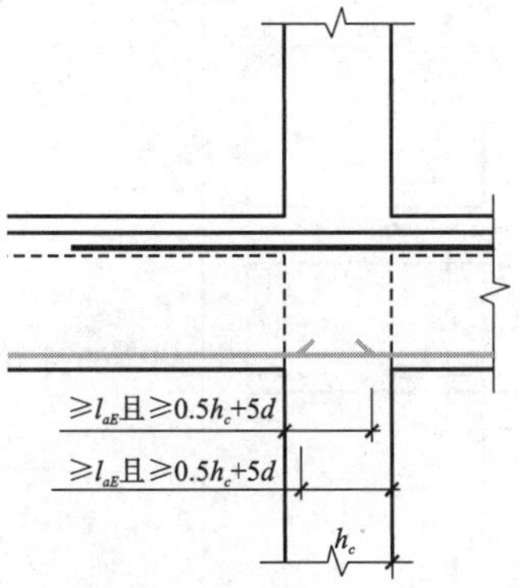 ≥l_{aE}且≥0.5h_c+5d ≥l_{aE}且≥0.5h_c+5d h_c (1)中间支座为框架柱或厚剪力墙或扶壁柱 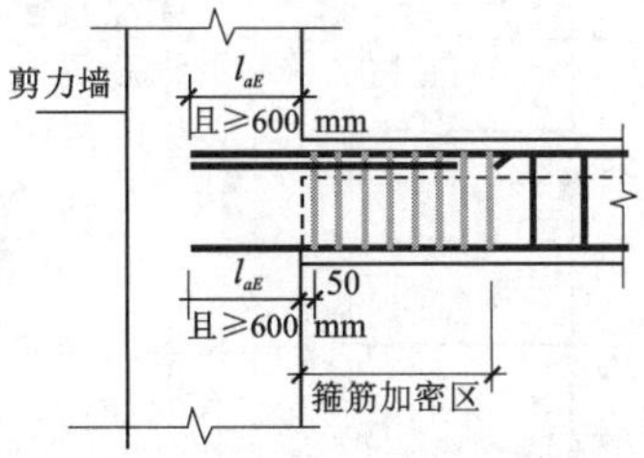 剪力墙　l_{aE}且≥600 mm l_{aE}且≥600 mm　50　箍筋加密区 (2)中间支座与剪力墙在同一平面(即框架梁和剪力墙在平面内相交)	上部通长筋连续通过中间支座;下部钢筋在中间支座能通则通下部钢筋在中间支座不能直通时,就在支座内锚固:直锚长度≥l_{aE} 且≥0.5h_c+5d	当中间支座为框架柱、厚剪力墙或扶壁柱时,直锚长度: max(l_{aE}, 0.5h_c+5d) 当中间支座与剪力墙在同一平面(即框架梁和剪力墙在平面内相交),直锚长度为: max(l_{aE}, 600)

中间支座变化情况	构造详图	构造要点	长度计算公式
不变截面 （下部钢筋须在 节点外搭接）	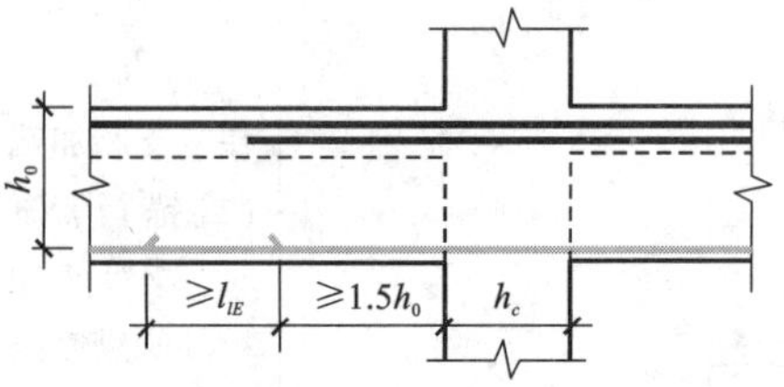 思考：一级抗震的框架梁箍筋，加密区长度为$2.0h_b$，连接范围在$1.5h_0$处是否合适呢？	上部通长筋连续通过中间支座；相邻两跨下部钢筋的直径不同时，下部钢筋在钢筋直径较小的跨搭接，大直径的下部钢筋延伸至小直径跨内若下部钢筋在节点内不能锚固，可在节点外搭接	下部钢筋伸出另一跨的长度： $1.5h_0+l_{lE}$ $(h_0=h_b-c-d_小/2)$
变截面 $\Delta h/(h_c-50)>1/6$	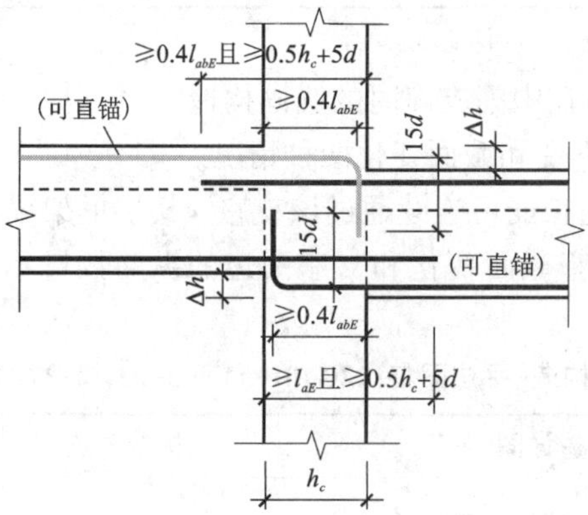	上部通长筋在变截面支座处断开，在支座内锚固，伸至柱外侧再弯折$15d$ 当支座的宽度足够直锚时，可直锚	处于高位的钢筋弯锚： h_c-c（保护层厚度）$+15d$ 直锚： $\max(l_{aE}, 0.5h_c+5d)$
变截面 $\Delta h/(h_c-50)\leqslant1/6$	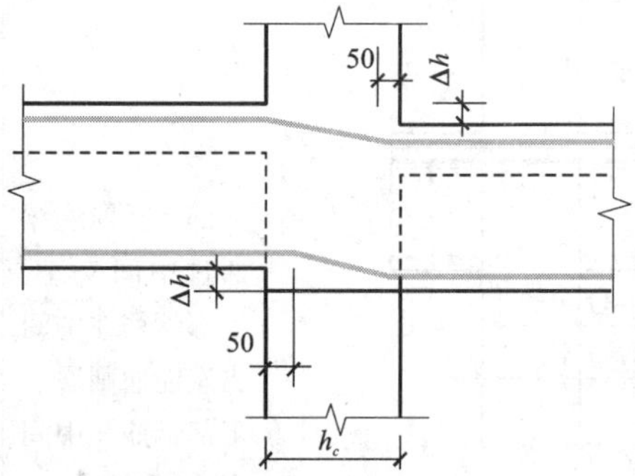	上部通长筋连续斜弯通过节点	支座内的长度： $\sqrt{(h_c-50)^2+(\Delta h)^2}$ $+50$
变截面 节点处梁的 宽度不同	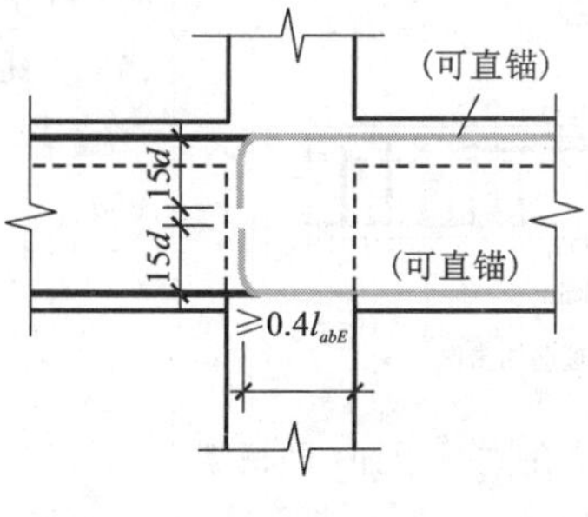	将无法直接通过的纵筋锚入支座内，伸至柱的对边，弯折$15d$	弯锚： h_c-c（保护层厚度）$+15d$ 直锚： $\max(l_{aE}, 0.5h_c+5d)$
变数量 节点两侧纵 筋数量不同		将多出的纵筋锚入到柱内，伸至柱的对边，弯折$15d$	弯锚： h_c-c（保护层厚度）$+15d$ 直锚： $\max(l_{aE}, 0.5h_c+5d)$

（4）下部钢筋不需伸入梁支座的构造

楼层框架梁的平法施工图中，不需伸入梁支座的下部钢筋在括号内用数字表示，数字表示不伸入梁支座的钢筋根数，其构造要求见表 3-52。

表 3-52　楼层框架梁不伸入支座的下部钢筋构造

构造详图	构造要点	长度计算公式
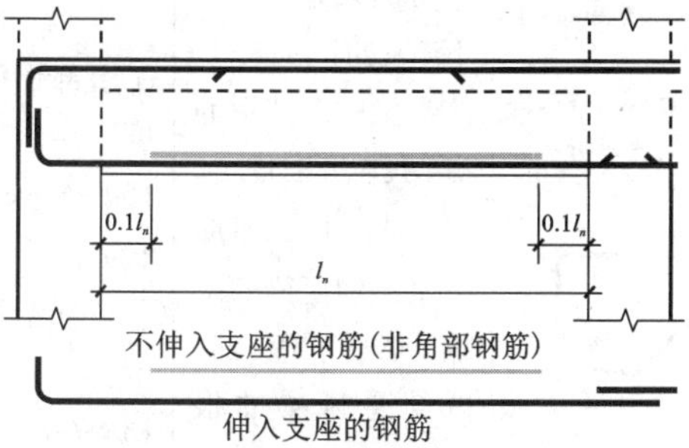	角部钢筋须伸入支座，非角部钢筋可以不伸入支座，钢筋端部距离支座边 $0.1l_n$（l_n 指本跨净跨长）	钢筋的长度：$l_n-0.1l_n\times2=0.8l_n$

（5）梁悬挑端的钢筋构造

梁的悬挑端或悬挑梁的构造要求，见表 3-53。

表 3-53　梁的悬挑端或悬挑梁的构造要求[平法图集(22G101-1)第 2-43 页]

悬挑情况	构造详图	构造要点	长度计算公式
纯悬挑梁 $l\geq4h_b$（l 为悬挑端净长度）	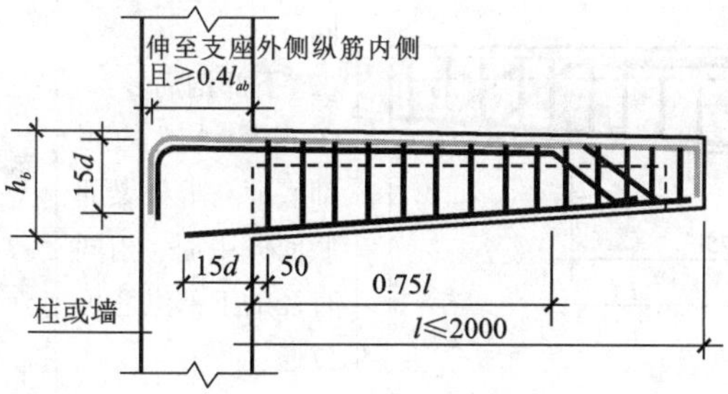	①上部钢筋的第一排角筋，且不少于第一排的纵筋数量的一半须伸至末端，向下弯折 $12d$，上部钢筋第一排的其余钢筋按 $45°$ 向下弯折，平直段长度留 $10d$ ②上部钢筋的第二排伸至 0.75 倍梁长处，按 $45°$ 向下弯折，平直段长度留 $10d$	①上部钢筋第一排钢筋：伸至梁末端的钢筋长度为 $15d+h_c-c+l-c+12d$ 其余的钢筋长度（悬挑端按不变截面）为 $15d+h_c-c+l-c-(h_b-2c)+2(h_b-2c)$ ②上部钢筋第二排的长度为 $15d+h_c-c+0.75l+2(h_b-2c)+10d$ 下部钢筋的长度为 $15d+l-c$

悬挑情况	构造详图	构造要点	长度计算公式
纯悬挑梁 $l<4h_b$（l为悬挑端净长度）或 $l<5h_b$	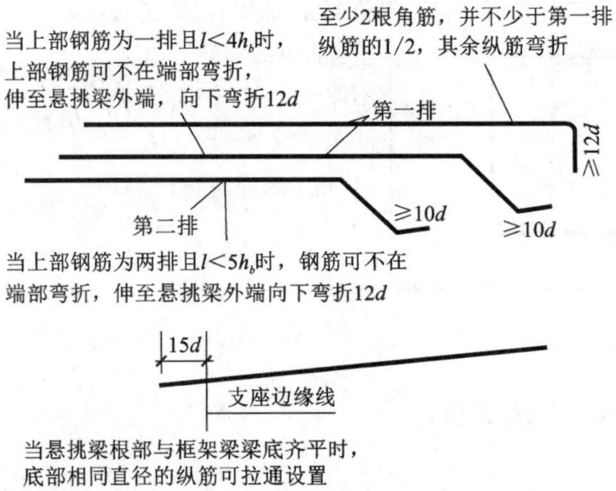	①当梁的上部纵筋只有一排，并且 $l<4h_b$ 时： 上部钢筋需全部伸至梁的末端，然后下弯 $12d$； ②当梁的上部钢筋有两排，并且 $l<5h_b$ 时，上部钢筋需全部伸至梁的末端，然后下弯 $12d$； ③纯悬挑梁的根部： 上部钢筋需伸至柱的外侧弯折 $15d$； 下部钢筋需在支座内锚固，锚固长度 $15d$	①上部钢筋的长度： $15d+h_c-c+l-c+12d$ ②下部钢筋的长度： $15d+l-c$
各类梁的悬挑端	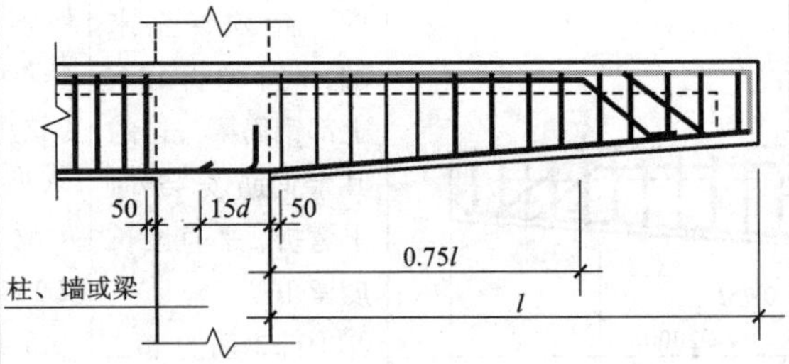	（1）上部通长钢筋： 上部通长钢筋从梁跨内延伸至悬挑梁末端，末端的钢筋构造与纯悬挑梁末端的钢筋构造相同； （2）下部钢筋： ①当悬挑梁的根部底面与框架梁的底面齐平时，相同直径的下部纵筋可拉通； ②当悬挑梁的根部底面与框架梁的底面不平时，悬挑端的下部钢筋需在支座内锚固，锚固长度 $15d$	参考纯悬挑梁

（6）上部钢筋的连接

上部钢筋的连接分为三种情况：第一种情况是上部贯通纵筋的直径相同，钢筋定尺长度需要在梁的跨中连接；第二种情况是上部钢筋的直径大小有不同时，上部的通长筋需与非贯通纵筋（支座负筋）相连；第三种情况是架立筋和非贯通筋（支座负筋）的连接。

上部钢筋在三种不同情况下的连接，其构造要求如下：

①第一种连接情况：上部贯通纵筋的直径相同，连接须在跨中的1/3范围内（注：钢筋预算只需按钢筋的定尺长度，计算其接头个数、搭接长度时，不需考虑钢筋的具体连接位置）；

②第二种连接情况：上部通长筋和非贯通纵筋（支座负筋）的直径不同时，通长筋和非贯通筋须搭接 l_{le}，并且在同一相连区段内，钢筋的接头百分率最好不大于50%，如图3-21所示。

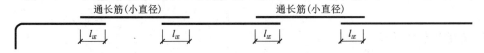

图3-21 上部通长筋的连接（上部通长筋和非贯通纵筋的直径不同）

③第三种连接情况：架立筋和非贯通筋（支座负筋）连接，架立筋和非贯通筋搭接150 mm，如图3-22所示。

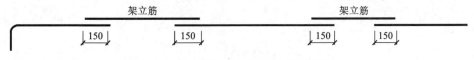

图3-22 架立筋和非贯通筋的连接

（7）梁侧部钢筋的构造

当 h_w（梁高扣板厚的梁净高）≥450 mm 时，在梁两侧须沿梁高度配置纵向构造筋；纵向钢筋的间距须满足 a≤200 mm。

当梁的侧部配有受扭纵筋且钢筋直径也不小于构造筋的直径时，受扭筋即可以替代构造筋，因此侧部纵筋有受扭筋和构造筋两种。

梁侧部钢筋的构造，见表3-54。

表3-54 梁侧部钢筋的构造[平法图集（22G101-1）第2-41页]]

梁侧部钢筋的锚固与连接	构造详图	构造要点
梁侧部的构造纵筋（G）		构造纵筋锚固长度为 $15d$
		构造纵筋搭接长度为 $15d$
梁侧部的受扭纵筋（N）		受扭纵筋锚固长度为 l_{aE} 或 l_a，其锚固方式同梁下部钢筋
		受扭纵筋搭接长度为 l_{lE} 或 l_l

梁侧部钢筋的锚固与连接	构造详图	构造要点
拉筋	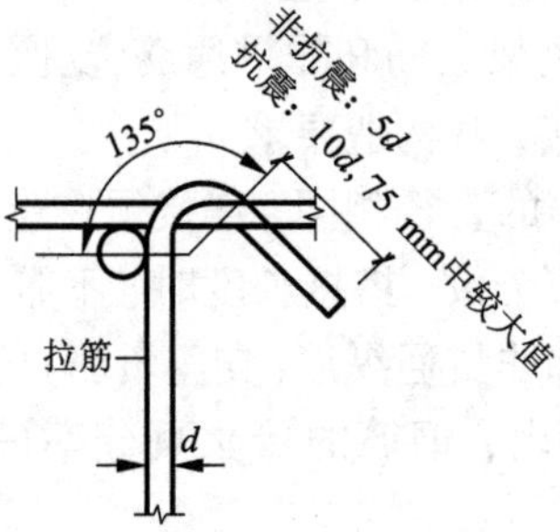 非抗震：5d 抗震：10d, 75 mm中较大值 135° 拉筋 d	拉筋的直径：梁宽≤350 mm 时，拉筋的直径取 6 mm；梁宽>350 mm 时，拉筋的直径取 8 mm 拉筋的间距：其间距为箍筋非加密区间距的 2 倍

3. 支座负筋的构造

（1）楼层框架梁支座负筋的构造

楼层框架梁支座负筋的构造，见表 3-55。

表 3-55　楼层框架梁支座负筋的构造[平法图集(22G101-1)第 2-33、2-37、2-38 页]]

支座负筋的情况		构造详图	构造要点
一般情况	端部支座负筋	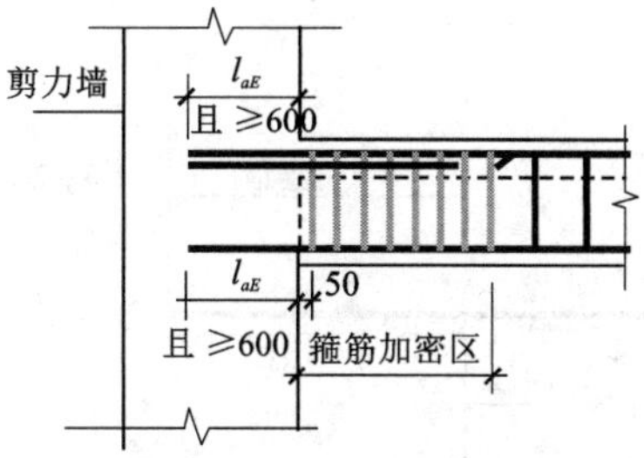 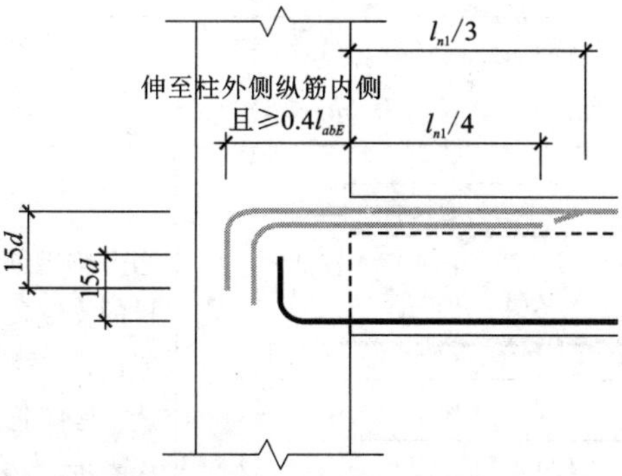	端部支座负筋在支座的锚固要求同上部通长钢筋;向跨内延伸长度,从支座的内侧边算起 (1)上排的支座负筋向跨内延伸 $l_n/3$; (2)下排的支座负筋向跨内延伸 $l_n/4$(l_n:端跨为本跨净跨长)
	长度计算公式	①上排梁支座负筋的长度: 端部弯锚长度为: $h_c-c+15d+l_n/3$ 端部直锚长度为: $\max(l_{aE},0.5h_c+5d)+l_n/3$ 或 $\max(l_{aE},600+l_n/3)$(用于框架梁和剪力墙在平面内相交) ②下排梁支座负筋的长度: 端部弯锚长度为: $h_c-c+15d+l_n/4$ 端部直锚长度为: $\max(l_{aE},0.5h_c+5d)+l_n/4$ 或 $\max(l_{aE},600+l_n/4)$(用于框架梁和剪力墙在平面内相交)	
	中间支座负筋	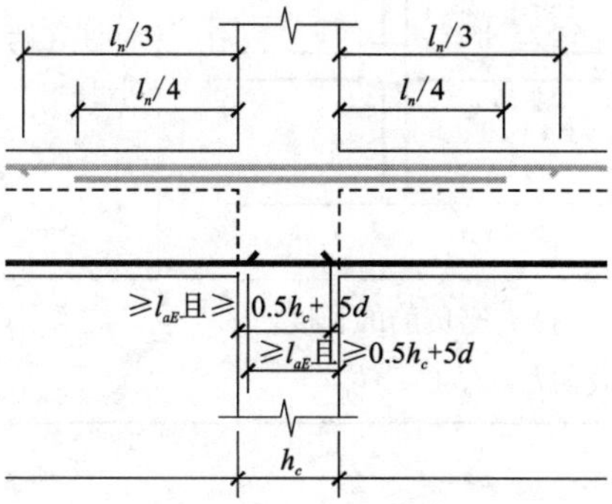	中间支座负筋向其支座的左、右两侧均延伸,其延伸长度与端支座的负筋向跨内的延伸长度相同
	长度计算公式	①上排支座负筋的长度: $l_n/3×2+h_c$ ②下排支座负筋的长度: $l_n/4×2+h_c$ (l_n 为左、右两跨较大跨净值)	

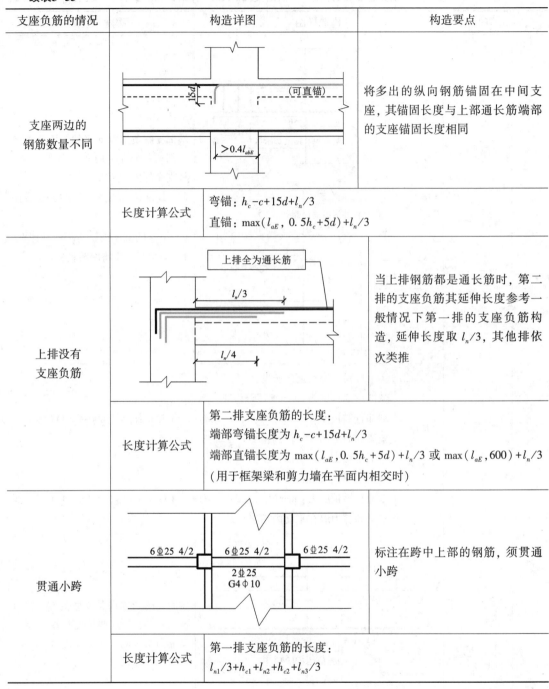

支座负筋的情况	构造详图	构造要点
支座两边的钢筋数量不同	(可直锚) 15d >0.4l_{abE}	将多出的纵向钢筋锚固在中间支座,其锚固长度与上部通长筋端部的支座锚固长度相同
	长度计算公式 — 弯锚:$h_c-c+15d+l_n/3$ 直锚:$\max(l_{aE},\ 0.5h_c+5d)+l_n/3$	
上排没有支座负筋	上排全为通长筋 $l_n/3$ $l_n/4$	当上排钢筋都是通长筋时,第二排的支座负筋其延伸长度参考一般情况下第一排的支座负筋构造,延伸长度取$l_n/3$,其他排依次类推
	长度计算公式 — 第二排支座负筋的长度: 端部弯锚长度为 $h_c-c+15d+l_n/3$ 端部直锚长度为 $\max(l_{aE},\,0.5h_c+5d)+l_n/3$ 或 $\max(l_{aE},600)+l_n/3$ (用于框架梁和剪力墙在平面内相交时)	
贯通小跨	6Φ25 4/2 6Φ25 4/2 6Φ25 4/2 2Φ25 G4Φ10	标注在跨中上部的钢筋,须贯通小跨
	长度计算公式 — 第一排支座负筋的长度: $l_{n1}/3+h_{c1}+l_{n2}+h_{c2}+l_{n3}/3$	

4. 架立筋的构造

当梁同排的纵筋既有通长筋,同时又有架立筋时,架立筋用"+"号标注在通长筋后,钢筋的信息注写在其后的括号内;当纵筋全部是架立筋时,架立筋全部标注在括号内。架立筋构造见表3-56。

表 3-56　架立筋的构造 [平法图集(22G101-1) 第 2-33 页]

构造详图	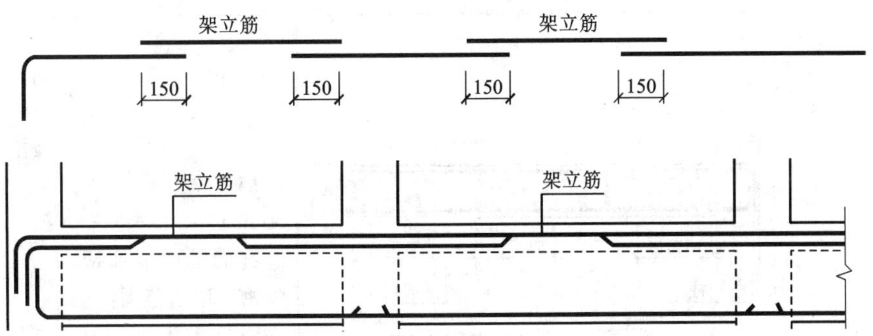
构造要点	架立筋和支座负筋连接，搭接长度为 150 mm
计算公式	l_n-两端的支座负筋跨内延伸长度+2×150

5. 箍筋的构造

抗震楼层框架梁的箍筋构造，见表 3-57。

表 3-57　抗震楼层框架梁的箍筋构造 [平法图集(22G101-1) 第 2-39 页]

构造分类	构造详图	构造要点	计算公式
箍筋长度	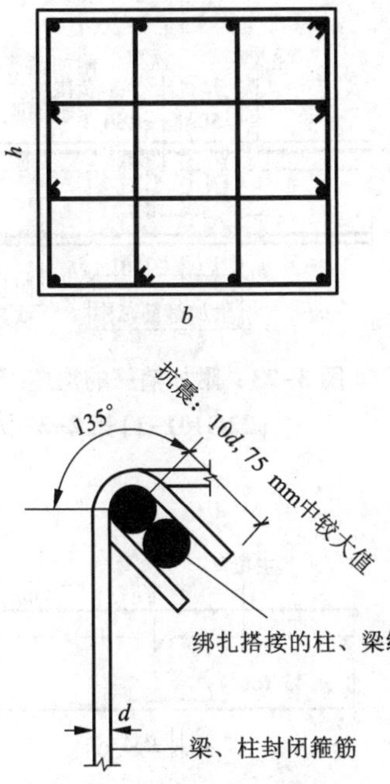	(1)抗震框架梁的封闭箍筋，其末端须做135°弯钩，平直段的长度取 75 mm 和 10d 中的较大值 (2)箍筋的长度算至箍筋的外边线	四肢箍的外大箍长度：$[(b-2c)+(h-2c)]×2+2×[1.9d+\max(75,10d)]$ 四肢箍的内小箍长度：$[(b-2c-2d-D)/3+D+2d]×2+(h-2c)×2+2×[1.9d+\max(75,10d)]$

构造分类	构造详图	构造要点	计算公式
箍筋根数	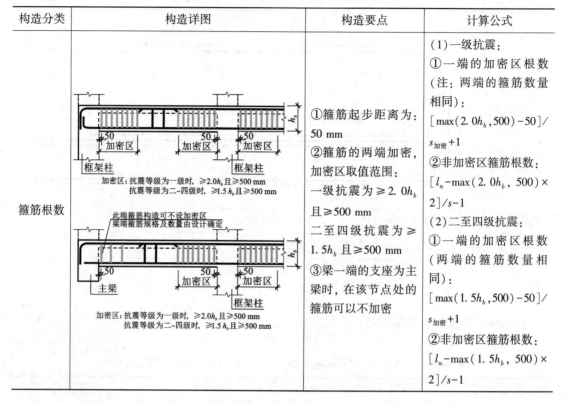	①箍筋起步距离为:50 mm ②箍筋的两端加密,加密区取值范围: 一级抗震为≥2.0h_b且≥500 mm 二至四级抗震为≥1.5h_b且≥500 mm ③梁一端的支座为主梁时,在该节点处的箍筋可以不加密	(1)一级抗震: ①一端的加密区根数(注:两端的箍筋数量相同): $[max(2.0h_b,500)-50]/s_{加密}+1$ ②非加密区箍筋根数: $[l_n-max(2.0h_b,500)×2]/s-1$ (2)二至四级抗震: ①一端的加密区根数(两端的箍筋数量相同): $[max(1.5h_b,500)-50]/s_{加密}+1$ ②非加密区箍筋根数: $[l_n-max(1.5h_b,500)×2]/s-1$

6.附加箍筋的构造

框架梁附加箍筋的构造,如图3-23所示。

1)附加箍筋构造要点

①在附加箍筋布置范围内,主梁的正常箍筋和加密区的箍筋照设计。

②附加箍筋的配筋信息(直径和数量)由设计注明。

③附加的箍筋是布置在主梁上的,是不包含主梁箍筋增设的箍筋。

2)计算公式:

①数量按设计标注值。

②箍筋长度和主梁的正常箍筋的外大箍长度相同。

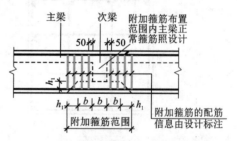

图3-23 附加箍筋的构造[平法图集(22G101-1)第2-39页]

7.附加吊筋的构造

框架梁附加吊筋的构造,如图3-24所示。

1)构造要点:

①吊筋的配筋信息(直径和数量)由设计注明。

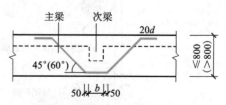

图3-24 附加吊筋的构造[平法图集(22G101-1)第2-39页]

②吊筋的高度按主梁的高度计算(非次梁高度)，而吊筋的底边长度按次梁的宽度每边加 50 mm 计算。

③当梁的高度≤800 mm 时，附加吊筋按 45°起弯；当梁的高度>800 mm 时，附加吊筋按 60°起弯；附加吊筋的平直段长度取 20d。

2)计算公式：

①数量按设计标注。

②长度：按 45°弯起时取 $b+50\times2+20d\times2+2(h_b-2c)\times2$；按 60°弯起时取 $b+50\times2+20d\times2+2\sqrt{3}/3(h_b-2c)\times2$(注：$h_b$ 为主梁高度)。

3.4.1.2 屋面框架梁 WKL 构造

屋面框架梁 WKL 的构造以楼层框架梁 KL 为基础，本文重点阐述楼层框架梁不同的构造。

1.和楼层框架梁 KL 钢筋构造的主要区别

屋面框架梁 WKL 与楼层框架梁 KL 构造的主要区别，见表 3-58。

表 3-58　抗震 WKL 与抗震 KL 构造的主要区别

主要区别	平法图集(22G101-1)页码
上部纵筋的锚固方式不同	抗震 KL：第 2-33 页
上部纵筋的锚固长度不同	抗震 WKL：第 2-14、2-34 页
中间支座的梁顶有高差时，锚固不同	第 2-37 页
WKL 在剪力墙的平面内相交时，箍筋的布置不同	第 2-38 页

2.上部纵筋在端支座的锚固构造

屋面框架梁 WKL 的上部纵筋在端支座的锚固构造，一般有两种构造做法，须和柱顶钢筋的构造配套，其构造的做法见表 3-59。

表 3-59　屋面框架梁 WKL 的上部纵筋在端支座的锚固构造[平法图集(22G101-1)第 2-38 页]

构造详图	构造要点	计算公式
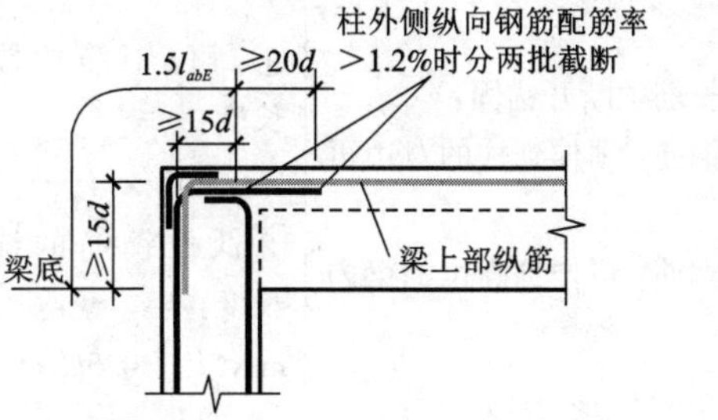	①构造的第一情况(也称为柱包梁)，梁纵筋伸至柱的对边再下弯到梁底，并且≥15d ②须和柱顶钢筋的构造配套(《22G101-1》第 2-14 页)	锚固长度： $h_c-c+\max(h_b-c, 15d)$ (c 为保护层厚度，h_c 为柱宽度，h_b 为梁高度)

构造详图	构造要点	计算公式
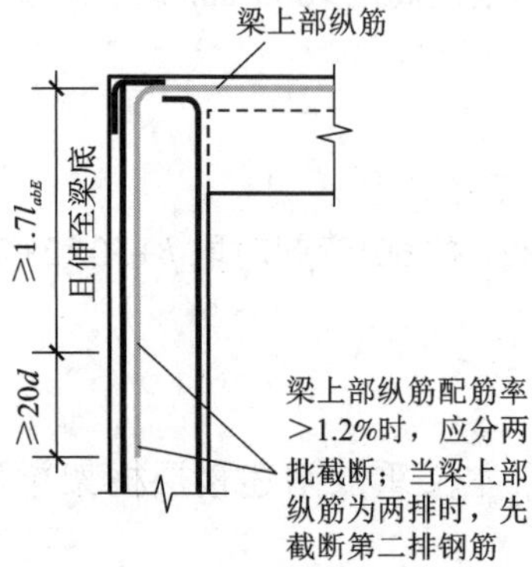	①构造的第二情况(也称梁包柱),梁纵筋伸至柱的对边再下弯$1.7l_{abE}$ ②须和柱顶钢筋的构造配套[(22G101-1)第2-15页]	锚固长度: $h_c-c+1.7l_{abE}$
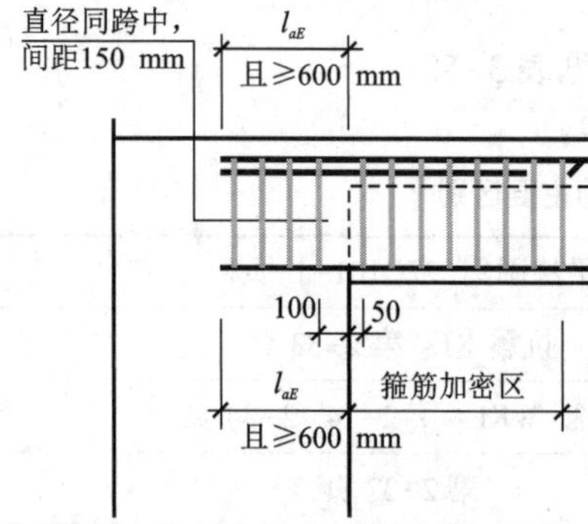	屋面框架梁WKL和剪力墙在平面内相交时,屋面框架梁WKL的钢筋直锚在剪力墙内	直锚长度: $\max(l_{aE},600)$

注:屋面框架梁WKL的上部纵筋在端支座不能直锚,上部纵筋均须伸至柱的对边下弯。

3.中间支座梁截面有变化时钢筋的锚固构造

屋面框架梁WKL在中间支座处梁的截面有变化时,WKL的上部纵筋在中间支座处的锚固与楼层框架梁KL纵筋的锚固不同,构造见表3-60。

表3-60 屋面框架梁WKL中间支座处梁变截面的上部纵筋构造[平法图集(22G101-1)第2-37页]

构造详图	构造要点	长度计算公式
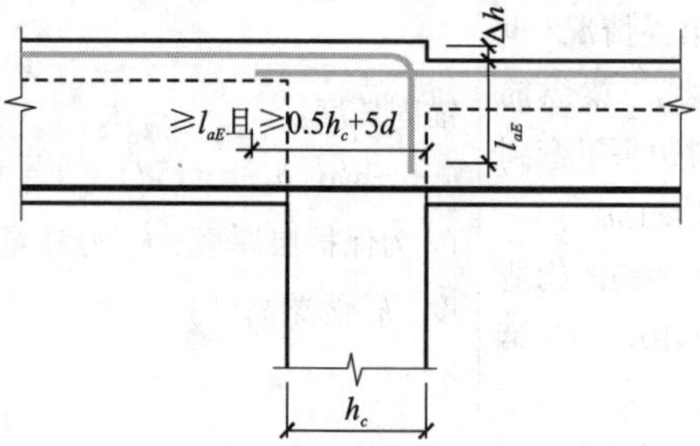	上部的通长筋须断开锚固: ①高位的钢筋:须伸到柱的对边再下弯 ②低位的钢筋:可伸到高位的梁内直锚	①高位钢筋的锚固长度: $h_c-c+\Delta h-c+l_{aE}$ ②低位钢筋的锚固长度: $\max(l_{aE},0.5h_c+5d)$

续表3-60

构造详图	构造要点	长度计算公式
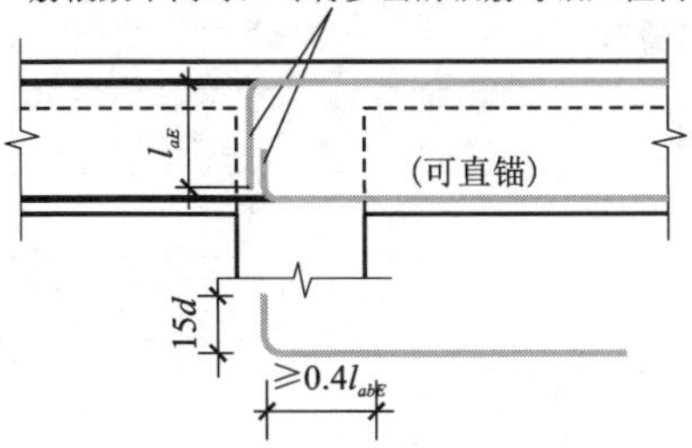 当支座两边梁宽不同或错开布置时，将无法直通的纵筋弯锚入柱内；或者当支座两边纵筋根数不同时，可将多出的纵筋弯锚入柱内 （可直锚） l_{aE}　$15d$　$\geq 0.4 l_{aE}$	支座两边梁宽度不同、梁截面错开，或者支座两边的纵筋数量不同时 ①上部钢筋：须将没法直接贯通的上部钢筋伸到支座边再弯锚入支座内，弯折 l_{aE} ②下部钢筋：须将没法直接贯通的下部钢筋伸到支座边锚入支座内，弯折 $15d$；如果支座宽度满足直锚条件，可直锚	①上部钢筋： 须弯锚 $h_c - c + l_{aE}$ ②下部纵筋： 弯锚 $h_c - c + 15d$ 直锚 $\max(l_{aE}, 0.5h_c + 5d)$

4. 和剪力墙在平面内相交的箍筋构造

屋面框架梁 WKL 和剪力墙在平面内相交，其箍筋构造，见表3-61。

表 3-61　屋面框架梁 WKL 和剪力墙在平面内相交的箍筋构造

构造分类	构造详图	构造要点	计算公式
箍筋根数	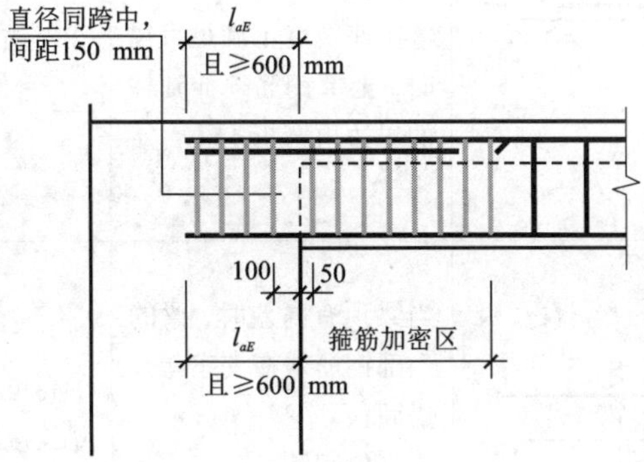 直径同跨中，间距150 mm　l_{aE} 且≥600 mm 100　50 l_{aE}　箍筋加密区 且≥600 mm	（1）剪力墙外箍筋起步距离取50 mm；剪力墙内箍筋起步距离取100 mm （2）梁两端的箍筋须加密，加密区的长度 ①一级抗震时：$\geq 2.0h_b$ 且 $\geq$ 500 mm ②二至四级抗震时：$\geq 1.5h_b$ 且 $\geq$ 500 mm （3）在剪力墙内的 $\max(l_{aE}, 600)$ 范围内须布置箍筋，箍筋直径取跨中箍筋直径，间距取150 mm	（1）跨内： ①一级抗震时： 一端的加密区箍筋数量（加密区两端的数量相同）为 $[\max(2.0h_b, 500) - 50]/s$ 加密+1 非加密区箍筋的数量为 $[l_n - \max(2.0h_b, 500) \times 2]/s - 1$ ②二至四级抗震时： 一端的加密区箍筋数量（加密区两端的数量相同）为 $[\max(1.5h_b, 500) - 50]/s$ 加密+1 非加密区箍筋的数量：$[l_n - \max(1.5h_b, 500) \times 2]/s - 1$ （2）剪力墙内箍筋的数量：$(\max(l_{aE}, 600) - 100)/150 + 1$

注：屋面框架梁的上部纵筋在端支座内没有直锚的，全部须伸到柱的对边再下弯（除屋面框架梁与剪力墙在同一平面内相交时的直锚）

163

3.4.1.3 非框架梁 L 的构造

1. 梁的钢筋骨架

非框架梁 L 的钢筋骨架，见表 3-62。

表 3-62　非框架梁 L 的钢筋骨架

上部钢筋	上部通长筋
	支座负筋
	架立筋
下部钢筋	贯通纵筋或非贯通纵筋
箍筋	

2. 上部钢筋在端支座和中间支座梁有变截面时的钢筋锚固构造

上部钢筋在端支座的锚固和中间支座梁有变截面时的钢筋断开锚固构造，见表 3-63。

表 3-63　上部钢筋的端支座锚固和中间支座梁有变截面时的断开锚固构造

构造情况	构造详图	构造要点	计算公式
端支座锚固［平法图集（22G101-1）第 2-40 页］	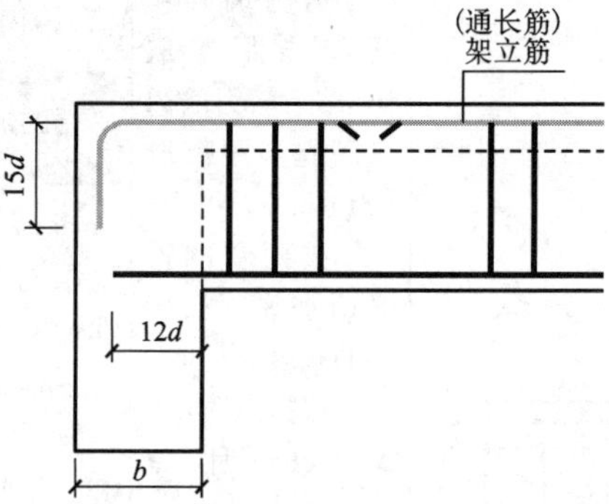	上部纵筋需伸入支座内锚固①支座宽度满足直锚时可直锚②支座宽度不满足直锚时，上部钢筋须伸到柱的对边再弯折 $15d$	锚固长度①直锚：l_a②弯锚：$b-c+15d$
中间支座梁有高差［平法图集（22G101-1）第 2-42 页］	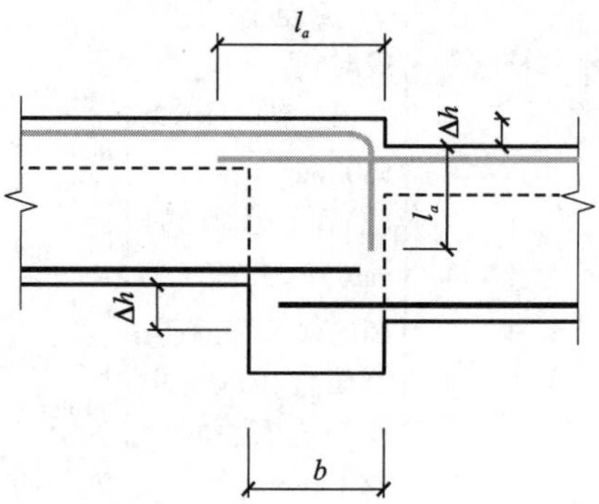	当梁顶有高差时，梁的上部钢筋须在支座断开锚固①高位钢筋：须伸到支座的对边再弯折 $l_a+\Delta h-c$②低位钢筋：可直锚入对边梁内	①高位钢筋的锚固长度取：$b-c+l_a+\Delta h-c$②低位钢筋的锚固长度取：l_a

续表3-63

构造情况	构造详图	构造要点	计算公式
中间支座梁有变截面或钢筋的数量不同时〔平法图集（22G101-1）第2-42页〕	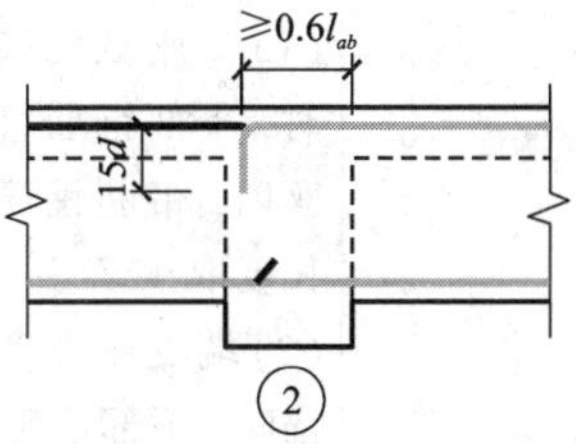 （2）当支座两边梁宽不同或错开布置时，将无法直通的纵筋弯锚入梁内。或当支座两边纵筋根数不同时，可将多出的纵筋弯锚入梁内梁下部纵向筋锚固要求见《22G101—1》第2-33页	（1）梁的宽度不同时或梁错开布置，须将无法直接贯通的上部钢筋弯锚入支座内，弯折15d；（2）支座两边的纵筋数量不同时，须将多出的上部钢筋弯锚入支座内，弯折15d	上部钢筋只能弯锚：$b-c+15d$

3.架立筋、支座负筋、下部钢筋、侧面受扭钢筋和箍筋的构造

非框架梁的架立筋、支座负筋、下部钢筋、侧面受扭钢筋和箍筋的构造要求，见表3-64。

表3-64　架立筋、支座负筋、下部钢筋、侧面受扭钢筋和箍筋的构造〔平法图集（22G101-1）第2-40页〕

钢筋类型	构造详图	构造要点	计算公式
架立筋	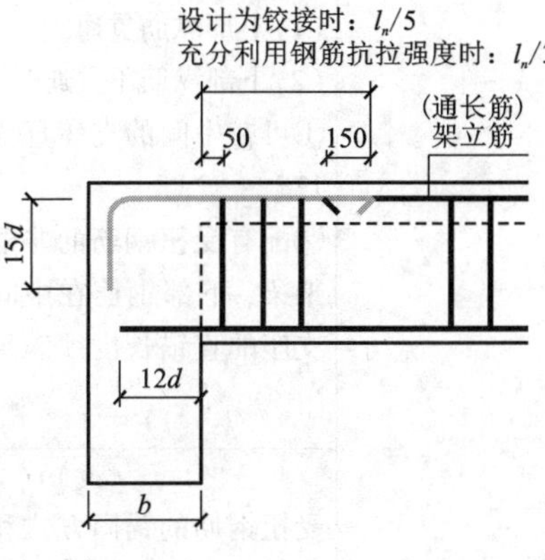 设计为铰接时：$l_n/5$ 充分利用钢筋抗拉强度时：$l_n/3$	架立筋须与支座负筋连接，搭接长度取 150 mm	l_n－两端的支座负筋各自的延伸长度+2×150
支座负筋		支座负筋在端支座的锚固方式同上部通长筋，在跨内的延伸长度炎：当设计为铰接时，取$l_n/5$；充分利用钢筋的抗拉强度时，取$l_n/3$	支座负筋的长度弯锚：$b-c+15d+l_n/5$（$l_n/3$）直锚：$l_a+l_n/5$（$l_n/3$）

钢筋类型	构造详图	构造要点	计算公式
下部钢筋	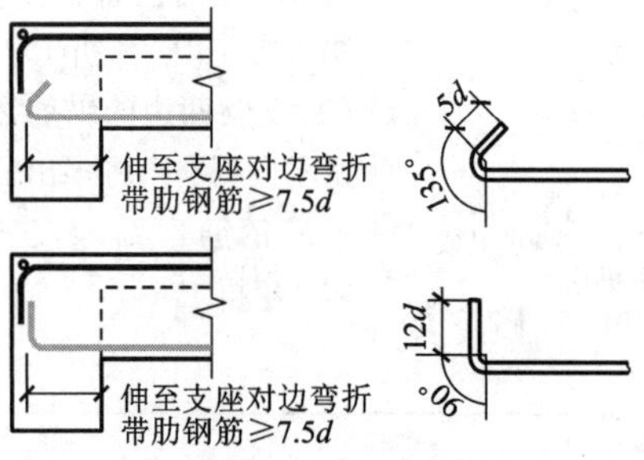 伸至支座对边弯折 带肋钢筋≥7.5d 135° 5d 伸至支座对边弯折 带肋钢筋≥7.5d 12d 90° **端支座非框架梁下部纵筋弯锚构造** (用于下部纵筋伸入边支座长度不满足直锚12d要求时) 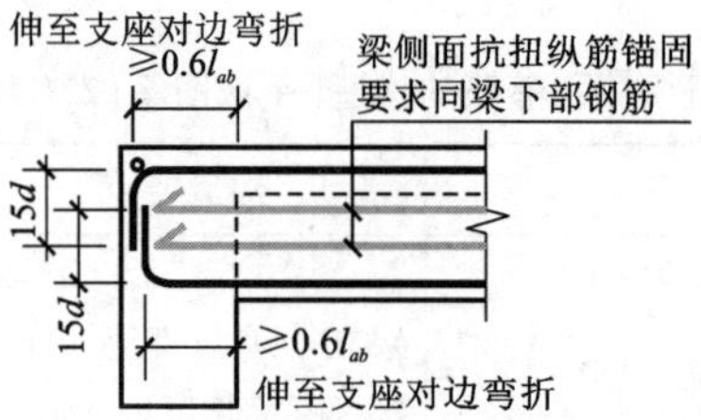 伸至支座对边弯折 ≥0.6l_{ab} 15d 15d 梁侧面抗扭纵筋锚固 要求同梁下部钢筋 ≥0.6l_{ab} 伸至支座对边弯折 (a)端支座 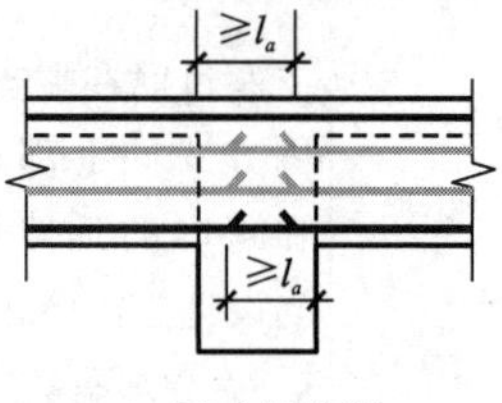 ≥l_a ≥l_a (b)中间支座	1.端支座 (1)支座宽度满足直锚时,下部钢筋直锚入支座内,带肋钢筋的直锚长度取 12d (2)端支座宽度不够直锚时,下部钢筋须弯锚,钢筋伸到支座的对边做135°弯钩,弯折 5d;或者做90°弯钩,弯折12d (3)当梁配有受扭钢筋时: ①端支座的直段长度>l_a,下部纵筋直锚 ②端支座的直段长度不满足直锚时,下部钢筋须伸到支座的对边弯折15d 2.中间支座 (1)下部纵筋贯通 (2)下部纵筋不贯通时: ①可在中间的支座直锚12d ②配有受扭钢筋的非框架梁,下部钢筋在中间支座的直锚长度须满足l_a	1.端支座锚固长度 (1)直锚:12d (2)弯锚:$b-c+$ 5d 或 $b-c+12d$ (3)有受扭钢筋: ①直锚:l_a ②弯锚:$b-c+$ 15d(b 支座宽度,c 保护层厚度) 2.中间支座锚固长度 (1)贯通,无锚固长度 (2)直锚 ①12d ②配有受扭钢筋的非框架梁下部钢筋直锚 l_a
侧面受扭钢筋		受扭钢筋的锚固方式和锚固长度同梁的下部钢筋	锚固长度 直锚:l_a 弯锚:$b-c+15d$
箍筋	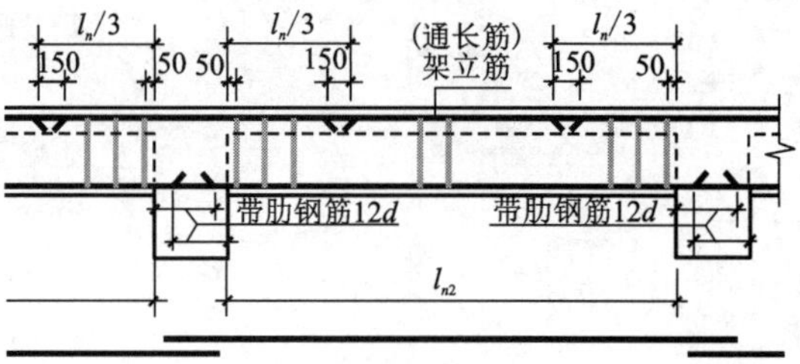 $l_n/3$ 50 50 $l_n/3$ $l_n/3$ 150 150 150 50 (通长筋)架立筋 带肋钢筋12d 带肋钢筋12d l_{n2}	非框架梁的箍筋平法构造没有要求设加密区,如果端部箍筋间距不同,须注明根数。箍筋的起步距离取 50 mm	根数: (l_n-50×2)/s+1

3.4.2　梁构件平法构造应用

3.4.2.1　楼层框架梁钢筋工程量计算

【案例】　结合书末附图中"二层梁平法施工图",计算③—①轴框架梁 KL1 的钢筋工程量,KL1 信息如图 3-25 所示。

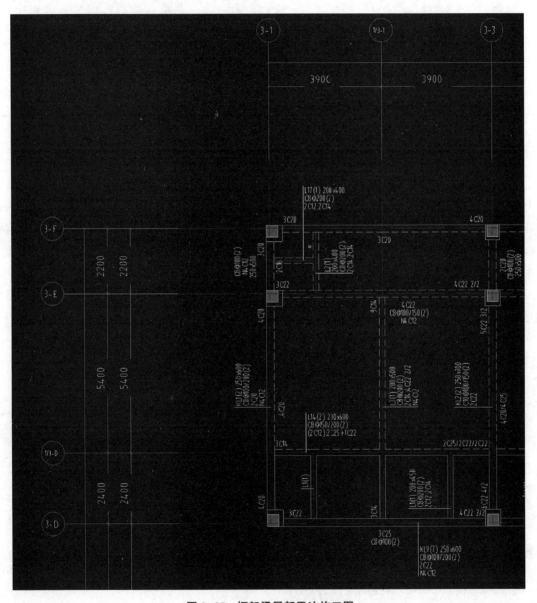

图 3-25　框架梁局部平法施工图

1.分析

楼层框架梁 KL1 有两跨且两跨梁高度不同 $[\Delta h/(h_c-50)=(600-500)/(400-50)>1/6]$，梁底不同，下部钢筋在中间节点断开锚固，两跨下部钢筋直径也不同。

1）计算条件，见表 3-65。

表 3-65　计算条件

计算条件	数据
抗震等级	四级
混凝土强度	C30
纵筋连接方式	焊接
钢筋定尺长度	9000 mm

2）计算参数，见表 3-66。

表 3-66　计算参数

参数	值
c（保护层厚度）	框架柱：20 mm 框架梁：20 mm
锚固长度 l_{aE}	$35d$
箍筋起步距离	50 mm

3）钢筋工程量计算过程，见表 3-67。

表 3-67　钢筋工程量计算过程

钢筋	计算过程	说明
上部通长筋 2⏀20	判断端支座锚固方式： 左、右端支座 400 mm$<l_{aE}=35\times d=35\times20=700$（mm） 因此在端支座内弯锚	
	通长筋长度： 净跨长+$[h_c-c$（保护层厚度）$+15d]\times2$ $=10000-300\times2+(400-20+15\times20)\times2=10760$（mm）	端支座弯锚长度：$h_c-c+15d$
	上部通长筋 72 ⏀20 总长：$10760\times2=21520$（mm）$=21.52$（m） 接头个数：每根钢筋的接头个数为 10760/9000，取 1 个接头（焊接只计算接头个数） 总接头个数：$1\times2=2$（个）	

续表3-67

钢筋	计算过程	说明
下部钢筋	1. 第一跨下部钢筋 4Φ20	
	(1)判断左端支座锚固方式： 左端支座 400 mm<l_{aE}=35×d=35×20=700(mm) 因此在端支座内弯锚 (2)判断中间支座 3-E 轴线处锚固方式： 梁底不平，$\Delta h/(h_c-50)$=(600-500)/(400-50)>1/6，本跨属低位钢筋，断开锚固	
	净跨长+[h_c-c(保护层厚度)+15d]×2 =7800-300×2+(400-20+15×20)×2=8560(mm) 4 根总长：4×8560=34240(mm)	弯锚长度：$h_c-c+15d$
	2. 第二跨下部钢筋 2Φ16	
	左端直锚入支座，右端弯锚入支座	
	净跨长+max(l_{aE}, 0.5h_c+5d)+h_c-c+15d =2200-100-300+35×16+400-20+15×16=2980(mm) 2 根总长：2×2980=5960(mm)	直锚长度： max(l_{aE}, 0.5h_c+5d) 弯锚长度：$h_c-c+15d$
侧面钢筋	抗扭钢筋 4Φ12	
	(1)判断左、右两端支座锚固方式 同下部钢筋在支座内锚固，锚固长度为 15d (2)贯通中间支座	锚固方式同下部钢筋
	净跨长+2×15d=10000-300×2+2×15×12=9760(mm) 4 根总长：4×9760=39040(mm)	
支座负筋	端支座锚固同上部通长筋；跨内延伸长度为 $l_n/3$ l_n：端支座为该跨净跨长，中间支座为支座两边较大跨的净跨长	
	1. ③—Ⓓ轴支座负筋 2Φ20	
	支座负筋的长度=$h_c-c+15d+l_n/3$ =400-20+15×20+(7800-300×2)/3=3080(mm) 2 根总长：2×3080=6160(mm)	端部弯锚长度：$h_c-c+15d$ 跨内延伸长度：$l_n/3$
支座负筋	2. ③—Ⓔ轴支座负筋 1Φ20(延伸到第二跨端支座锚固)	
	长度=$l_n/3$+支座+净跨长+h_c-c+15d =(7800-300×2)/3+400+2200-100-300+400-20+15×20 =5280(mm)	中间支座左端跨内延长度 $l_n/3$ 跨过小跨，伸入右端支座内锚固 $h_c-c+15d$
	3. ③—Ⓔ轴支座负筋 1Φ20(在支座处断开锚固)	
	长度=$l_n/3+h_c-c$+15d =(7800-300×2)/3+400-20+15×20 =3080(mm)	中间支座左端跨内延伸长度 $l_n/3$，右端在支座内锚固 h_c-c+15d

钢筋	计算过程	说明
箍筋	1. 箍筋长度	
	计算公式 $(b-2c)\times2+(h-2c)\times2+[\max(10d,75)+1.9d]\times2$	
	第一跨箍筋 $\underline{\Phi}8@100/200(2)$	
	①长度 $=(250-2\times20)\times2+(600-2\times20)\times2+11.9\times8\times2=1730(mm)$	
	②箍筋根数	
	计算公式: 加密区根数=(加密区长度-起步距离)/间距+1 非加密区根数=(l_{ni}-加密区长度×2)/间距-1	
	第一跨根数:20+26+6=52(根)	
	加密区根数:2×10=20(根) 一端加密区根数: $[\max(1.5h_b=1.5\times600=900,500)-50]/100+1=10(根)$ 非加密区根数: (7800-600-2×900)/200-1=26(根) 附加箍筋:6(根)	加密区长度:$\max(1.5h_b,500)$ 起步距离:50 mm
	第二跨箍筋 $\underline{\Phi}8@100$	
	①长度 $=(250-2\times20)\times2+(500-2\times20)\times2+11.9\times8\times2=1530(mm)$	
	第二跨根数:18+6=24(根)	
	全跨加密根数: (2200-100-300-50×2)/100+1=18(根) 附加箍筋:6(根)	全跨加密
	箍筋总长度: 1730×52+1530×24=126680 mm=126.68(mm)	
拉筋	梁宽=250 mm<350 mm,拉筋直径为6 mm,间距为非加密区箍筋间距的2倍	
	1. 拉筋长度φ6	
	长度计算公式:$(b-2c)+[\max(10d,75)+1.9d]\times2$	
	长度:(250-2×30)+(75+1.9×6)×2=363(mm)	
	2. 根数=19+10=29(根) 两排拉筋29×2=58(根)	
	第一跨根数φ6@400:(7200-50×2)/400+1=19(根)	
	第二跨根数φ6@200:(1800-50×2)/200+1=10(根)	
	拉筋φ6总长度:58×363=21054(mm)=21.05(m)	

3.4.2.2　屋面框架梁钢筋工程量计算

【**案例**】　结合书末附图中"二层梁平法施工图"，计算③—②轴屋面框架梁 WKL1 的钢筋工程量，WKL1 信息如图 3-26 所示。

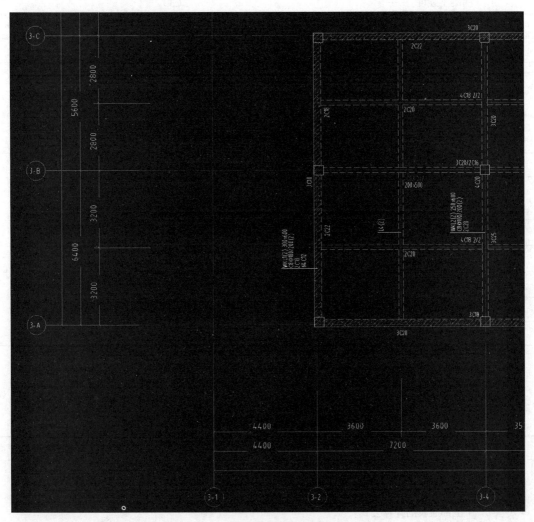

图 3-26　屋面框架梁局部平法施工图

1.分析

屋面框架梁 WKL1 有两跨，两跨梁下部钢筋配筋直径大小不同，大直径钢筋穿过中间节点，在小直径钢筋跨中相连。

1)计算条件，见表 3-68。

表 3-68　计算条件

计算条件	数据
抗震等级	四级
混凝土强度	C30
纵筋连接方式	焊接
钢筋定尺长度	9000 mm

2) 计算参数, 见表 3-69。

表 3-69　计算参数

参数	值
c(保护层厚度)	框架柱: 20 mm 框架梁: 20 mm
锚固长度 l_{aE}	35d
基本锚固长度 l_{abE}	35d
钢筋搭接长度 l_{lE}	49d
箍筋起步距离	50 mm
锚固方式	采用梁包柱方式, 具体见平法图集[(22G101-1)第 2-15 页]

3) 钢筋工程量计算过程, 见表 3-70。

表 3-70　钢筋工程量计算过程

钢筋	计算过程	说明
上部通长筋 2⊕18	按梁包柱的锚固方式, 两端钢筋均伸到梁端部, 下弯 1.7l_{abE}	屋面框架梁构造没有直锚
	上部通长筋计算公式: 净跨长+(h_c−c+1.7l_{abE})×2	
	长度 =6400+5600−400×2+(500−20+1.7×35×18)×2=14302(mm)	
	接头个数=14302/9000, 取一个接头	焊接只计算接头个数
	上部通长筋 2⊕18 总长度: 14302×2=28604(mm)=28.60(m) 总接头个数 1×2=2(个)	

续表3-70

钢筋	计算过程	说明
下部钢筋	第一跨下部钢筋 2Φ22	
	（1）左端在支座处弯锚，左支座 500 mm$<l_{aE}=35\times d=35\times22=770$（mm），因此在支座内弯锚 h_c-c（保护层厚度）$+15d$	
	（2）右端支座两边钢筋直径大小不同，第一跨的大直径钢筋伸至第二跨小直径钢筋的跨内 $\geq1.5h_0$ 后和小直径的钢筋搭接 l_{lE}（$l_{lE}=49d$，d 为小钢筋直径） 1.5$h_0=1.5\times(600-20-18/2)=856$（mm）	
	单根长度计算公式： 净跨长+两端锚固长度=净跨长+1.5$h_0+l_{lE}+h_c-c$（保护层厚度）$+15d$	
	单根长度 $=6400-400-250+842+49\times18+500-20+15\times22=8284$（mm）	
	2 根总长度：8284$\times$2=16568（mm）	
	第二跨 2Φ18	
	右端弯锚入支座，左端伸到离支座 1.5h_0，1.5$h_0=1.5\times(600-20-18/2)=856$（mm）	
	计算公式： 净跨长-1.5$h_0+(h_c-c+15d)$	
	长度 $=5600-250-400-856+500-20+15\times18=4844$（mm）	
	2 根总长度： 4844$\times$2=9688（mm）$\approx$9.69（m）	
侧面构造筋 G4Φ12	根据构造要求，第一跨、第二跨构造筋分跨锚固，锚固长度为 15d	$h_w\geq450$ mm，在梁两侧配构造筋
	计算公式：净跨长+15$d\times$2	侧部构造筋超过定尺长度，钢筋连接方式采用搭接
	第一跨：6400-400-250+15$\times$12$\times$2=6110（mm）	
	第二跨：5600-400-250+15$\times$12$\times$2=5310（mm）	
	侧部构造筋 G4Φ12 总长度： （6110+5310）$\times$4=45680（mm）=45.68（m）	
支座负筋 1Φ18	依据施工图，仅中间支座有负筋 1Φ18	
	计算公式： 第一排支座负筋长度为 2$\times(l_n/3)+h_c$	第一排跨内延伸长度为 $l_n/3$，l_n 取左右两跨较大净跨长
	长度 $=2\times(6400-400-100)/3+500=4433.3$（mm）	
	支座负筋 1Φ18 总长度： 4433.3（mm）=4.43（m）	

钢筋	计算过程		说明
箍筋 φ8@100 /150(2)	1.箍筋长度		
	双肢筋长度计算公式:		
	$(b-2c)×2+(h-2c)×2+[\max(10d,75)+1.9d]×2$		
	单根箍筋长度		
	$=(300-2×20)×2+(600-2×20)×2+11.9×8×2=1830(mm)$		
	2.箍筋根数		
	计算公式:		
	加密区根数=(加密区长度-起步距离)/间距+1		
	非加密区根数=$(l_{ni}$-加密区长度×2)/间距-1		
	第一跨根数=20+20+6=46(根)		
	加密区根数=2×10=20(根) 一端加密区根数 $=[\max(1.5h_b=1.5×600=900,500)-50]/100+1=10$(根) 非加密区根数 $=(6400-400-100-2×900)/200-1=20$(根) 附加箍筋根数=6(根)		加密区长度: $\max(1.5h_b,500)$ 起步距离: 50 mm 主次梁相交处,每边增加 3个附加箍筋
	第二跨根数=20+16+6=42(根)		
	加密区根数=2×10=20(根) 一端加密区根数 $=[\max(1.5h_b=1.5×600=900,500)-50]/100+1=10$(根) 非加密区根数 $=(5600-400-100-2×900)/200-1=16$(根) 附加箍筋根数=6(根)		主次梁相交处,每边增加 3个附加箍筋
	箍筋φ8 总长度=(46+42)×1830=161040(mm)=161.04(m)		
拉筋 φ6@400	梁宽=300 mm<350 mm,拉筋直径为6 mm,间距为非加密区箍筋间距的2倍		
	1.拉筋长度		
	长度计算公式:$(b-2c)×2+[\max(10d,75)+1.9d]×2$		
	长度=$(300-2×20)+(75+1.9×6)×2=433$(mm)		
	2.拉筋根数=16+14=30(根) 两排拉筋:30×2=60(根)		
	第一跨根数=$(6400-400-100-50×2)/400+1=16$(根)		
	第二跨根数=$(5600-400-100-50×2)/400+1=14$(根)		
	拉筋φ6 总长度=60×433=25980(mm)=25.98(m)		

3.4.2.3 非框架梁钢筋工程量计算

【案例】 结合书末附图中"二层梁平法施工图",计算③—Ⓔ至③—Ⓕ轴之间的非框架梁 L17 的钢筋工程量,L17 信息如图 3-27 所示。

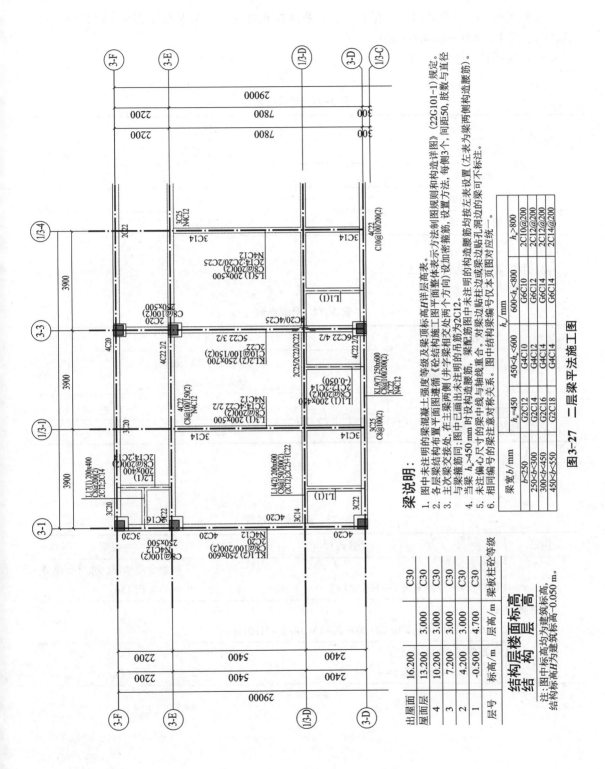

图 3-27　二层梁平法施工图

梁说明：

1. 图中未注明的梁混凝土强度等级及梁顶标高见标高详层高表。
2. 各层梁结构布置平面图遵循《混凝土结构施工图平面整体表示方法制图规则和构造详图》（22G101-1）规定。
3. 主次梁交接处，在主梁两侧（井字梁相交处两个方向）设加密箍筋，设置方法，每侧3个，间距50，肢数与直径与梁箍筋（井字梁两侧的吊筋为2C12。
4. 当梁 $h_w \geq 450$ mm 时设梁腰筋，梁配筋图中注明的构造腰筋均按左表设置（左表为梁两侧构造腰筋）。
5. 未注偏心尺寸的梁中线与轴线重合。对梁边贴柱边或梁边洞孔两侧贴柱边设置，图中结构梁编号仅本页图对应统一。
6. 相同编号的梁注意对称关系。图中结构梁编号仅本页图对应统一。

梁宽 b/mm	$h_w = 450$	$450 < h_w < 600$	$600 < h_w < 800$	$h_w > 800$
$b = 250$	G2C12	G4C10	G6C10	2C10@200
$250 < b < 300$	G2C14	G4C12	G6C12	2C12@200
$300 < b < 450$	G2C16	G4C14	G6C14	2C12@200
$450 < b < 550$	G2C18	G4C14	G6C14	2C14@200

结构层楼面标高
结构层高

出屋面层	屋面层		
层号	标高/m	层高/m	梁板柱砼等级
4	16.200	3.000	C30
	13.200	3.000	C30
3	10.200	3.000	C30
	7.200	3.000	C30
2	4.200	4.700	C30
1	-0.500		C30

注：图中标高均为建筑标高，
结构标高H均为建筑标高-0.050 m。

1. 分析

非框架梁 L17 只有两跨, 配有上部、下部纵筋和箍筋, 两端支座分别为 KL1(250 mm× 500 mm)和 L1(200 mm×400 mm)。

1)计算条件, 见表 3-71。

表 3-71　计算条件

计算条件	数据
抗震等级	无抗震要求
混凝土强度	C30
纵筋连接方式	焊接
钢筋定尺长度	9000 mm

2)计算参数, 见表 3-72。

表 3-72　计算参数

参数	值
c(保护层厚度)	框架柱: 20 mm 框架梁: 20 mm
非抗震锚固长度 l_a	35d
箍筋起步距离	50 mm

3)钢筋计算过程见表 3-73。

表 3-73　钢筋计算过程

钢筋	计算过程	说明
上部钢筋 2Φ14	计算公式: 净跨长+b(支座宽度)−c+(15d)×2	两端支座锚固, 伸至支座外侧边弯折 15d
	长度 = 1600−150−100+250−20+200−20+15×14×2 = 2180(mm)	
	上部钢筋 2Φ14 总长度 = 2180×2 = 4360(mm) = 4.36(m)	

续表3-73

钢筋	计算过程		说明
下部钢筋 2φ14	计算公式： 净跨长+12d×2		
	长度 =1600-150-100+12×14×2=1686(mm)		
	下部钢筋2φ14总长度 =1686×2=3372(mm)=3.37(m)		
箍筋 φ8@200(2)	箍筋长度		
	双肢箍长度计算公式： $(b-2c)×2+(h-2c)×2+[max(10d,75)+1.9d]×2$		
	箍筋长度 =(200-2×20)×2+(400-2×20)×2+11.9×8×2=1230(mm)		
	箍筋根数		
	计算公式： 根数=(净跨长-起步距离)/间距+1		无加密区
	根数 =(1600-150-100-50×2)/200+1=8(根)		
	箍筋φ8@200总长度 =8×1230=9843.2(mm)=9.84(m)		

第5节　板构件钢筋工程量计算

3.5　板构件钢筋工程量计算

【导】　计算图3-28板局部平法施工图中板构件的钢筋工程量。

请分析：板的分类，板块的划分，板底标高，分别有哪些钢筋，相同钢筋配筋的跨数，单根钢筋长度，钢筋根数？

3.5.1　板构件平法构造

本书板的构造主要从有梁楼板、悬挑板的钢筋构造两个方面进行阐述。

3.5.1.1　有梁楼板钢筋构造

1.有梁楼板钢筋在中间支座的构造

有梁楼板钢筋在中间支座的构造，见表3-74。

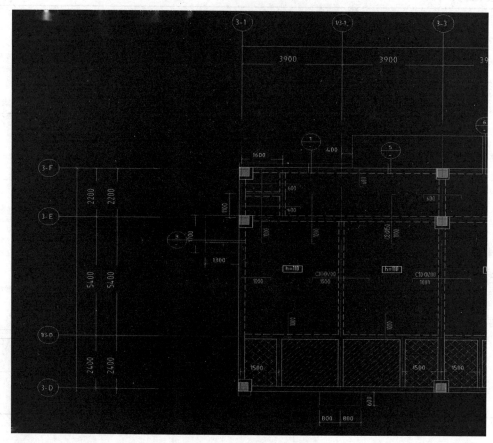

图 3-28　板局部平法施工图

表 3-74　有梁楼板钢筋在中间支座的构造[平法图集(22G101-1)第 2-50 页]

构造图示	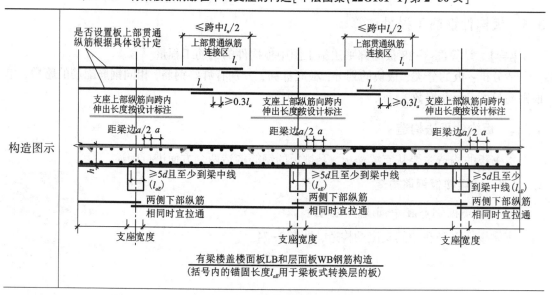

续表3-74

构造要点	(1)板的下部纵筋 伸入支座内应不小于5d且须伸到梁的中心线；若是梁板式转换层的板，板下部的贯通纵筋须在支座内直锚 l_{aE} 板的下部纵筋，从距离梁边的1/2个板筋间距开始布置第一根钢筋 板下部钢筋，宜在距离支座的1/4净跨长范围内连接 (2)板的上部纵筋 非贯通纵筋(即支座负筋)： ①在跨内的延伸长度，详见设计标注 ②上部的非贯通筋及分布筋构造详见表3-76 贯通筋： ①贯通筋跨越中间的支座；上部贯通筋的连接区宜在跨中1/2的跨度范围内($l_n/2$，l_n 为板的净跨长)；当上部贯通筋的配置不同时较大钢筋越过节点延伸到相邻的跨中连接区，与小直径钢筋相连接 ②从距梁边的1/2个板筋间距开始布置板的第一根钢筋

2.有梁楼板钢筋在端部支座的构造

有梁楼板钢筋在端部支座的构造，见表3-75。

表3-75　有梁楼板钢筋在端部支座的构造[平法图集(22G101-1)第2-50、2-51页]

构造图示	构造要点	计算公式
有梁楼板钢筋在端部支座的锚固构造(一) 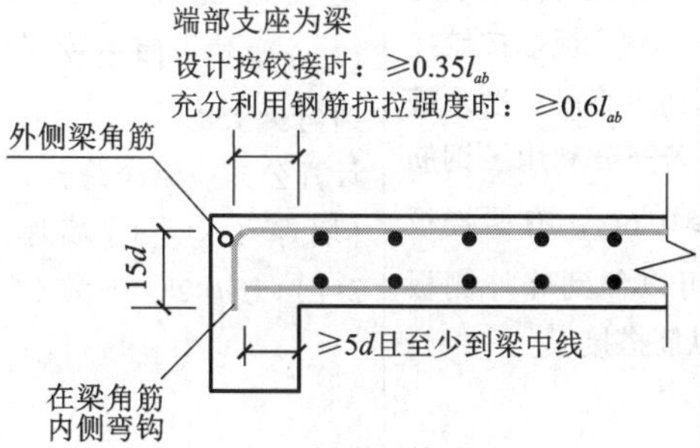 端部支座为梁 设计按铰接时：≥0.35l_{ab} 充分利用钢筋抗拉强度时：≥0.6l_{ab} 外侧梁角筋 15d ≥5d且至少到梁中线 在梁角筋内侧弯钩 (a)普通楼面板 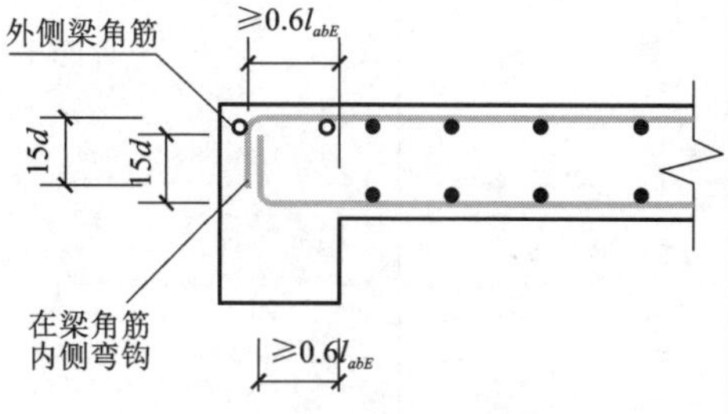 外侧梁角筋 ≥0.6l_{abE} 15d　15d 在梁角筋内侧弯钩 ≥0.6l_{abE} (b)梁板式转换层的楼面板	(1)普通楼、屋面板 ①板的下部贯通筋：在支座内直锚，直锚长度 ≥5d 且至少到梁的中心线 ②板的上部贯通筋：伸到梁外侧角筋的内侧再弯折，弯折 15d。平直段的长度须满足：若设计按铰接时≥0.35l_{ab}，若充分利用了钢筋抗拉强度时≥0.6l_{ab}。 (2)梁板式转换层的楼面板 ①板的下部贯通筋：在支座内的锚固长度须满足：平直段 ≥0.6l_{abE}，弯折 15d ②板的上部贯通筋：伸到梁外侧角筋的内侧再弯折，弯折 15d	(1)板的下部贯通筋单根长度计算公式： 板净跨长+max(5d，梁宽/2) (2)板的上部贯通筋单根计算长度： ①支座宽度$-c \geqslant l_a$ 时，直锚，长度为板净跨长 $+2 \times l_a$ ②支座宽度$-c < l_a$ 时，弯折 15d，长度为板净跨长+(梁的截面宽度1$-c$)+(梁的截面宽度2$-c$)$+2 \times 15d$

构造图示	构造要点	计算公式

有梁楼板钢筋在端部支座（剪力墙）的锚固构造（二）

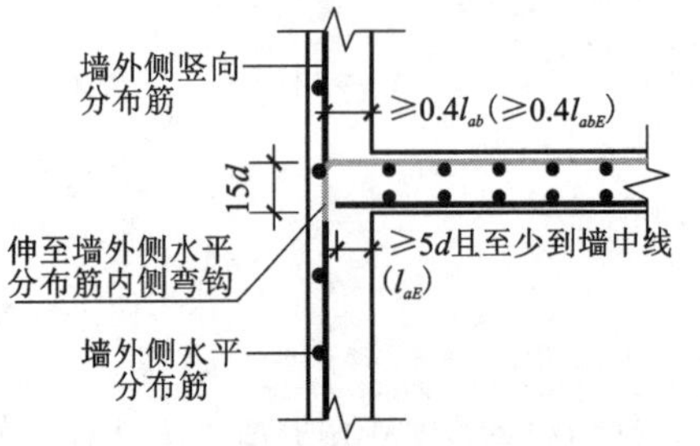

墙外侧竖向分布筋
≥0.4l_{ab}（≥0.4l_{abE}）
15d
伸至墙外侧水平分布筋内侧弯钩
≥5d且至少到墙中线（l_{aE}）
墙外侧水平分布筋

（括号内的数值用于梁板式转换层的板。当板下部纵筋直锚长度不足时，可弯锚。）

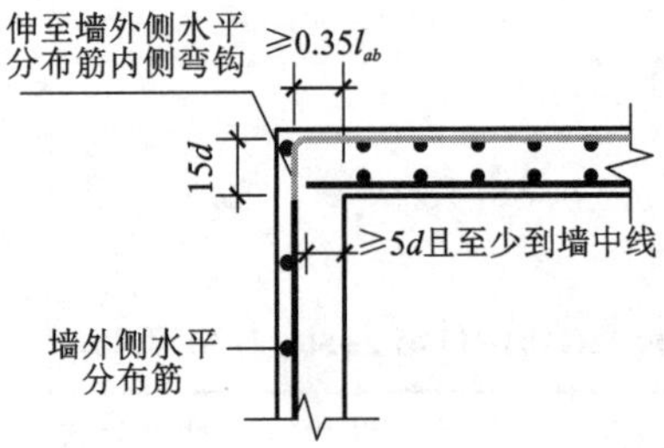

（a）端部支座为剪力墙中间层

伸至墙外侧水平分布筋内侧弯钩
≥0.35l_{ab}
15d
≥5d且至少到墙中线
墙外侧水平分布筋

①板端按铰接设计时

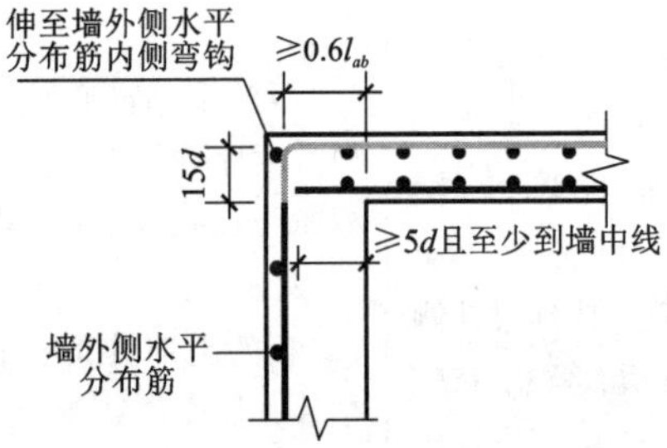

伸至墙外侧水平分布筋内侧弯钩
≥0.6l_{ab}
15d
≥5d且至少到墙中线
墙外侧水平分布筋

②板端上部纵筋充分利用钢筋的抗拉强度时

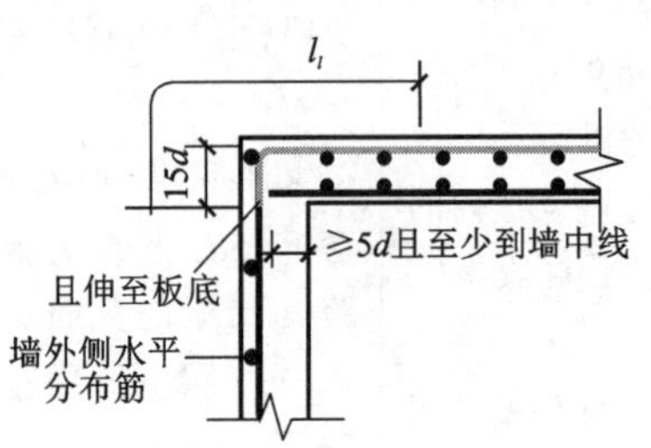

l_l
15d
≥5d且至少到墙中线
且伸至板底
墙外侧水平分布筋

（3）搭接连接

（b）端部支座为剪力墙墙顶

构造要点

（1）有梁楼板的下部贯通钢筋：
①支座内的直锚长度≥5d且至少到墙中线
②梁板式转换层的楼面板，下部贯通筋在支座内的直锚长度须满足l_{aE}
（2）有梁楼板的上部贯通钢筋：上部钢筋须伸到墙身外侧的水平分布钢筋内侧，再弯折
（3）端部支座为剪力墙中间层和墙顶时，对支座宽度的要求不同，有梁楼板上部纵筋伸到墙外侧水平分布筋内侧；板端按铰接设计时，支座内平直段长度须满足≥0.35l_{ab}，若充分利用了钢筋抗拉强度时≥0.6l_{ab}。有梁楼板上部纵筋也可以伸到墙外侧板底与墙外侧纵筋搭接

计算公式

（1）下部贯通钢筋单根长度计算公式：
板净跨长+max（5d，墙厚/2）
（2）上部贯通钢筋单根长度计算公式：
①支座宽度－c≥l_a（l_{aE}）直锚时
计算公式：
板净跨长+l_a（l_{aE}）×2
②支座宽度－c<l_a（l_{aE}）弯锚，伸至支座边弯折15d
计算公式：板净跨长+（墙厚1－c）+（墙厚2－c）+15d×2

3. 上部的非贯通钢筋(支座负筋)及分布钢筋构造

上部的非贯通钢筋(支座负筋)及分布钢筋构造,见表 3-76。

表 3-76　上部的非贯通钢筋(支座负筋)及分布钢筋构造[平法图集(22G101-1)第 2-53 页]

构造图示	构造要点	计算公式
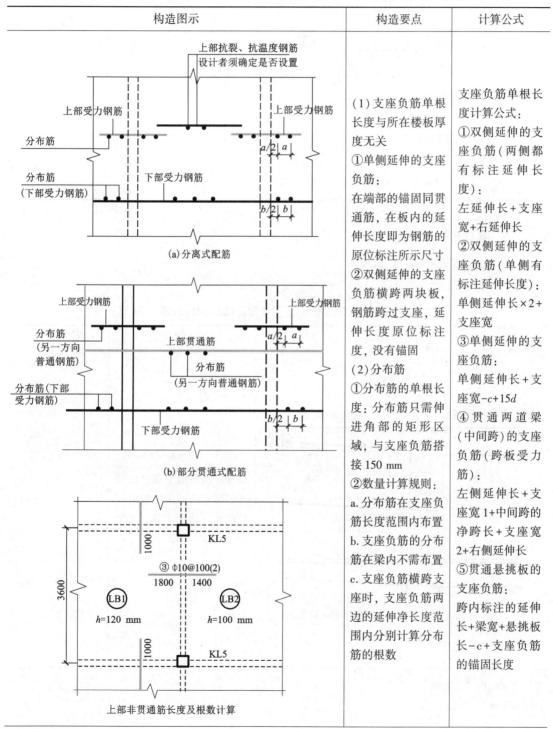 (a)分离式配筋 (b)部分贯通式配筋 上部非贯通筋长度及根数计算	(1)支座负筋单根长度与所在楼板厚度无关 ①单侧延伸的支座负筋: 在端部的锚固同贯通筋,在板内的延伸长度即为钢筋的原位标注所示尺寸 ②双侧延伸的支座负筋横跨两块板,钢筋跨过支座,延伸长度原位标注度,没有锚固 (2)分布筋 ①分布筋的单根长度:分布筋只需伸进角部的矩形区域,与支座负筋搭接 150 mm ②数量计算规则: a.分布筋在支座负筋长度范围内布置 b.支座负筋的分布筋在梁内不需布置 c.支座负筋横跨支座时,支座负筋两边的延伸净长度范围内分别计算分布筋的根数	支座负筋单根长度计算公式: ①双侧延伸的支座负筋(两侧都有标注延伸长度): 左延伸长+支座宽+右延伸长 ②双侧延伸的支座负筋(单侧有标注延伸长度): 单侧延伸长×2+支座宽 ③单侧延伸的支座负筋: 单侧延伸长+支座宽$-c+15d$ ④贯通两道梁(中间跨)的支座负筋(跨板受力筋): 左侧延伸长+支座宽 1+中间跨的净跨长+支座宽 2+右侧延伸长 ⑤贯通悬挑板的支座负筋: 跨内标注的延伸长+梁宽+悬挑板长$-c$+支座负筋的锚固长度

181

构造图示	构造要点	计算公式
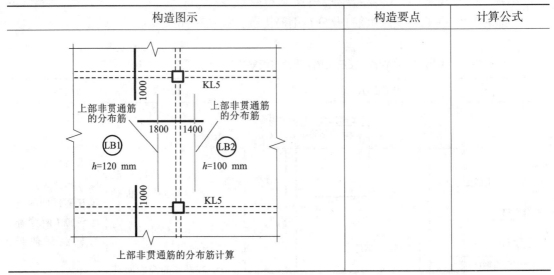 上部非贯通筋的分布筋计算		

3.5.1.2 悬挑板钢筋构造

1.悬挑板钢筋构造(表3-77)

表 3-77　悬挑板钢筋锚固构造[平法图集(22G101-1)第2-54页]

构造图示	钢筋构造要点	计算公式
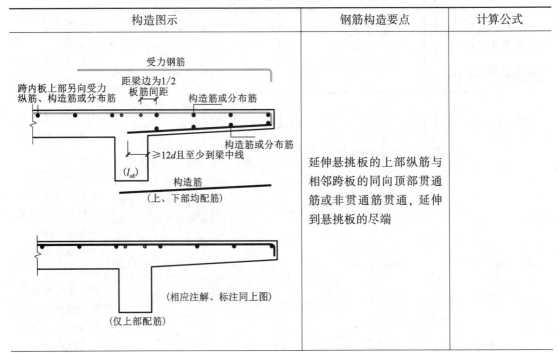	延伸悬挑板的上部纵筋与相邻跨板的同向顶部贯通筋或非贯通筋贯通,延伸到悬挑板的尽端	

续表3-77

构造图示	钢筋构造要点	计算公式
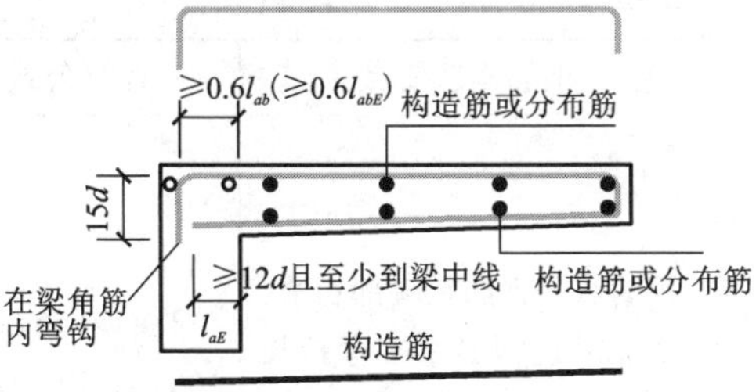 受力钢筋 ≥$0.6l_{ab}$(≥$0.6l_{abE}$) 构造筋或分布筋 $15d$ 在梁角筋内弯钩 ≥$12d$且至少到梁中线　构造筋或分布筋 l_{aE} 构造筋 （上、下部均配筋） 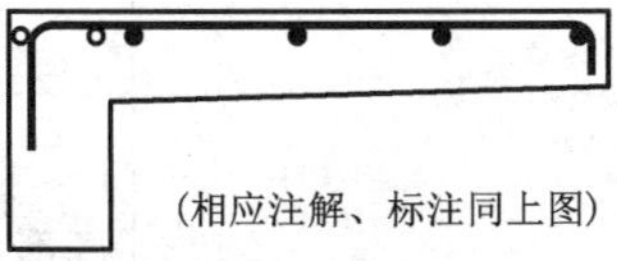 （相应注解、标注同上图） （仅上部配筋）	纯悬挑板的上部纵筋锚入支座，伸至支座边梁角筋内侧，弯折 $15d$	
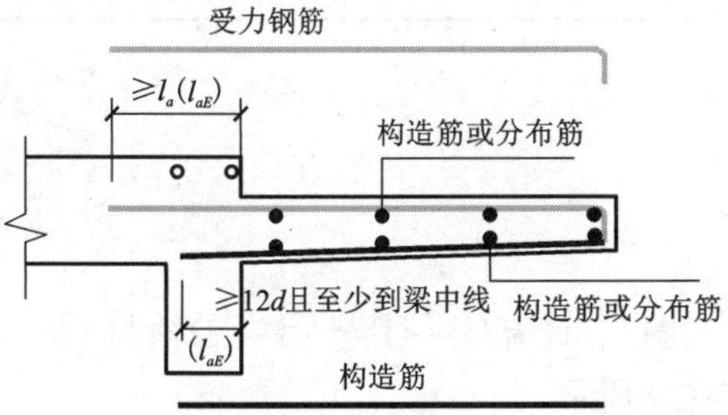 受力钢筋 ≥l_a(l_{aE}) 构造筋或分布筋 ≥$12d$且至少到梁中线　构造筋或分布筋 （l_{aE}） 构造筋 （上、下部均配筋） 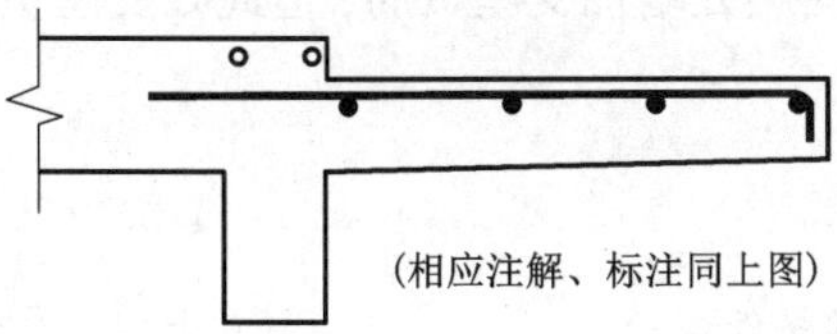 （相应注解、标注同上图） （仅上部配筋）	悬挑板有高差时，上部纵筋直锚入支座，锚固长度取 l_a 或 l_{aE}(受力钢筋)	

2. 无支撑板的端部封边构造

无支撑板的端部封边构造，见表 3-78。

表 3-78 无支撑板的端部封边构造 [平法图集(22G1010—1)第 2-54 页]

钢筋构造图示	钢筋构造要点	计算公式
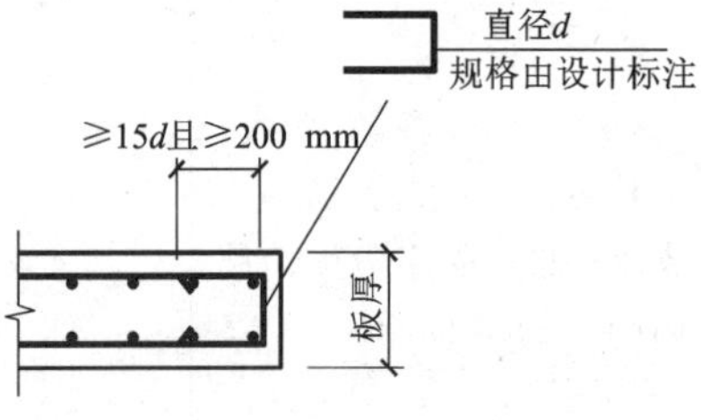 直径 *d* 规格由设计标注 ≥15*d*且≥200 mm 板厚 适用于板上下钢筋间距相同的	板的水平钢筋在端部切断，增加封边钢筋水平弯折长度取 max(15$d_\text{小}$, 200)	2×max(15$d_\text{小}$, 200)+板厚−2×*c*
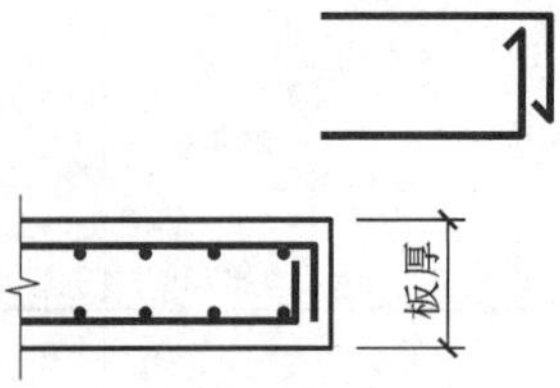 板厚	直接采用板水平钢筋封边，水平钢筋伸到板端弯折	底部和顶部水平筋的封边长度为板厚−2×*c*

3.5.2 楼层板钢筋工程量计算

3.5.2.1 板钢筋计算

【案例】 结合书末附图中"二层板平法施工图"，计算③—①至⑬—①轴与⑬—①至③—Ⓔ轴围成的板块钢筋工程量，板信息如图 3-29 所示。

1. 分析

板厚 $h = 110$ mm，配双层双向钢筋 ⏄8@200，支座处增加支座负筋，但此处支座负筋不需要配置分布筋，而是由面筋代替。

1) 计算条件见表 3-79。

表 3-79 计算条件

计算条件	数据
抗震等级	四级
混凝土强度	C30
纵筋连接方式	绑扎搭接，接头面积率≤25%
钢筋定尺长度	9000 mm

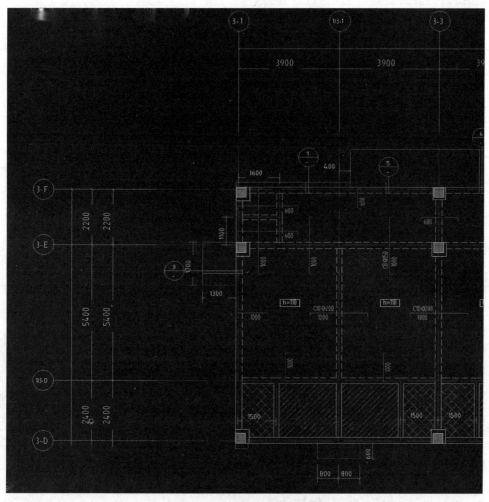

图 3-29　板局部平法施工图

2)计算参数,见表3-80。

表3-80　计算参数

参数	值
c(保护层厚度)	梁:20 mm 板:15 mm
锚固长度 l_a	三级钢筋: $l_a = 35d$
搭接长度 l_l	三级钢筋: $l_l = 1.2l_a = 42d$(详见结构说明)
水平筋起步距离	1/2 板筋间距
板支座宽	250/200 mm(详见书末附图中二层梁平法施工图)

3)计算过程,见表3-81。

表3-81　计算过程

钢筋		计算过程	说明
下部钢筋 $\oplus$8@200	X 向	长度: 单根长度=净跨长+两端的直锚长度 =3900-150-100+125+100 =3875(mm)	(1)判断直锚长度的取值 ①直锚长度=梁宽/2 ②5d=5×8=40(mm)<梁宽/2 (2)钢筋若为一级钢,下部受力钢筋须增加两个180°的弯钩,本章钢筋为三级,不需增加
		数量: 布筋范围=Y 向净跨长-起步距离 =5400-100-150-2×200/2=4950(mm) 根数=4950/200+1=26(根)	起步距离为1/2 板筋间距
		总长度 =3875×26=100750(mm)=100.75(m)	
	Y 向	长度: 单根长度=净跨长+两端的直锚长度 =5400-150-100+125+100 =5375(mm)	同 X 向下部贯通筋构造
		数量: 布筋范围=X 向净跨长-起步距离 =3900-100-150-2×200/2=3450(mm) 根数=3450/200+1=19(根)	同 X 向下部贯通筋构造
		总长度 =5375×19=102125(mm)=102.13(m)	

钢筋		计算过程	说明
上部贯通筋 ⊈8@200	X 向	长度： 单根长度=净跨长+端部支座内的锚固长度+中间支座宽度/2 =3900−150−100+250−20+15×8+100 =4100(mm)	(1)判断端部支座锚固长度 ①直锚长度 = l_a = 35d = 35 × 8 = 280 mm>支座宽 250 mm，不满足直锚条件 ②弯锚：伸到支座的外侧纵筋内侧，弯折15d (2)中间支座贯通，此处仅计算到支座中心位置
		数量： 布筋范围=Y 向净跨长−起步距离 =5400−100−150−2×200/2=4950(mm) 根数=4950/200+1=26(根)	起步距离为1/2板筋间距
		总长度 =4100×26=106600(mm)=106.60(m)	
	Y 向	长度： 单根长度=净跨长+端部支座内的锚固长度+中间支座宽度/2 =5400−150−100+200−20+15×8+125 =5575(mm)	1/3-D 轴上下板厚不同时，该轴支座视为端支座
		数量： 布筋范围=X 向净跨长−起步距离 =3900−100−150−2×200/2=3450(mm) 根数=3450/200+1=19(根)	同 X 向上部贯通筋构造
		总长度=5575×19=105925(mm) =105.93(m)	
支座负筋 ⊈8@200	⅓ 轴上 ⅓—D 至③—D 轴之间的支座负筋	单根长度=左侧端部支座内的锚固长度+右侧净延伸长度 =250−20+15×8+1000 =1350(mm)	端部弯锚：伸到支座的外侧纵筋内侧，弯折15d 右侧净延伸长度：1000 mm
		数量： 布筋范围=Y 向净跨长−起步距离 =5400−100−150−2×200/2=4950(mm) 根数=4950/200+1=26(根)	向上取整
		总长度=1350×26=35100(mm)=35.10(m)	

钢筋		计算过程	说明
支座负筋 Φ8@200	⑴⁄₃—①轴上⑴⁄₃—Ⓓ至③—Ⓓ轴之间的支座负筋	单根长度=标注的延伸长度×2 =1000×2 =2000(mm)	书末附图中"板平法施工图"板说明第3点：现浇板筋标示长度从梁边算起，只标一个尺寸时以梁中心线等分，两端长度相等，均为一个标注
		数量： 布筋范围=Y向净跨长−起步距离 =5400−100−150−2×200/2=4950(mm) 根数=4950/200+1=26(根)	向上取整
		总长度=2000×26=52000(mm)=52.00(m)	
	⑴⁄₃—Ⓓ轴上⑴⁄₃至⑴⁄₃—①轴之间的支座负筋	单根长度 =下端支座内的锚固长度+上侧净延伸长度 =200−20+15×8+1000 =1300(mm)	端部弯锚：伸到支座的外侧纵筋内侧，弯折15d 右侧净延伸长度：1000 mm
		数量： 布筋范围=Y向净跨长−起步距离 =3900−100−150−2×200/2=3450(mm) 根数=3450/200+1=19(根)	向上取整
		总长度=1300×19=24700(mm)=24.70(m)	
	③—Ⓔ轴上⑴⁄₃至1600 mm之间的跨板受力筋	单根长度=上端支座内的锚固长度+中间所跨板净长+下支座宽+下侧净延伸长度 =250−20+15×8+2200−150−100+1000 =3300(mm)	端部弯锚：伸到支座的外侧纵筋内侧，弯折15d 中间支座：跨过中间板块 下侧净延伸长度：1000 mm
		数量： 布筋范围=Y向净跨长−起步距离 =1600−100−150−2×200/2=1150(mm) 根数=1150/200+1=7(根)	向上取整
		总长度=3300×7=23100(mm)=23.10(m)	

续表3-81

钢筋		计算过程	说明
支座负筋 ⏀8@200	③—Ⓔ轴上 2300 至 (1/3)—①轴之间的跨板受力筋	单根长度=标注的延伸长度 =1000×2 =2000(mm)	
支座负筋 ⏀8@200	③—Ⓔ轴上 2300 至 (1/3)—①轴之间的跨板受力筋	数量: 布筋范围=Y 向净跨长-起步距离 =2300-100×2-2×200/2=1900(mm) 根数=1900/200+1=11(根)	向上取整
支座负筋 ⏀8@200	③—Ⓔ轴上 2300 至 (1/3)—①轴之间的跨板受力筋	总长度=2000×10=22000(mm)=22. 00(m)	

第 4 章　平法钢筋算量 BIM 数字化软件应用案例

表一　钢筋工程量汇总表

楼层名称	构件类型	钢筋总重/kg	HPB300				HRB400									
			6	8	10	12	6	8	10	12	14	16	18	20	22	25
基础层	柱	1113.145							193.543			475.254	444.348			10422.053
	梁	23581.96	383.975					1588.918	2909.281	3156.988	336.495	584.705	655.366	1902.385	1641.794	
	圈梁	20.896						20.896								
	现浇板	6428.939						1039.728	2209.516	3179.695						
	集水坑	932.427						932.427								
	桩承台	7382.135						278.875		74.956			6474.03	166.164	313.266	74.844
	合计	39459.502	383.975					3860.844	5312.34	6411.639	336.495	1059.959	7573.744	2068.549	1955.06	10496.897
首层	柱	6505.078						3304.947			453.2	2203.607	543.324			
	构造柱	433	110.148													
	剪力墙	27225.674	220.708	2.01						10097.914	9288.522	4832.123		2786.407		
	砌体加筋	354.988	354.988													
	过梁	118.224	48.54	15.524				22.33	7.372	24.458						
	梁	13452.962	177.734					2590.442	174.884	1143.092	559.447	438.583	961.034	2985.34	2533.674	1886.722
	圈梁	1332.001	263.182			962.229		106.59								
	现浇板	7599.746	138.256					7066.442	395.048							
	挑檐	879.97						412.418	467.552							
	其他	1200.182						504.414	695.768							
	合计	59101.825	1313.556	17.534	322.852	962.229		14007.583	1740.624	11265.464	10301.169	7474.313	1504.358	5771.747	2533.674	1886.722

续表一

楼层名称	构件类型	钢筋总重/kg	HPB300				HRB400									
			6	8	10	12	6	8	10	12	14	16	18	20	22	25
	柱	3331.847						904.535			225.573	329.16	327.198	583.066	372.012	590.303
	构造柱	335.781	78.993		256.788											
	剪力墙	774.418	14.586					367.612	392.22							
	砌体加筋	214.91	214.91													
第 2 层	过梁	206.763	78.257	34.588				23.848	21.098	48.972						
	梁	7655.699	96.504					1179.309	172.717	730.8	170.219	118.968	212.2	971.452	1627.834	2375.696
	圈梁	191.509	75.79					115.719								
	现浇板	2903.795	130.599					2371.218	401.978							
	合计	15614.722	689.639	34.588	256.788			4962.241	988.013	779.772	395.792	448.128	539.398	1554.518	1999.846	2965.999
	柱	2426.235						904.535			192.618	278.962	204	326.04	196.68	323.4
	构造柱	347.018	81.606		265.412											
	砌体加筋	217.727	217.727													
第 3 层	过梁	207.521	78.257	34.822				23.848	21.622	48.972						
	梁	7655.699	96.504					1179.309	172.717	730.8	170.219	118.968	212.2	971.452	1627.834	2375.696
	圈梁	96.622	75.57					21.052								
	现浇板	2903.795	130.599					2371.218	401.978							
	合计	13854.617	680.263	34.822	265.412			4499.962	596.317	779.772	362.837	397.93	416.2	1297.492	1824.514	2699.096

楼层名称	构件类型	钢筋总重/kg	HPB300				HRB400									
			6	8	10	12	6	8	10	12	14	16	18	20	22	25
第4层	柱	1939.131						836.683			85.954	174.576	146.664	264.114	149.938	281.202
	构造柱	336.519	80.199		256.32											
	砌体加筋	191.422	191.422													
	过梁	206.763	78.257	34.588				23.848	21.098	48.972						
	梁	7050.185	83.24					1231.195	37.024	594.036	123.014	210.648	96.56	1843.878	1228.553	1602.037
	圈梁	75.518	75.518													
	现浇板	3901.9					164.638	3704.987	32.275							
	合计	13701.438	508.636	34.588	256.32		164.638	5796.713	90.397	643.008	208.968	385.224	243.224	2107.992	1378.491	1883.239
屋面层	柱	345.821	3.437					101.101				17.76		226.96		
	构造柱	22.234	5.226		17.008											
	剪力墙	3064.568	55.572					1024.82	1984.176							
	砌体加筋	30.82	30.82													
	过梁	8.267		1.504				1.074								
	梁	371.878	7.6					92.072	2.252	59.104	24.176	86.174			102.752	
	圈梁	539.21						168.653	339.633		30.924					
	现浇板	293.115						293.115								
	合计	4675.913	102.655	1.504	17.008			1680.835	2326.061	59.104	55.1	103.934		226.96	102.752	

续表一

楼层名称	构件类型	钢筋总重/kg	HPB300				HRB400									
			6	8	10	12	6	8	10	12	14	16	18	20	22	25
全部层汇总	柱	15661.257						6051.801	193.543		957.345	3479.319	1665.534	1400.18	718.63	1194.905
	构造柱	1474.552	356.172		1118.38											
	剪力墙	31064.66	290.866					1392.432	2376.396	10097.914	9288.522	4832.123		2786.407		
	砌体加筋	1009.867	1009.867													
	过梁	747.538	286.748	121.026				94.948	73.442	171.374						
	梁	59768.383	845.557	2.01				7861.245	3466.623	6414.82	1383.57	1558.046	2137.36	8674.507	8762.441	18662.204
	圈梁	2255.756	490.06			962.229		432.91	339.633		30.924					
	现浇板	24031.29	399.454				164.638	16846.708	3440.795	3179.695						
	集水坑	932.427						932.427								
	桩承台	7382.135						278.875		74.956			6474.03	166.164	313.266	74.844
	挑檐	879.97						412.418	467.552							
	其他	1200.182						504.414	695.768							
	合计	146408.017	3678.724	123.036	1118.38	962.229	164.638	34808.178	11053.752	19938.759	11660.361	9869.488	10276.924	13027.258	9794.337	19931.953

表二　首层墙、柱、梁、板构件钢筋计算明细表

楼层名称：首层（绘图输入）　　　　　　　　　　　　　　　　　　　钢筋总重：50147.049 kg

筋号	级别	直径	钢筋图形	计算公式	根数	总根数	单长/m	总长/m	总重/kg
构件名称：KZ1[2041]				**构件数量：1**			**本构件钢筋重：138.842 kg**		
构件位置：<3-1+175,3-F-175>									
角筋.1	Φ	16	192⌐ 3313	$4700-1367-600+600-20+12*d$	2	2	3.505	7.01	11.076
角筋.2	Φ	16	690⌐ 2753	$4700-1927-600+600-20+150+35*d-20$	1	1	3.443	3.443	5.44
钢筋	Φ	16	1490	$4700-1927-600-max(4100/6,550,500)$	3	3	1.49	4.47	7.062
钢筋	Φ	16	192⌐ 2753	$4700-1927-600+600-20+12*d$	2	2	2.945	5.89	9.306
钢筋	Φ	16	690⌐ 3313	$4700-1367-600+600-20+150+35*d-20$	2	2	4.003	8.006	12.65
B边纵筋.4	Φ	16	4393	$4700-1367+max(2450/6,400,500)+1*max(35*d,500)$	1	1	4.393	4.393	6.941
H边纵筋.3	Φ	16	1420	$4700-1367-600-max(4100/6,550,500)-1*max(35*d,500)$	1	1	1.42	1.42	2.244
箍筋.1	Φ	8	510 ▱510	$2*(510+510)+2*(12.89*d)$	39	39	2.246	87.594	34.593
箍筋.2	Φ	8	191 ▱510	$2*(510+191)+2*(12.89*d)$	78	78	1.608	125.424	49.53
构件名称：KZ2[2047]				**构件数量：1**			**本构件钢筋重：181.135 kg**		
构件位置：<3-1+175,3-E-175>									
角筋.1	Φ	16	192⌐ 3313	$4700-1367-600+600-20+12*d$	2	2	3.505	7.01	11.076
角筋.2	Φ	16	690⌐ 2753	$4700-1927-600+600-20+150+35*d-20$	1	1	3.443	3.443	5.44
角筋.3	Φ	16	850	$4700-1927-600-max(4100/6,550,500)-1*max(35*d,500)$	1	1	0.86	0.86	1.359
钢筋	Φ	14	168⌐ 2421	$4700-2945+49*d-600+600-20+12*d$	2	2	2.589	5.178	6.266
钢筋	Φ	14	620⌐ 3313	$4700-2053+49*d-600+600-20+150+35*d-20$	2	2	3.933	7.866	9.518
钢筋	Φ	14	1158	$4700-2945+49*d-600-max(4100/6,550,500)$	2	2	1.158	2.316	2.802
钢筋	Φ	14	4521	$4702-2053+49*d+max(2400/6,400,500)+49*14$	2	2	4.521	9.042	10.94

续表二

筋号	级别	直径	钢筋图形	计算公式	根数	总根数	单长/m	总长/m	总重/kg
箍筋.1	Φ	8	510 〔510〕	2 * (510+510)+2 * (12.89 * d)	62	62	2.246	139.252	54.994
箍筋.2	Φ	8	191 〔510〕	2 * (510+191)+2 * (12.89 * d)	124	124	1.608	199.392	78.74

构件名称：KZ3〔2055〕	构件数量：1	本构件钢筋重：133.703 kg

构件位置：<3-1+175,3-D+175>

筋号	级别	直径	钢筋图形	计算公式	根数	总根数	单长/m	总长/m	总重/kg
钢筋	Φ	16	2050	4700−1367−600−max（4100/6,550,500）	3	3	2.05	6.15	9.717
角筋.2	Φ	16	192 ∟ 2753	4700−1927−600+600−20+12 * d	2	2	2.945	5.89	9.306
角筋.3	Φ	16	690 ∟ 3313	4700−1367−600+600−20+150+35 * d−20	1	1	4.003	4.003	6.325
钢筋	Φ	16	720	4700−1927−600−max（4100/6,550,500）−1 * max(35 * d,500)	2	2	0.72	1.44	2.276
钢筋	Φ	16	690 ∟ 2753	4700−1927−600+600−20+150+35 * d−20	2	2	3.443	6.886	10.88
钢筋	Φ	16	192 ∟ 3313	4700−1367−600+600−20+12 * d	2	2	3.505	7.01	11.076
箍筋.1	Φ	8	510 〔510〕	2 * (510+510)+2 * (12.89 * d)	39	39	2.246	87.594	34.593
箍筋.2	Φ	8	191 〔510〕	2 * (510+191)+2 * (12.89 * d)	78	78	1.608	125.424	49.53

构件名称：KZ5〔2042〕	构件数量：2	本构件钢筋重：106.515 kg

构件位置：<3-3,3-F-150>;<3-9,3-F-150>

筋号	级别	直径	钢筋图形	计算公式	根数	总根数	单长/m	总长/m	总重/kg
角筋.1	Φ	16	640 ∟ 3313	4700−1367−600+600−20+100+35 * d−20	2	4	3.953	15.812	24.984
角筋.2	Φ	16	3835	4702−1367+max（2450/6,400,500）	2	4	3.835	15.34	24.236
B 边纵筋.1	Φ	16	4732	4709−1927+1950	1	2	4.732	9.464	14.954
B 边纵筋.2	Φ	16	4723	4700−1927+1950	1	2	4.723	9.446	14.924
H 边纵筋.1	Φ	16	4728	4705−1927+1950	2	4	4.728	18.912	29.88
箍筋.1	Φ	8	460 〔460〕	2 * (460+460)+2 * (12.89 * d)	39	78	2.046	159.588	63.024
箍筋.2	Φ	8	⟍ 460 ⟋	460+2 * (12.89 * d)	78	156	0.666	103.896	41.028

构件名称：KZ5〔2043〕	构件数量：1	本构件钢筋重：110.209 kg

构件位置：<3-5,3-F-150>

筋号	级别	直径	钢筋图形	计算公式	根数	总根数	单长/m	总长/m	总重/kg
角筋.1	Φ	16	4055	4705 - 1150 + max (2450/6, 400,500)	2	2	4.055	8.11	12.814
角筋.2	Φ	16	4051	4701 - 1150 + max (2450/6, 400,500)	2	2	4.051	8.102	12.802
B 边纵筋.1	Φ	16	4944	4704-1710+1950	1	1	4.944	4.944	7.812
B 边纵筋.2	Φ	16	4940	4700-1710+1950	1	1	4.94	4.94	7.805
H 边纵筋.1	Φ	16	4942	4702-1710+1950	2	2	4.942	9.884	15.616
箍筋.1	Φ	8	460 460	2 * (460+460)+2 * (12.89 * d)	40	40	2.046	81.84	32.32
箍筋.2	Φ	8	460	460+2 * (12.89 * d)	80	80	0.666	53.28	21.04

构件名称：KZ5[2054]		构件数量：1		本构件钢筋重：100.548 kg					
构件位置：<3-11-150,3-E-150>									

筋号	级别	直径	钢筋图形	计算公式	根数	总根数	单长/m	总长/m	总重/kg
角筋.1	Φ	16	640 3313	4700 - 1367 - 600 + 600 - 20 + 100+35 * d-20	1	1	3.953	3.953	6.246
角筋.2	Φ	16	3842	4709 - 1367 + max (2400/6, 400,500)	2	2	3.842	7.684	12.14
角筋.3	Φ	16	3833	4700 - 1367 + max (2400/6, 400,500)	1	1	3.833	3.833	6.056
钢筋	Φ	16	192 2753	4700 - 1927 - 600 + 600 - 20 + 12 * d	2	2	2.945	5.89	9.306
钢筋	Φ	16	4675	4702-1927+1900	2	2	4.675	9.35	14.774
箍筋.1	Φ	8	460 460	2 * (460+460)+2 * (12.89 * d)	39	39	2.046	79.794	31.512
箍筋.2	Φ	8	460	460+2 * (12.89 * d)	78	78	0.666	51.948	20.514

构件名称：KZ6[2048]		构件数量：1		本构件钢筋重：163.298 kg					
构件位置：<3-3,3-E-175>									

筋号	级别	直径	钢筋图形	计算公式	根数	总根数	单长/m	总长/m	总重/kg
角筋.1	Φ	16	690 3347	4700 - 1333 - 700 + 700 - 20 + 150+35 * d-20	1	1	4.037	4.037	6.378
角筋.2	Φ	16	690 2787	4700 - 1893 - 700 + 700 - 20 + 150+35 * d-20	1	1	3.477	3.477	5.494
角筋.3	Φ	16	2005	4705-1333-700-max (4000/ 6,550,500)	1	1	2.005	2.005	3.168
角筋.4	Φ	16	570	4705-1893-700-max (4000/ 6,550,500)-1 * max (35 * d, 500)	1	1	0.57	0.57	0.901
B 边纵筋.1	Φ	14	2001	4701-2019+49 * d-700-max (4000/6,550,500)	1	1	2.001	2.001	2.421

续表二

筋号	级别	直径	钢筋图形	计算公式	根数	总根数	单长/m	总长/m	总重/kg
B 边纵筋.2	Φ	14	168 ⌐ 2455	4700－2911＋49＊d－700＋700－20＋12＊d	1	1	2.623	2.623	3.174
B 边纵筋.3	Φ	14	168 ⌐ 3347	4700－2019＋49＊d－700＋700－20＋12＊d	1	1	3.515	3.515	4.253
H 边纵筋.1	Φ	14	2007	4707－2019＋49＊d－700－max（4000/6,550,500）	1	1	2.007	2.007	2.428
H 边纵筋.2	Φ	14	1113	4705－2911＋49＊d－700－max（4000/6,550,500）	1	1	1.113	1.113	1.347
箍筋.1	Φ	8	191 510	2＊(510＋191)＋2＊(12.89＊d)	124	124	1.608	199.392	78.74
箍筋.2	Φ	8	510 510	2＊(510＋510)＋2＊(12.89＊d)	62	62	2.246	139.252	54.994

构件名称：KZ7[2056]　　　　　　　**构件数量：1**　　　　　　　**本构件钢筋重：166.908 kg**

构件位置：<3-3,3-D+175>

筋号	级别	直径	钢筋图形	计算公式	根数	总根数	单长/m	总长/m	总重/kg
角筋.1	Φ	16	2005	4705－1333－700－max（4000/6,550,500）	1	1	2.005	2.005	3.168
角筋.2	Φ	16	1445	4705－1893－700－max（4000/6,550,500）	1	1	1.445	1.445	2.283
角筋.3	Φ	16	690 ⌐ 3347	4700－1333－700＋700－20＋150＋35＊d－20	1	1	4.037	4.037	6.378
角筋.4	Φ	16	690 ⌐ 2787	4700－1893－700＋700－20＋150＋35＊d－20	1	1	3.477	3.477	5.494
B 边纵筋.1	Φ	14	726	4700－2019＋49＊d－700－max（4000/6, 550, 500）－1＊(0.3＊49＊d＋49＊d)	1	1	0.726	0.726	0.878
B 边纵筋.2	Φ	14	168 ⌐ 2455	4700－2911＋49＊d－700＋700－20＋12＊d	1	1	2.623	2.623	3.174
B 边纵筋.3	Φ	14	168 ⌐ 3347	4700－2019＋49＊d－700＋700－20＋12＊d	1	1	3.515	3.515	4.253
H 边纵筋.1	Φ	14	2005	4705－2019＋49＊d－700－max（4000/6,550,500）	2	2	2.005	4.01	4.852
H 边纵筋.2	Φ	14	1113	4705－2911＋49＊d－700－max（4000/6,550,500）	2	2	1.113	2.226	2.694
箍筋.1	Φ	8	510 510	2＊(510＋510)＋2＊(12.89＊d)	62	62	2.246	139.252	54.994
箍筋.2	Φ	8	191 510	2＊(510＋191)＋2＊(12.89＊d)	124	124	1.608	199.392	78.74

构件名称：KZ8[2049]　　　　　　　**构件数量：1**　　　　　　　**本构件钢筋重：84.119 kg**

构件位置：<3-5-150,3-E-150>

筋号	级别	直径	钢筋图形	计算公式	根数	总根数	单长/m	总长/m	总重/kg
角筋.1	Φ	16	640 ⌐ 3313	4700－1367－600＋600－20＋100＋35＊d－20	1	1	3.953	3.953	6.246

筋号	级别	直径	钢筋图形	计算公式	根数	总根数	单长/m	总长/m	总重/kg
角筋.2	Φ	16	192└ 3313	$4700-1367-600+600-20+12*d$	2	2	3.505	7.01	11.076
角筋.3	Φ	16	2050	$4700-1367-600-max(4100/6,500,500)$	1	1	2.05	2.05	3.239
钢筋	Φ	16	192└ 2753	$4700-1927-600+600-20+12*d$	2	2	2.945	5.89	9.306
B边纵筋.2	Φ	16	617	$4702-1927-600-max(4100/6,500,500)-1*max(35*d,500)$	1	1	0.617	0.617	0.975
H边纵筋.1	Φ	16	792	$4702-1927-600-max(4100/6,500,500)-1*max(35*d,500)$	1	1	0.792	0.792	1.251
箍筋.1	Φ	8	460 [460]	$2*(460+460)+2*(12.89*d)$	39	39	2.046	79.794	31.512
箍筋.2	Φ	8	⟨ 460 ⟩	$460+2*(12.89*d)$	78	78	0.666	51.948	20.514

构件名称:KZ9[2057] **构件数量:1** **本构件钢筋重:107.155 kg**

构件位置:<3-5,3-D+150>

筋号	级别	直径	钢筋图形	计算公式	根数	总根数	单长/m	总长/m	总重/kg
角筋.1	Φ	16	2053	$4703-1367-600-max(4100/6,500,500)$	1	1	2.053	2.053	3.244
角筋.2	Φ	16	1178	$4703-1367-600-max(4100/6,500,500)-1*max(35*d,500)$	1	1	1.178	1.178	1.861
角筋.3	Φ	16	640└ 3313	$4700-1367-600+600-20+100+35*d-20$	2	2	3.953	7.906	12.492
钢筋	Φ	16	793	$4703-1927-600-max(4100/6,500,500)-1*max(35*d,500)$	2	2	0.793	1.586	2.506
B边纵筋.2	Φ	16	192└ 2753	$4700-1927-600+600-20+12*d$	1	1	2.945	2.945	4.653
H边纵筋.2	Φ	16	1493	$4703-1927-600-max(4100/6,500,500)$	1	1	1.493	1.493	2.359
箍筋.1	Φ	8	460 [460]	$2*(460+460)+2*(12.89*d)$	60	60	2.046	122.76	48.48
箍筋.2	Φ	8	⟨ 460 ⟩	$460+2*(12.89*d)$	120	120	0.666	79.92	31.56

构件名称:KZ10[2058] **构件数量:1** **本构件钢筋重:123.353 kg**

构件位置:<1/3-6-100,3-D+150>

筋号	级别	直径	钢筋图形	计算公式	根数	总根数	单长/m	总长/m	总重/kg
角筋.1	Φ	16	192└ 3313	$4700-1367-600+600-20+12*d$	2	2	3.505	7.01	11.076
角筋.2	Φ	16	2050	$4700-1367-600-max(4100/6,500,500)$	1	1	2.05	2.05	3.239

续表二

筋号	级别	直径	钢筋图形	计算公式	根数	总根数	单长/m	总长/m	总重/kg
角筋.3	Φ	16	640⌐ 3313	4700−1367−600+600−20+100+35*d−20	1	1	3.953	3.953	6.246
B 边纵筋.1	Φ	16	4675	4702−1927+1900	1	1	4.675	4.675	7.387
钢筋	Φ	16	192⌐ 2753	4700−1927−600+600−20+12*d	2	2	2.945	5.89	9.306
H 边纵筋.1	Φ	16	3835	4702−1927+max（2400/6,400,500）+1*max（35*d,500）	1	1	3.835	3.835	6.059
箍筋.1	Φ	8	460 460⌷	2*(460+460)+2*(12.89*d)	60	60	2.046	122.76	48.48
箍筋.2	Φ	8	460	460+2*(12.89*d)	120	120	0.666	79.92	31.56

构件名称：KZ11[2050]　　　　　　　**构件数量：1**　　　　　　　**本构件钢筋重：94.011 kg**

构件位置:<1/3-6+150,3-E-150>

筋号	级别	直径	钢筋图形	计算公式	根数	总根数	单长/m	总长/m	总重/kg
角筋.1	Φ	16	192⌐ 3313	4700−1367−600+600−20+12*d	2	2	3.505	7.01	11.076
角筋.2	Φ	16	640⌐ 3313	4700−1367−600+600−20+100+35*d−20	1	1	3.953	3.953	6.246
角筋.3	Φ	16	2050	4700−1367−600−max（4100/6,500,500）	1	1	2.05	2.05	3.239
钢筋	Φ	16	192⌐ 2753	4700−1927−600+600−20+12*d	2	2	2.945	5.89	9.306
钢筋	Φ	16	3835	4702−1927+max（2400/6,400,500）+1*max（35*d,500）	2	2	3.835	7.67	12.118
箍筋.1	Φ	8	460 460⌷	2*(460+460)+2*(12.89*d)	39	39	2.046	79.794	31.512
箍筋.2	Φ	8	460	460+2*(12.89*d)	78	78	0.666	51.948	20.514

构件名称：KZ12[2044]　　　　　　　**构件数量：1**　　　　　　　**本构件钢筋重：181.061 kg**

构件位置:<3-7,3-F-150>

筋号	级别	直径	钢筋图形	计算公式	根数	总根数	单长/m	总长/m	总重/kg
角筋.1	Φ	16	640⌐ 3530	4700−1150−1250+1250−20+100+35*d−20	1	1	4.17	4.17	6.589
角筋.2	Φ	16	640⌐ 2970	4700−1710−1250+1250−20+100+35*d−20	1	1	3.61	3.61	5.704
角筋.3	Φ	16	4051	4701−1150+max（2450/6,400,500）	1	1	4.051	4.051	6.401
角筋.4	Φ	16	3491	4701−1710+max（2450/6,400,500）	1	1	3.491	3.491	5.516
B 边纵筋.1	Φ	14	4614	4706−2728+49*d+1950	1	1	4.614	4.614	5.583

筋号	级别	直径	钢筋图形	计算公式	根数	总根数	单长/m	总长/m	总重/kg
B 边纵筋.2	Φ	14	4610	4702−2728+49*d+1950	1	1	4.61	4.61	5.578
B 边纵筋.3	Φ	14	168⌐ 3530	4700−1836+49*d−1250+ 1250−20+12*d	1	1	3.698	3.698	4.475
B 边纵筋.4	Φ	14	2888	4700−1836+49*d−1250+ 1.2*35*d	1	1	2.888	2.888	3.494
H 边纵筋.1	Φ	14	1727	4702−1836+49*d−1250 −max(3450/6,500,500)	1	1	1.727	1.727	2.09
H 边纵筋.2	Φ	14	4609	4701−2728+49*d+1950	1	1	4.609	4.609	5.577
H 边纵筋.3	Φ	14	5501	4701−1836+49*d+1950	1	1	5.501	5.501	6.656
H 边纵筋.4	Φ	14	835	4702−2728+49*d−1250 −max(3450/6,500,500)	1	1	0.835	0.835	1.01
箍筋.1	Φ	8	175 ▱460	2*(460+175)+2*(12.89*d)	124	124	1.476	183.024	72.292
箍筋.2	Φ	8	460 ▱460	2*(460+460)+2*(12.89*d)	62	62	2.046	126.852	50.096

构件名称：KZ12[2046]　　　　　　　**构件数量：1**　　　　　　　**本构件钢筋重：175.958 kg**

构件位置：<3−11−150,3−F−150>

筋号	级别	直径	钢筋图形	计算公式	根数	总根数	单长/m	总长/m	总重/kg
角筋.1	Φ	16	640⌐ 3313	4700−1367−600+600−20+ 100+35*d−20	1	1	3.953	3.953	6.246
角筋.2	Φ	16	640⌐ 2753	4700−1927−600+600−20+ 100+35*d−20	1	1	3.393	3.393	5.361
角筋.3	Φ	16	3833	4700−1367+max(2450/6, 400,500)	1	1	3.833	3.833	6.056
角筋.4	Φ	16	192⌐ 2753	4700−1927−600+600−20+ 12*d	1	1	2.945	2.945	4.653
B 边纵筋.1	Φ	14	168⌐ 2421	4700−2945+49*d−600+ 600−20+12*d	1	1	2.589	2.589	3.133
B 边纵筋.2	Φ	14	570⌐ 3313	4700−2053+49*d−600+ 600−20+100+35*d−20	1	1	3.883	3.883	4.698
钢筋	Φ	14	4391	4700−2945+49*d+1950	2	2	4.391	8.782	10.626
钢筋	Φ	14	2052	4702−2053+49*d−600−max (4100/6,500,500)	2	2	2.052	4.104	4.966
H 边纵筋.3	Φ	14	168⌐ 3313	4700−2053+49*d−600+ 600−20+12*d	1	1	3.481	3.481	4.212
H 边纵筋.4	Φ	14	570⌐ 2421	4700−2945+49*d−600+ 600−20+100+35*d−20	1	1	2.991	2.991	3.619
箍筋.1	Φ	8	175 ▱460	2*(460+175)+2*(12.89*d)	124	124	1.476	183.024	72.292

续表二

筋号	级别	直径	钢筋图形	计算公式	根数	总根数	单长/m	总长/m	总重/kg
箍筋.2	Φ	8	460 ▱460	$2*(460+460)+2*(12.89*d)$	62	62	2.046	126.852	50.096

构件名称：KZ13[2051]　　　　　　**构件数量：1**　　　　　　**本构件钢筋重：67.858 kg**

构件位置：<3-7,3-E-150>

筋号	级别	直径	钢筋图形	计算公式	根数	总根数	单长/m	总长/m	总重/kg
角筋.1	Φ	16	2010	$4710-1333-700-max(4000/6,500,500)$	1	1	2.01	2.01	3.176
角筋.2	Φ	16	1240	$4710-1333-700-max(4000/6,500,500)-1*max(35*d,500)$	1	1	1.24	1.24	1.959
角筋.3	Φ	16	1232	$4702-1333-700-max(4000/6,500,500)-1*max(35*d,500)$	1	1	1.232	1.232	1.947
角筋.4	Φ	16	2002	$4702-1333-700-max(4000/6,500,500)$	1	1	2.002	2.002	3.163
B边纵筋.1	Φ	16	820	$4710-1893-700-max(4000/6,500,500)-1*max(35*d,500)$	1	1	0.82	0.82	1.296
B边纵筋.2	Φ	16	1442	$4702-1893-700-max(4000/6,500,500)$	1	1	1.442	1.442	2.278
H边纵筋.1	Φ	16	1444	$4704-1893-700-max(4000/6,500,500)$	1	1	1.444	1.444	2.282
H边纵筋.2	Φ	16	674	$4704-1893-700-max(4000/6,500,500)-1*max(35*d,500)$	1	1	0.674	0.674	1.065
箍筋.1	Φ	8	460 ▱460	$2*(460+460)+2*(12.89*d)$	38	38	2.046	77.748	30.704
箍筋.2	Φ	8	460	$460+2*(12.89*d)$	76	76	0.666	50.616	19.988

构件名称：KZ14[2059]　　　　　　**构件数量：1**　　　　　　**本构件钢筋重：74.041 kg**

构件位置：<3-7,3-D+150>

筋号	级别	直径	钢筋图形	计算公式	根数	总根数	单长/m	总长/m	总重/kg
角筋.1	Φ	16	2002	$4702-1333-700-max(4000/6,500,500)$	1	1	2.002	2.002	3.163
角筋.2	Φ	16	1127	$4702-1333-700-max(4000/6,500,500)-1*max(35*d,500)$	1	1	1.127	1.127	1.781
角筋.3	Φ	16	640⌐ 3347	$4700-1333-700+700-20+100+35*d-20$	2	2	3.987	7.974	12.598
钢筋	Φ	16	742	$4702-1893-700-max(4000/6,500,500)-1*max(35*d,500)$	2	2	0.742	1.484	2.344
B边纵筋.2	Φ	16	750	$4710-1893-700-max(4000/6,500,500)-1*max(35*d,500)$	1	1	0.75	0.75	1.185

筋号	级别	直径	钢筋图形	计算公式	根数	总根数	单长/m	总长/m	总重/kg
H边纵筋.2	Φ	16	1442	4702−1893−700−max（4000/6,500,500）	1	1	1.442	1.442	2.278
箍筋.1	Φ	8	460 460	2*(460+460)+2*(12.89*d)	38	38	2.046	77.748	30.704
箍筋.2	Φ	8	460	460+2*(12.89*d)	76	76	0.666	50.616	19.988

构件名称：KZ15[2052]　　　　**构件数量：1**　　　　**本构件钢筋重：167.081 kg**

构件位置：<3-9,3-E-175>

筋号	级别	直径	钢筋图形	计算公式	根数	总根数	单长/m	总长/m	总重/kg
角筋.1	Φ	16	690 3347	4700−1333−700+700−20+150+35*d−20	1	1	4.037	4.037	6.378
角筋.2	Φ	16	690 2787	4700−1893−700+700−20+150+35*d−20	1	1	3.477	3.477	5.494
角筋.3	Φ	16	2005	4705−1333−700−max（4000/6,550,500）	1	1	2.005	2.005	3.168
角筋.4	Φ	16	1445	4705−1893−700−max（4000/6,550,500）	1	1	1.445	1.445	2.283
B边纵筋.1	Φ	14	168 2455	4700−2911+49*d−700+700−20+12*d	1	1	2.623	2.623	3.174
B边纵筋.2	Φ	14	168 3347	4700−2019+49*d−700+700−20+12*d	1	1	3.515	3.515	4.253
B边纵筋.3	Φ	14	3255	4700−2019+49*d−700+1.2*35*d	1	1	3.255	3.255	3.939
H边纵筋.1	Φ	14	2005	4705−2019+49*d−700−max（4000/6,550,500）	1	1	2.005	2.005	2.426
H边纵筋.2	Φ	14	731	4705−2019+49*d−700−max（4000/6,550,500）−1*（0.3*49*d+49*d）	1	1	0.731	0.731	0.885
H边纵筋.3	Φ	14	1113	4705−2911+49*d−700−max（4000/6,550,500）	1	1	1.113	1.113	1.347
箍筋.1	Φ	8	191 510	2*(510+191)+2*(12.89*d)	124	124	1.608	199.392	78.74
箍筋.2	Φ	8	510 510	2*(510+510)+2*(12.89*d)	62	62	2.246	139.252	54.994

构件名称：KZ16[2060]　　　　**构件数量：1**　　　　**本构件钢筋重：166.927 kg**

构件位置：<3-9,3-D+175>

筋号	级别	直径	钢筋图形	计算公式	根数	总根数	单长/m	总长/m	总重/kg
角筋.1	Φ	16	2005	4705−1333−700−max（4000/6,550,500）	1	1	2.005	2.005	3.168
角筋.2	Φ	16	1445	4705−1893−700−max（4000/6,550,500）	1	1	1.445	1.445	2.283
角筋.3	Φ	16	690 3347	4700−1333−700+700−20+150+35*d−20	1	1	4.037	4.037	6.378

续表二

筋号	级别	直径	钢筋图形	计算公式	根数	总根数	单长/m	总长/m	总重/kg
角筋.4	Φ	16	690└ 2787	4700−1893−700+700−20+150+35*d−20	1	1	3.477	3.477	5.494
B边纵筋.1	Φ	14	3255	4700−2019+49*d−700+1.2*35*d	1	1	3.255	3.255	3.939
B边纵筋.2	Φ	14	168└ 2455	4700−2911+49*d−700+700−20+12*d	1	1	2.623	2.623	3.174
B边纵筋.3	Φ	14	168└ 3347	4700−2019+49*d−700+700−20+12*d	1	1	3.515	3.515	4.253
H边纵筋.1	Φ	14	604	4705−2019+49*d−700−max(4000/6,550,500)−1*(0.3*49*d+49*d)	1	1	0.604	0.604	0.731
H边纵筋.2	Φ	14	1113	4705−2911+49*d−700−max(4000/6,550,500)	1	1	1.113	1.113	1.347
H边纵筋.3	Φ	14	2005	4705−2019+49*d−700−max(4000/6,550,500)	1	1	2.005	2.005	2.426
箍筋.1	Φ	8	510 510	2*(510+510)+2*(12.89*d)	62	62	2.246	139.252	54.994
箍筋.2	Φ	8	191 510	2*(510+191)+2*(12.89*d)	124	124	1.608	199.392	78.74

构件名称：KZ17[2053]　　　　　**构件数量：1**　　　　　**本构件钢筋重：94.011 kg**

构件位置：<1/3−10−150,3−E−150>

筋号	级别	直径	钢筋图形	计算公式	根数	总根数	单长/m	总长/m	总重/kg
角筋.1	Φ	16	640└ 3313	4700−1367−600+600−20+100+35*d−20	1	1	3.953	3.953	6.246
角筋.2	Φ	16	192└ 3313	4700−1367−600+600−20+12*d	2	2	3.505	7.01	11.076
角筋.3	Φ	16	2050	4700−1367−600−max(4100/6,500,500)	1	1	2.05	2.05	3.239
钢筋	Φ	16	192└ 2753	4700−1927−600+600−20+12*d	2	2	2.945	5.89	9.306
钢筋	Φ	16	3835	4702−1927+max(2400/6,400,500)+1*max(35*d,500)	2	2	3.835	7.67	12.118
箍筋.1	Φ	8	460 460	2*(460+460)+2*(12.89*d)	39	39	2.046	79.794	31.512
箍筋.2	Φ	8	460	460+2*(12.89*d)	78	78	0.666	51.948	20.514

构件名称：KZ19[2061]　　　　　**构件数量：2**　　　　　**本构件钢筋重：89.314 kg**

构件位置：<1/3−10−150,3−D+150>;<3−11−150,3−D+150>

筋号	级别	直径	钢筋图形	计算公式	根数	总根数	单长/m	总长/m	总重/kg
角筋.1	Φ	16	192└ 3313	4700−1367−600+600−20+12*d	2	4	3.505	14.02	22.152
角筋.2	Φ	16	2050	4700−1367−600−max(4100/6,500,500)	1	2	2.05	4.1	6.478

续表二

筋号	级别	直径	钢筋图形	计算公式	根数	总根数	单长/m	总长/m	总重/kg
角筋.3	Φ	16	640└ 3313	4700−1367−600+600−20+100+35*d−20	1	2	3.953	7.906	12.492
B边纵筋.1	Φ	16	3835	4702−1927+max(2400/6,400,500)+1*max(35*d,500)	1	2	3.835	7.67	12.118
钢筋	Φ	16	192└ 2753	4700−1927−600+600−20+12*d	2	4	2.945	11.78	18.612
H边纵筋.1	Φ	16	862	4702−1927−600−max(4100/6,500,500)−1*max(35*d,500)	1	2	0.862	1.724	2.724
箍筋.1	Φ	8	460 [460]	2*(460+460)+2*(12.89*d)	39	78	2.046	159.588	63.024
箍筋.2	Φ	8	460	460+2*(12.89*d)	78	156	0.666	103.896	41.028

构件名称：KZ4[2065]　　　　**构件数量：10**　　　　**本构件钢筋重：73.19 kg**

构件位置：<3−2+150,3−C−150>;<3−11−150,3−C−150>;<3−2+150,3−B>;<3−4,3−B>;<3−6−150,3−B>;<3−8+150,3−B>;<3−10+150,3−B>;<3−11−150,3−B>;<3−2+150,3−A+150>;<3−11−150,3−A+150>

筋号	级别	直径	钢筋图形	计算公式	根数	总根数	单长/m	总长/m	总重/kg
钢筋	Φ	18	2980	3000−20	6	60	2.98	178.8	357.6
B边纵筋.1	Φ	16	2980	3000−20	2	20	2.98	59.6	94.16
箍筋.1	Φ	8	460 [460]	2*(460+460)+2*(12.89*d)	21	210	2.046	429.66	169.68
箍筋.2	Φ	8	460	460+2*(12.89*d)	42	420	0.666	279.72	110.46

构件名称：KZ20[2066]　　　　**构件数量：8**　　　　**本构件钢筋重：63.179 kg**

构件位置：<3−4,3−C−125>;<3−10+125,3−C−125>;<3−4,3−A+125>;<3−8+125,3−A+125>;<3−10+125,3−A+125>;<3−6−125,3−C−125>;<3−8+125,3−C−125>;<3−6−125,3−A+125>

筋号	级别	直径	钢筋图形	计算公式	根数	总根数	单长/m	总长/m	总重/kg
钢筋	Φ	16	2980	3000−20	8	64	2.98	190.72	301.312
箍筋.1	Φ	8	410 [410]	2*(410+410)+2*(12.89*d)	21	168	1.846	310.128	122.472
箍筋.2	Φ	8	410	410+2*(12.89*d)	42	336	0.616	206.976	81.648

构件名称：KZ21[2062]　　　　**构件数量：2**　　　　**本构件钢筋重：60.722 kg**

构件位置：<1/3−10+100,1/3−C−100>;<3−11−100,1/3−C−100>

筋号	级别	直径	钢筋图形	计算公式	根数	总根数	单长/m	总长/m	总重/kg
钢筋	Φ	16	2980	3000−20	8	16	2.98	47.68	75.328
箍筋.1	Φ	8	360 [360]	2*(360+360)+2*(12.89*d)	21	42	1.646	69.132	27.3
箍筋.2	Φ	8	360	360+2*(12.89*d)	42	84	0.566	47.544	18.816

续表二

筋号	级别	直径	钢筋图形	计算公式	根数	总根数	单长/m	总长/m	总重/kg
构件名称：**TZ1[9510]**				构件数量：**2**		本构件钢筋重：**67.275 kg**			
构件位置：<3-5,3-D+2480>;<1/3-6,3-D+2500>									
角筋插筋.1	Φ	16	240 L 1507	2826/3+600-35+15*d	2	4	1.747	6.988	11.04
角筋插筋.2	Φ	16	240 L 2067	2826/3+1*max（35*d，500）+600-35+15*d	2	4	2.307	9.228	14.58
H 边插筋.1	Φ	14	210 L 2193	2826/3+49*d+600-35+15*d	1	2	2.403	4.806	5.816
H 边插筋.2	Φ	14	210 L 3085	2826/3+49*d+1*（0.3*49*d+49*d）+600-35+15*d	1	2	3.295	6.59	7.974
角筋.1	Φ	16	192 L 2264	3226-942-400+400-20+12*d	2	4	2.456	9.824	15.52
角筋.2	Φ	16	192 L 1704	3226-1502-400+400-20+12*d	2	4	1.896	7.584	11.984
H 边纵筋.1	Φ	14	168 L 2264	3226-1628+49*d-400+400-20+12*d	1	2	2.432	4.864	5.886
H 边纵筋.2	Φ	14	168 L 1372	3226-2520+49*d-400+400-20+12*d	1	2	1.54	3.08	3.726
箍筋.1	Φ	8	160 ▱ 360	2*（360+160）+2*（12.89*d）	46	92	1.246	114.632	45.264
箍筋.2	Φ	8	▱ 160	160+2*（12.89*d）	44	88	0.366	32.208	12.76
构件名称：**TZ1[9512]**				构件数量：**4**		本构件钢筋重：**56.535 kg**			
构件位置：<1/3-10,3-E-3710>;<3-11,3-E-3710>;<1/3-10,3-D+2600>;<3-11,3-D+2600>									
角筋插筋.1	Φ	16	240 L 1292	2180/3+600-35+15*d	2	8	1.532	12.256	19.368
角筋插筋.2	Φ	16	240 L 1852	2180/3+1*max（35*d，500）+600-35+15*d	2	8	2.092	16.736	26.44
H 边插筋.1	Φ	14	210 L 1978	2180/3+49*d+600-35+15*d	1	4	2.188	8.752	10.588
H 边插筋.2	Φ	14	210 L 2870	2180/3+49*d+1*（0.3*49*d+49*d）+600-35+15*d	1	4	3.08	12.32	14.908
角筋.1	Φ	16	192 L 1833	2580-727-400+400-20+12*d	2	8	2.025	16.2	25.6
角筋.2	Φ	16	192 L 1273	2580-1287-400+400-20+12*d	2	8	1.465	11.72	18.52
H 边纵筋.1	Φ	14	168 L 1833	2580-1413+49*d-400+400-20+12*d	1	4	2.001	8.004	9.684
H 边纵筋.2	Φ	14	168 L 941	2580-2305+49*d-400+400-20+12*d	1	4	1.109	4.436	5.368

续表二

筋号	级别	直径	钢筋图形	计算公式	根数	总根数	单长/m	总长/m	总重/kg
箍筋.1	Φ	8	160 〔360〕	2*(360+160)+2*(12.89*d)	38	152	1.246	189.392	74.784
箍筋.2	Φ	8	160	160+2*(12.89*d)	36	144	0.366	52.704	20.88

构件名称：DWQ1[3853]　　　　　**构件数量：1**　　　　　**本构件钢筋重：3035.061 kg**

构件位置：<3-6,3-C><3-2-100,3-C>

筋号	级别	直径	钢筋图形	计算公式	根数	总根数	单长/m	总长/m	总重/kg
钢筋	Φ	12	14430	13950+500-20+576	44	44	15.006	660.264	586.3
钢筋	Φ	12	180└ 14430	14450-20+15*d+576	44	44	15.186	668.184	593.34
墙身垂直钢筋.1	Φ	14	168└ 6480	6500-130+130-20+12*d	44	44	6.648	292.512	353.936
墙身垂直钢筋.2	Φ	14	168└ 5308	6500-500-1.2*40*d-130+130-20+12*d	44	44	5.476	240.944	291.544
墙身垂直钢筋.3	Φ	16	192└ 5420	6500-max(35*d,500)-500-130+130-20+12*d	44	44	5.612	246.928	390.148
墙身垂直钢筋.4	Φ	16	192└ 5980	6500-500-130+130-20+12*d	44	44	6.172	271.568	429.088
墙身左侧插筋.1	Φ	14	150└ 1732	48*14+1100-40+max(6*d,150)	4	4	1.882	7.528	9.108
墙身左侧插筋.2	Φ	14	150└ 2904	48*14+500+1.2*40*d+1100-40+max(6*d,150)	6	6	3.054	18.324	22.17
墙身左侧插筋.3	Φ	14	210└ 882	48*14+250-40+15*d	40	40	1.092	43.68	52.84
墙身左侧插筋.4	Φ	14	210└ 2054	48*14+500+1.2*40*d+250-40+15*d	38	38	2.264	86.032	104.082
墙身右侧插筋.1	Φ	16	150└ 2120	500+max(35*d,500)+1100-40+max(6*d,150)	4	4	2.27	9.08	14.348
墙身右侧插筋.2	Φ	16	150└ 1560	500+1100-40+max(6*d,150)	6	6	1.71	10.26	16.212
墙身右侧插筋.3	Φ	16	240└ 1270	500+max(35*d,500)+250-40+15*d	40	40	1.51	60.4	95.44
墙身右侧插筋.4	Φ	16	240└ 710	500+250-40+15*d	38	38	0.95	36.1	57.038
墙身拉筋.1	Φ	6	160	(200-2*20)+2*(5*d+1.9*d)	309	309	0.243	75.087	19.467

构件名称：DWQ1[3858]　　　　　**构件数量：2**　　　　　**本构件钢筋重：2487.468 kg**

构件位置：<3-6,3-C><3-6,3-A>；<3-8,3-C><3-8,3-A>

筋号	级别	直径	钢筋图形	计算公式	根数	总根数	单长/m	总长/m	总重/kg
钢筋	Φ	12	180└ 12160 ┘180	11300+450-20+15*d+450-20+15*d+576	86	172	13.096	2252.51	2000.188
墙身垂直钢筋.1	Φ	14	168└ 6480	6500-130+130-20+12*d	36	72	6.648	478.656	579.168

206

续表二

筋号	级别	直径	钢筋图形	计算公式	根数	总根数	单长/m	总长/m	总重/kg
墙身垂直钢筋.2	Φ	14	168 └ 5308	6500－500－1.2*40*d－130＋130－20＋12*d	35	70	5.476	383.32	463.82
墙身垂直钢筋.3	Φ	16	192 └ 5420	6500－max（35*d,500）－500－130＋130－20＋12*d	36	72	5.612	404.064	638.424
墙身垂直钢筋.4	Φ	16	192 └ 5980	6500－500－130＋130－20＋12*d	35	70	6.172	432.04	682.64
墙身左侧插筋.1	Φ	14	150 └ 1732	48*14＋1100－40＋max（6*d,150）	2	4	1.882	7.528	9.108
墙身左侧插筋.2	Φ	14	150 └ 2904	48*14＋500＋1.2*40*d＋1100－40＋max（6*d,150）	2	4	3.054	12.216	14.78
墙身左侧插筋.3	Φ	14	210 └ 882	48*14＋250－40＋15*d	34	68	1.092	74.256	89.828
墙身左侧插筋.4	Φ	14	210 └ 2054	48*14＋500＋1.2*40*d＋250－40＋15*d	33	66	2.264	149.424	180.774
墙身右侧插筋.1	Φ	16	150 └ 2120	500＋max（35*d,500）＋1100－40＋max（6*d,150）	2	4	2.27	9.08	14.348
墙身右侧插筋.2	Φ	16	150 └ 1560	500＋1100－40＋max（6*d,150）	2	4	1.71	6.84	10.808
墙身右侧插筋.3	Φ	16	240 └ 1270	500＋max（35*d,500）＋250－40＋15*d	34	68	1.51	102.68	162.248
墙身右侧插筋.4	Φ	16	240 └ 710	500＋250－40＋15*d	33	66	0.95	62.7	99.066
墙身拉筋.1	Φ	6	160	（200－2*20）＋2*（5*d＋1.9*d）	236	472	0.243	114.696	29.736

构件名称：DWQ1[3878]　　构件数量：1　　本构件钢筋重：3055.477 kg

构件位置：<3-2,3-A><3-6,3-A>

钢筋	Φ	12	180 └ 14511	13601＋500－20＋450－20＋15*d＋576	44	44	15.267	671.748	596.508
钢筋	Φ	12	180 └ 14511 ┘180	14551－20＋15*d－20＋15*d＋576	44	44	15.447	679.668	603.548
墙身垂直钢筋.1	Φ	14	168 └ 6480	6500－130＋130－20＋12*d	44	44	6.648	292.512	353.936
墙身垂直钢筋.2	Φ	14	168 └ 5308	6500－500－1.2*40*d－130＋130－20＋12*d	44	44	5.476	240.944	291.544
墙身垂直钢筋.3	Φ	16	192 └ 5420	6500－max（35*d,500）－500－130＋130－20＋12*d	44	44	5.612	246.928	390.148
墙身垂直钢筋.4	Φ	16	192 └ 5980	6500－500－130＋130－20＋12*d	44	44	6.172	271.568	429.088
墙身左侧插筋.1	Φ	14	150 └ 1732	48*14＋1100－40＋max（6*d,150）	4	4	1.882	7.528	9.108

筋号	级别	直径	钢筋图形	计算公式	根数	总根数	单长/m	总长/m	总重/kg
墙身左侧插筋.2	Φ	14	150 ⌐ 2904	48 * 14+500+1.2 * 40 * d+1100−40+max(6 * d,150)	6	6	3.054	18.324	22.17
墙身左侧插筋.3	Φ	14	210 ⌐ 882	48 * 14+250−40+15 * d	40	40	1.092	43.68	52.84
墙身左侧插筋.4	Φ	14	210 ⌐ 2054	48 * 14+500+1.2 * 40 * d+250−40+15 * d	38	38	2.264	86.032	104.082
墙身右侧插筋.1	Φ	16	150 ⌐ 2120	500+max(35 * d,500)+1100−40+max(6 * d,150)	4	4	2.27	9.08	14.348
墙身右侧插筋.2	Φ	16	150 ⌐ 1560	500+1100−40+max(6 * d,150)	6	6	1.71	10.26	16.212
墙身右侧插筋.3	Φ	16	240 ⌐ 1270	500+max(35 * d,500)+250−40+15 * d	40	40	1.51	60.4	95.44
墙身右侧插筋.4	Φ	16	240 ⌐ 710	500+250−40+15 * d	38	38	0.95	36.1	57.038
墙身拉筋.1	Φ	6	⎧ 160 ⎫	(200−2 * 20)+2 * (5 * d+1.9 * d)	309	309	0.243	75.087	19.467

构件名称: DWQ1[3879]　　　　**构件数量: 1**　　　　**本构件钢筋重: 2504.361 kg**

构件位置: <3-2,3-C><3-2,3-A>

筋号	级别	直径	钢筋图形	计算公式	根数	总根数	单长/m	总长/m	总重/kg
钢筋	Φ	12	12160	11200+500−20+500−20+576	44	44	12.736	560.384	497.64
钢筋	Φ	12	180 ⌐ 12160 ⌐ 180	12200−20+15 * d−20+15 * d+576	44	44	13.096	576.224	511.676
墙身垂直钢筋.1	Φ	14	168 ⌐ 6480	6500−130+130−20+12 * d	36	36	6.648	239.328	289.584
墙身垂直钢筋.2	Φ	14	168 ⌐ 5308	6500−500−1.2 * 40 * d−130+130−20+12 * d	35	35	5.476	191.66	231.91
墙身垂直钢筋.3	Φ	16	192 ⌐ 5420	6500−max(35 * d,500)−500−130+130−20+12 * d	36	36	5.612	202.032	319.212
墙身垂直钢筋.4	Φ	16	192 ⌐ 5980	6500−500−130+130−20+12 * d	35	35	6.172	216.02	341.32
墙身左侧插筋.1	Φ	14	150 ⌐ 1732	48 * 14+1100−40+max(6 * d,150)	2	2	1.882	3.764	4.554
墙身左侧插筋.2	Φ	14	150 ⌐ 2904	48 * 14+500+1.2 * 40 * d+1100−40+max(6 * d,150)	2	2	3.054	6.108	7.39
墙身左侧插筋.3	Φ	14	210 ⌐ 882	48 * 14+250−40+15 * d	31	31	1.092	33.852	40.951
墙身左侧插筋.4	Φ	14	210 ⌐ 2054	48 * 14+500+1.2 * 40 * d+250−40+15 * d	31	31	2.264	70.184	84.909
墙身左侧插筋.5	Φ	14	150 ⌐ 1432	48 * 14+800−40+max(6 * d,150)	3	3	1.582	4.746	5.742
墙身左侧插筋.6	Φ	14	150 ⌐ 2604	48 * 14+500+1.2 * 40 * d+800−40+max(6 * d,150)	2	2	2.754	5.508	6.664

续表二

筋号	级别	直径	钢筋图形	计算公式	根数	总根数	单长/m	总长/m	总重/kg
墙身右侧插筋.1	Φ	16	150⌐ 2120	500 + max（35 * d，500）+ 1100-40+max(6 * d,150)	2	2	2.27	4.54	7.174
墙身右侧插筋.2	Φ	16	150⌐ 1560	500+1100-40+max（6 * d，150）	2	2	1.71	3.42	5.404
墙身右侧插筋.3	Φ	16	240⌐ 1270	500 + max（35 * d，500）+ 250-40+15 * d	31	31	1.51	46.81	73.966
墙身右侧插筋.4	Φ	16	240⌐ 710	500+250-40+15 * d	31	31	0.95	29.45	46.531
墙身右侧插筋.5	Φ	16	150⌐ 1820	500 + max（35 * d，500）+ 800-40+max(6 * d,150)	3	3	1.97	5.91	9.339
墙身右侧插筋.6	Φ	16	150⌐ 1260	500 + 800 - 40 + max（6 * d，150）	2	2	1.41	2.82	4.456
墙身拉筋.1	Φ	6	⟨ 160 ⟩	（200-2 * 20）+2 *（5 * d+ 1.9 * d）	253	253	0.243	61.479	15.939

构件名称：DWQ2[3890]		构件数量：1		本构件钢筋重：1121.058 kg

构件位置：<3-10,3-B><3-10,3-C>

筋号	级别	直径	钢筋图形	计算公式	根数	总根数	单长/m	总长/m	总重/kg
钢筋	Φ	12	180⌐ 5910 ⌐180	5500-20+15 * d+450-20+ 15 * d	43	43	6.27	269.61	239.424
钢筋	Φ	12	180⌐ 5910	5000+500-20+450-20+15 * d	43	43	6.09	261.87	232.544
钢筋	Φ	14	168⌐ 6480	6500-130+130-20+12 * d	33	33	6.648	219.384	265.452
钢筋	Φ	14	168⌐ 5308	6500-500-1.2 * 40 * d- 130+130-20+12 * d	33	33	5.476	180.708	218.658
钢筋	Φ	14	150⌐ 1882	48 * 14+1250-40+max（6 * d,150）	8	8	2.032	16.256	19.672
钢筋	Φ	14	150⌐ 3054	48 * 14+500+1.2 * 40 * d+ 1250-40+max(6 * d,150)	8	8	3.204	25.632	31.016
钢筋	Φ	14	210⌐ 882	48 * 14+250-40+15 * d	22	22	1.092	24.024	29.062
钢筋	Φ	14	210⌐ 2054	48 * 14+500+1.2 * 40 * d+ 250-40+15 * d	22	22	2.264	49.808	60.258
钢筋	Φ	14	150⌐ 1732	48 * 14+1100-40+max（6 * d,150）	3	3	1.882	5.646	6.831
钢筋	Φ	14	150⌐ 2904	48 * 14+500+1.2 * 40 * d+ 1100-40+max(6 * d,150)	3	3	3.054	9.162	11.085
墙身拉筋.1	Φ	6	⟨ 160 ⟩	（200-2 * 20）+2 *（5 * d+ 1.9 * d）	112	112	0.243	27.216	7.056

构件名称：DWQ2[3891]		构件数量：1		本构件钢筋重：609.82 kg

构件位置：<3-10+3100,3-B><3-10,3-B>

筋号	级别	直径	钢筋图形	计算公式	根数	总根数	单长/m	总长/m	总重/kg
钢筋	Φ	12	180⌐ 3260	2600 + 200 - 20 + 15 * d + 500-20	42	42	3.44	144.48	128.31

筋号	级别	直径	钢筋图形	计算公式	根数	总根数	单长/m	总长/m	总重/kg
钢筋	Φ	12	384 ⌐ 3260	$2800-20+1.6*40*d/2+$ $500-20$	42	42	3.644	153.048	135.912
钢筋	Φ	14	168 ⌐ 6480	$6500-130+130-20+12*d$	18	18	6.648	119.664	144.792
钢筋	Φ	14	168 ⌐ 5308	$6500-500-1.2*40*d-$ $130+130-20+12*d$	18	18	5.476	98.568	119.268
钢筋	Φ	14	210 ⌐ 882	$48*14+250-40+15*d$	16	16	1.092	17.472	21.136
钢筋	Φ	14	210 ⌐ 2054	$48*14+500+1.2*40*d+$ $250-40+15*d$	16	16	2.264	36.224	43.824
钢筋	Φ	14	150 ⌐ 1882	$48*14+1250-40+\max(6*$ $d,150)$	2	2	2.032	4.064	4.918
钢筋	Φ	14	150 ⌐ 3054	$48*14+500+1.2*40*d+$ $1250-40+\max(6*d,150)$	2	2	3.204	6.408	7.754
墙身拉筋.1	Φ	6	160	$(200-2*20)+2*(5*d+$ $1.9*d)$	62	62	0.243	15.066	3.906

构件名称: DWQ2[3899]　　　　构件数量: 1　　　　本构件钢筋重: 480.662 kg

构件位置: <3-10+3100,3-B-2000><3-10+3100,3-B>

筋号	级别	直径	钢筋图形	计算公式	根数	总根数	单长/m	总长/m	总重/kg
钢筋	Φ	12	384 ⌐ 2060	$1900-20+1.6*40*d/2+$ $200-20+15*d$	42	42	2.624	110.208	97.86
钢筋	Φ	12	180 ⌐ 2060	$1900+200-20+15*d-20+$ $1.6*40*d/2$	42	42	2.624	110.208	97.86
墙身水平钢筋.3	Φ	12	384 ⌐ 706	$150+48*d-20+1.6*40*$ $d/2$	1	1	1.09	1.09	0.968
钢筋	Φ	14	168 ⌐ 6480	$6500-130+130-20+12*d$	15	15	6.648	99.72	120.66
钢筋	Φ	14	168 ⌐ 5308	$6500-500-1.2*40*d-$ $130+130-20+12*d$	15	15	5.476	82.14	99.39
钢筋	Φ	14	210 ⌐ 882	$48*14+250-40+15*d$	15	15	1.092	16.38	19.815
钢筋	Φ	14	210 ⌐ 2054	$48*14+500+1.2*40*d+$ $250-40+15*d$	15	15	2.264	33.96	41.085
墙身拉筋.1	Φ	6	160	$(200-2*20)+2*(5*d+$ $1.9*d)$	48	48	0.243	11.664	3.024

构件名称: DWQ2[3900]　　　　构件数量: 1　　　　本构件钢筋重: 807.806 kg

构件位置: <3-11,3-B-1900><3-10+3100,3-B-1900>

筋号	级别	直径	钢筋图形	计算公式	根数	总根数	单长/m	总长/m	总重/kg
钢筋	Φ	12	180 ⌐ 3760	$3600+200-20+15*d-20+$ $1.6*40*d/2$	43	43	4.324	185.932	165.12
墙身水平钢筋.2	Φ	12	384 ⌐ 706	$150+48*d-20+1.6*40*$ $d/2$	3	3	1.09	3.27	2.904
钢筋	Φ	12	384 ⌐ 3760	$3600-20+1.6*40*d/2+$ $200-20+15*d$	43	43	4.324	185.932	165.12

续表二

筋号	级别	直径	钢筋图形	计算公式	根数	总根数	单长/m	总长/m	总重/kg
墙身垂直钢筋.1	Φ	14	140└6480	6500−20+10*d	1	1	6.62	6.62	8.01
钢筋	Φ	14	168└5308	6500−500−1.2*40*d−130+130−20+12*d	24	24	5.476	131.424	159.024
钢筋	Φ	14	168└6480	6500−130+130−20+12*d	24	24	6.648	159.552	193.056
墙身垂直钢筋.4	Φ	14	140└5308	6500−500−1.2*40*d−20+10*d	1	1	5.448	5.448	6.592
墙身插筋.1	Φ	14	150└1537	48*14+900−35+max(6*d,150)	1	1	1.687	1.687	2.041
钢筋	Φ	14	210└2054	48*14+500+1.2*40*d+250−40+15*d	24	24	2.264	54.336	65.736
钢筋	Φ	14	210└882	48*14+250−40+15*d	24	24	1.092	26.208	31.704
墙身插筋.2	Φ	14	150└2709	48*14+500+1.2*40*d+900−35+max(6*d,150)	1	1	2.859	2.859	3.459
墙身拉筋.1	φ	6	⟨160⟩	(200−2*20)+2*(5*d+1.9*d)	80	80	0.243	19.44	5.04

构件名称：DWQ2[3901]	构件数量：1	本构件钢筋重：918.351 kg

构件位置：<3−11,3−A><3−11,3−B−1900>

筋号	级别	直径	钢筋图形	计算公式	根数	总根数	单长/m	总长/m	总重/kg
钢筋	Φ	12	180└4660	4000+500−20+200−20+15*d	43	43	4.84	208.12	184.814
钢筋	Φ	12	180└4660┘384	4700−20+15*d−20+1.6*40*d/2	43	43	5.224	224.632	199.477
钢筋	Φ	14	168└6480	6500−130+130−20+12*d	28	28	6.648	186.144	225.232
钢筋	Φ	14	168└5308	6500−500−1.2*40*d−130+130−20+12*d	28	28	5.476	153.328	185.528
钢筋	Φ	14	150└1732	48*14+1100−40+max(6*d,150)	2	2	1.882	3.764	4.554
钢筋	Φ	14	150└2904	48*14+500+1.2*40*d+1100−40+max(6*d,150)	2	2	3.054	6.108	7.39
钢筋	Φ	14	210└882	48*14+250−40+15*d	26	26	1.092	28.392	34.346
钢筋	Φ	14	210└2054	48*14+500+1.2*40*d+250−40+15*d	26	26	2.264	58.864	71.214
墙身拉筋.1	φ	6	⟨160⟩	(200−2*20)+2*(5*d+1.9*d)	92	92	0.243	22.356	5.796

构件名称：DWQ2[3997]	构件数量：1	本构件钢筋重：2463.138 kg

构件位置：<3−8−100,3−A+50><3−11,3−A+50>

筋号	级别	直径	钢筋图形	计算公式	根数	总根数	单长/m	总长/m	总重/kg
钢筋	Φ	12	180└12610	12150−20+15*d+500−20+576	44	44	13.366	588.104	522.236

续表二

筋号	级别	直径	钢筋图形	计算公式	根数	总根数	单长/m	总长/m	总重/kg
钢筋	Φ	12	12756	11700+1.2*40*d+500-20+576	44	44	13.332	586.608	520.916
钢筋	Φ	14	168 ⌐ 6480	6500-130+130-20+12*d	74	74	6.648	491.952	595.256
钢筋	Φ	14	168 ⌐ 5308	6500-500-1.2*40*d-130+130-20+12*d	74	74	5.476	405.224	490.324
钢筋	Φ	14	150 ⌐ 1732	48*14+1100-40+max(6*d,150)	9	9	1.882	16.938	20.493
钢筋	Φ	14	150 ⌐ 2904	48*14+500+1.2*40*d+1100-40+max(6*d,150)	9	9	3.054	27.486	33.255
钢筋	Φ	14	210 ⌐ 882	48*14+250-40+15*d	65	65	1.092	70.98	85.865
钢筋	Φ	14	210 ⌐ 2054	48*14+500+1.2*40*d+250-40+15*d	65	65	2.264	147.16	178.035
墙身拉筋.1	Φ	6	160	(200-2*20)+2*(5*d+1.9*d)	266	266	0.243	64.638	16.758

构件名称：DWQ2[4001]				构件数量：1			本构件钢筋重：1144.519 kg		
构件位置：<3-10,3-C><3-8+125,3-C>									
钢筋	Φ	12	180 ⌐ 6160 ⌐ 180	5300+450-20+15*d+450-20+15*d	42	42	6.52	273.84	243.18
钢筋	Φ	12	180 ⌐ 5956	5976-20+15*d	42	42	6.136	257.712	228.858
钢筋	Φ	14	168 ⌐ 6480	6500-130+130-20+12*d	35	35	6.648	232.68	281.54
钢筋	Φ	14	168 ⌐ 5308	6500-500-1.2*40*d-130+130-20+12*d	35	35	5.476	191.66	231.91
钢筋	Φ	14	150 ⌐ 1732	48*14+1100-40+max(6*d,150)	5	5	1.882	9.41	11.385
钢筋	Φ	14	150 ⌐ 2904	48*14+500+1.2*40*d+1100-40+max(6*d,150)	5	5	3.054	15.27	18.475
钢筋	Φ	14	210 ⌐ 882	48*14+250-40+15*d	30	30	1.092	32.76	39.63
钢筋	Φ	14	210 ⌐ 2054	48*14+500+1.2*40*d+250-40+15*d	30	30	2.264	67.92	82.17
墙身拉筋.1	Φ	6	160	(200-2*20)+2*(5*d+1.9*d)	117	117	0.243	28.431	7.371

构件名称：DWQ3[3873]				构件数量：1			本构件钢筋重：560.956 kg		
构件位置：<3-8+125,3-C><3-6,3-C>									
钢筋	Φ	12	180 ⌐ 8131	7701+450-20+15*d	18	18	8.311	149.598	132.84
钢筋	Φ	12	7925	7925	18	18	7.925	142.65	126.666

续表二

筋号	级别	直径	钢筋图形	计算公式	根数	总根数	单长/m	总长/m	总重/kg
墙身垂直钢筋.1	Φ	12	120└ 2280	2300−20+10*d	50	50	2.4	120	106.55
墙身垂直钢筋.2	Φ	12	120└ 1204	2300−500−1.2*40*d−20+10*d	50	50	1.324	66.2	58.8
钢筋	Φ	12	150└ 1636	48*12+1100−40+max(6*d,150)	4	4	1.786	7.144	6.344
钢筋	Φ	12	150└ 2712	48*12+500+1.2*40*d+1100−40+max(6*d,150)	4	4	2.862	11.448	10.164
钢筋	Φ	12	180└ 686	48*12+150−40+15*d	46	46	0.866	39.836	35.374
钢筋	Φ	12	180└ 1762	48*12+500+1.2*40*d+150−40+15*d	46	46	1.942	89.332	79.304
墙身拉筋.1	φ	6	160	(200−2*20)+2*(5*d+1.9*d)	78	78	0.243	18.954	4.914

构件名称：DWQ3[4009]　　　　　构件数量：1　　　　　本构件钢筋重：549.624 kg

构件位置：<3−6+100,3−A><3−8−100,3−A>

筋号	级别	直径	钢筋图形	计算公式	根数	总根数	单长/m	总长/m	总重/kg
钢筋	Φ	12	180└ 8605	7599+450−20+15*d+1.2*40*d	14	14	8.785	122.99	109.214
钢筋	Φ	12	180└ 6209 ┘120	5799+450−20+15*d−20+10*d	8	8	6.509	52.072	46.24
钢筋	Φ	12	180└ 8459 ┘180	8049+450−20+15*d−20+15*d	14	14	8.819	123.466	109.634
墙身垂直钢筋.1	Φ	12	120└ 2280	2300−20+10*d	38	38	2.4	91.2	80.978
墙身垂直钢筋.2	Φ	12	120└ 1204	2300−500−1.2*40*d−20+10*d	38	38	1.324	50.312	44.688
墙身垂直钢筋.3	Φ	12	120└ 1780	1800−20+10*d	12	12	1.9	22.8	20.244
钢筋	Φ	12	150└ 1636	48*12+1100−40+max(6*d,150)	4	4	1.786	7.144	6.344
钢筋	Φ	12	150└ 2712	48*12+500+1.2*40*d+1100−40+max(6*d,150)	2	2	2.862	5.724	5.082
钢筋	Φ	12	180└ 686	48*12+150−40+15*d	46	46	0.866	39.836	35.374
钢筋	Φ	12	180└ 1762	48*12+500+1.2*40*d+150−40+15*d	36	36	1.942	69.912	62.064
钢筋	Φ	12	180└ 1890 ┘120	1800+150−40+15*d−20+10*d	10	10	2.19	21.9	19.45
钢筋	Φ	12	150└ 2840 ┘120	1800+1100−40+max(6*d,150)−20+10*d	2	2	3.11	6.22	5.524
墙身拉筋.1	φ	6	160	(200−2*20)+2*(5*d+1.9*d)	76	76	0.243	18.468	4.788

筋号	级别	直径	钢筋图形	计算公式	根数	总根数	单长/m	总长/m	总重/kg
构件名称：KL1(2)[183]				**构件数量：1**			**本构件钢筋重：280.973 kg**		
构件位置：<3-1+25,3-D><3-1+25,3-F>									
1跨.上通长筋1	Φ	20	300 ⌐ 10160 ⌐ 300	550−20+15*d+9100+550−20+15*d	2	2	10.76	21.52	53.154
1跨.左支座筋1	Φ	20	300 ⌐ 2830	550−20+15*d+6900/3	2	2	3.13	6.26	15.462
1跨.右支座筋1	Φ	20	300 ⌐ 5030	6900/3+550+1650+550−20+15*d	2	2	5.33	10.66	26.33
1跨.侧面受扭筋1	Φ	12	9940	35*d+9100+35*d+588	4	4	10.528	42.112	37.396
1跨.下部钢筋1	Φ	20	300 ⌐ 7960 ⌐ 300	550−20+15*d+6900+550−20+15*d	4	4	8.56	34.24	84.572
2跨.下部钢筋1	Φ	16	240 ⌐ 2740	35*d+1650+550−20+15*d	2	2	2.98	5.96	9.416
1跨.箍筋1	Φ	8	560 [210]	2*((250−2*20)+(600−2*20))+2*(12.89*d)	51	51	1.746	89.046	35.19
钢筋	Φ	6	210	(250−2*20)+2*(75+1.9*d)	54	54	0.383	20.682	5.4
2跨.箍筋1	Φ	8	460 [210]	2*((250−2*20)+(500−2*20))+2*(12.89*d)	23	23	1.546	35.558	14.053
构件名称：KL10(7)[188]				**构件数量：1**			**本构件钢筋重：1050.231 kg**		
构件位置：<3-1+25,3-E-25><3-11-25,3-E-25>									
1跨.上通长筋1	Φ	22	330 ⌐ 39160 ⌐ 330	550−20+15*d+38150+500−20+15*d	2	2	39.82	79.64	237.328
1跨.左支座筋1	Φ	22	330 ⌐ 2888	550−20+15*d+7075/3	1	1	3.218	3.218	9.59
1跨.右支座筋1	Φ	22	4112	7125/4+550+7125/4	2	2	4.112	8.224	24.508
1跨.侧面受扭筋1	Φ	12	7915	35*d+7075+35*d	4	4	7.915	31.66	28.116
1跨.下部钢筋1	Φ	22	330 ⌐ 8375	550−20+15*d+7075+35*d	4	4	8.705	34.82	103.764
2跨.右支座筋1	Φ	20	4062	7125/4+500+7125/4	2	2	4.062	8.124	20.066
2跨.侧面受扭筋1	Φ	12	7965	35*d+7125+35*d	4	4	7.965	31.86	28.292
2跨.下部钢筋1	Φ	25	8875	35*d+7125+35*d	3	3	8.875	26.625	102.507

续表二

筋号	级别	直径	钢筋图形	计算公式	根数	总根数	单长/m	总长/m	总重/kg
3 跨.侧面构造筋 1	Φ	10	3700	15 * d+3400+15 * d	4	4	3.7	14.8	9.132
3 跨.下部钢筋 1	Φ	16	4520	35 * d+3400+35 * d	2	2	4.52	9.04	14.284
4 跨.右支座筋 1	Φ	22	5350	7275/3+500+7275/3	1	1	5.35	5.35	15.943
4 跨.侧面构造筋 1	Φ	10	3850	15 * d+3550+15 * d	4	4	3.85	15.4	9.5
4 跨.下部钢筋 1	Φ	16	4670	35 * d+3550+35 * d	2	2	4.67	9.34	14.758
5 跨.右支座筋 1	Φ	22	5400	7275/3+550+7275/3	1	1	5.4	5.4	16.092
5 跨.侧面受扭筋 1	Φ	12	8115	35 * d+7275+35 * d	4	4	8.115	32.46	28.824
5 跨.下部钢筋 1	Φ	20	300 8505	35 * d+7275+550-20+15 * d	2	2	8.805	17.61	43.496
5 跨.下部钢筋 3	Φ	25	375 8680	35 * d+7275+550-20+15 * d	2	2	9.055	18.11	69.724
6 跨.侧面构造筋 1	Φ	12	3885	15 * d+3525+15 * d	2	2	3.885	7.77	6.9
6 跨.下部钢筋 1	Φ	16	4645	35 * d+3525+35 * d	2	2	4.645	9.29	14.678
7 跨.侧面受扭筋 1	Φ	12	3940	35 * d+3100+35 * d	4	4	3.94	15.76	13.996
7 跨.下部钢筋 1	Φ	20	300 4280	35 * d+3100+500-20+15 * d	2	2	4.58	9.16	22.626
钢筋	Φ	8	560 210	2 * ((250-2 * 20)+(600-2 * 20))+2 * (12.89 * d)	227	227	1.746	396.342	156.63
钢筋	Φ	6	210	(250-2 * 20)+2 * (75+1.9 * d)	194	194	0.383	74.302	19.4
钢筋	Φ	8	460 210	2 * ((250-2 * 20)+(500-2 * 20))+2 * (12.89 * d)	55	55	1.546	85.03	33.605
钢筋	Φ	25	210	250-2 * 20	8	8	0.21	1.68	6.472

构件名称：KL11(5)[189]	构件数量：1	本构件钢筋重：1131.679 kg

构件位置：<3-1+25,3-F-25><3-11-200,3-F-25>

筋号	级别	直径	钢筋图形	计算公式	根数	总根数	单长/m	总长/m	总重/kg
1 跨.上通长筋 1	Φ	20	300 39160 300	550-20+15 * d+38150+500-20+15 * d	2	2	39.76	79.52	196.414

筋号	级别	直径	钢筋图形	计算公式	根数	总根数	单长/m	总长/m	总重/kg
1跨.左支座筋1	Φ	20	300 ⌐ 2897	550−20+15*d+7100/3	1	1	3.197	3.197	7.897
钢筋	Φ	20	5366	7300/3+500+7300/3	7	7	5.366	37.562	92.778
1跨.侧面受扭筋1	Φ	14	15880	35*d+14900+35*d+686	4	4	16.566	66.264	80.18
1跨.下部钢筋1	Φ	20	300 ⌐ 8330	550−20+15*d+7100+35*d	3	3	8.63	25.89	63.948
2跨.下部钢筋1	Φ	22	8840	35*d+7300+35*d	2	2	8.84	17.68	52.686
3跨.侧面受扭筋1	Φ	12	8140	35*d+7300+35*d	12	12	8.14	97.68	86.736
3跨.下部钢筋1	Φ	20	300 ⌐ 8260 ⌐ 300	500−20+15*d+7300+500−20+15*d	4	4	8.86	35.44	87.536
4跨.侧面受扭筋1	Φ	14	210 ⌐ 15920	35*d+14950+500−20+15*d+686	4	4	16.816	67.264	81.388
4跨.下部钢筋1	Φ	20	8700	35*d+7300+35*d	3	3	8.7	26.1	64.467
5跨.右支座筋1	Φ	20	300 ⌐ 2863	7150/3+500−20+15*d	1	1	3.163	3.163	7.813
5跨.下部钢筋1	Φ	22	330 ⌐ 8400	35*d+7150+500−20+15*d	3	3	8.73	26.19	78.045
钢筋	Φ	8	560 ▢ 210	2*((250−2*20)+(600−2*20))+2*(12.89*d)	198	198	1.746	345.708	136.62
钢筋	Φ	6	⌐ 210 ⌐	(250−2*20)+2*(75+1.9*d)	266	266	0.383	101.878	26.6
3跨.箍筋1	Φ	8	1210 ▢ 210	2*((250−2*20)+(1250−2*20))+2*(12.89*d)	57	57	3.046	173.622	68.571

构件名称：KL2(2)[190]　　　　　　**构件数量：1**　　　　　　**本构件钢筋重：509.518 kg**

构件位置：<3-3,3-D+25><3-3,3-F-25>

筋号	级别	直径	钢筋图形	计算公式	根数	总根数	单长/m	总长/m	总重/kg
1跨.上通长筋1	Φ	22	330 ⌐ 10160 ⌐ 330	550−20+15*d+9150+500−20+15*d	2	2	10.82	21.64	64.488
1跨.左支座筋1	Φ	22	330 ⌐ 2830	550−20+15*d+6900/3	2	2	3.16	6.32	18.834
1跨.左支座筋3	Φ	22	330 ⌐ 2255	550−20+15*d+6900/4	2	2	2.585	5.17	15.406
1跨.右支座筋1	Φ	22	330 ⌐ 5030	6900/3+550+1700+500−20+15*d	1	1	5.36	5.36	15.973

续表二

筋号	级别直径		钢筋图形	计算公式	根数	总根数	单长/m	总长/m	总重/kg
1跨.右支座筋2	Φ	22	330 ⌐4455	6900/4+550+1700+500−20+15*d	2	2	4.785	9.57	28.518
1跨.侧面构造筋1	Φ	12	7260	15*d+6900+15*d	4	4	7.26	29.04	25.788
1跨.下部钢筋1	Φ	25	375⌐7960⌐375	550−20+15*d+6900+550−20+15*d	4	4	8.71	34.84	134.136
1跨.下部钢筋5	Φ	20	300⌐7960⌐300	550−20+15*d+6900+550−20+15*d	4	4	8.56	34.24	84.572
2跨.侧面构造筋1	Φ	12	2060	15*d+1700+15*d	2	2	2.06	4.12	3.658
2跨.下部钢筋1	Φ	20	300⌐2880	35*d+1700+500−20+15*d	2	2	3.18	6.36	15.71
1跨.吊筋1	Φ	12	240 / 45 300 660	200+2*50+2*20*d+2*1.414*(700−2*20)	2	2	2.647	5.294	4.702
1跨.箍筋1	Φ	10	660 ▢210	2*((250−2*20)+(700−2*20))+2*(12.89*d)	59	59	1.998	117.882	72.747
钢筋	Φ	6	╲ 210 ╱	(250−2*20)+2*(75+1.9*d)	57	57	0.383	21.831	5.7
2跨.箍筋1	Φ	8	460 ▢210	2*((250−2*20)+(500−2*20))+2*(12.89*d)	17	17	1.546	26.282	10.387
钢筋	Φ	25	210	250−2*20	11	11	0.21	2.31	8.899

构件名称：KL3(2A)[191]　　　构件数量：1　　　本构件钢筋重：460.702 kg

构件位置：<3−5,3−D+25><3−5,3−F+2400>

钢筋	Φ	22	330⌐10160⌐330	500−20+15*d+9200+500−20+15*d	2	2	10.82	21.64	64.488
钢筋	Φ	22	330⌐2230	500−20+15*d+7000/4	3	3	2.56	7.68	22.887
1跨.右支座筋1	Φ	22	330⌐5013	7000/3+500+1700+500−20+15*d	1	1	5.343	5.343	15.922
1跨.右支座筋3	Φ	22	2520	7000/4+35*d	1	1	2.52	2.52	7.51
1跨.侧面受扭筋1	Φ	12	7840	35*d+7000+35*d	4	4	7.84	31.36	27.848
1跨.下部钢筋1	Φ	25	375⌐7960⌐375	500−20+15*d+7000+500−20+15*d	3	3	8.71	26.13	100.602
1跨.下部钢筋4	Φ	22	330⌐7960⌐330	500−20+15*d+7000+500−20+15*d	2	2	8.62	17.24	51.376
2跨.右支座筋1	Φ	22	330⌐905	1700/4+500−20+15*d	2	2	1.235	2.47	7.36

筋号	级别	直径	钢筋图形	计算公式	根数	总根数	单长/m	总长/m	总重/kg
2跨.侧面构造筋1	Φ	12	2060	15*d+1700+15*d	2	2	2.06	4.12	3.658
2跨.下部钢筋1	Φ	20	3100	35*d+1700+35*d	2	2	3.1	6.2	15.314
3跨.上通长筋1	Φ	22	264 3050	35*d+2300+264−20	2	2	3.314	6.628	19.752
3跨.跨中筋1	Φ	22	440 220 2475 45	35*d+0.75*2300+(500−20*3)*1.414+220	2	2	3.337	6.674	19.888
3跨.侧面受扭筋1	Φ	12	2700	35*d+2300−20	4	4	2.7	10.8	9.592
3跨.下部钢筋1	Φ	16	2520	15*d+2300−20	2	2	2.52	5.04	7.964
1跨.箍筋1	Φ	8	560 210	2*((250−2*20)+(600−2*20))+2*(12.89*d)	66	66	1.746	115.236	45.54
1跨.拉筋1	Φ	6	210	(250−2*20)+2*(75+1.9*d)	48	48	0.383	18.384	4.8
钢筋	Φ	8	460 160	2*((200−2*20)+(500−2*20))+2*(12.89*d)	41	41	1.446	59.286	23.411
钢筋	Φ	6	160	(200−2*20)+2*(75+1.9*d)	35	35	0.333	11.655	3.045
钢筋	Φ	25	210	250−2*20	9	9	0.21	1.89	7.281
钢筋	Φ	25	160	200−2*20	4	4	0.16	0.64	2.464

构件名称：KL4(1)[192]　　　**构件数量：1**　　　**本构件钢筋重：249.198 kg**

构件位置：<1/3-6+25,3-D+25><1/3-6+25,3-E-25>

筋号	级别	直径	钢筋图形	计算公式	根数	总根数	单长/m	总长/m	总重/kg
1跨.上通长筋1	Φ	22	330 7960 330	500−20+15*d+7000+500−20+15*d	2	2	8.62	17.24	51.376
1跨.左支座筋1	Φ	22	330 2813	500−20+15*d+7000/3	1	1	3.143	3.143	9.366
1跨.右支座筋1	Φ	22	330 2230	7000/4+500−20+15*d	2	2	2.56	5.12	15.258
1跨.侧面受扭筋1	Φ	12	7840	35*d+7000+35*d	4	4	7.84	31.36	27.848
1跨.下部钢筋1	Φ	25	375 7960 375	500−20+15*d+7000+500−20+15*d	3	3	8.71	26.13	100.602
1跨.箍筋1	Φ	8	560 210	2*((250−2*20)+(600−2*20))+2*(12.89*d)	57	57	1.746	99.522	39.33

续表二

筋号	级别	直径	钢筋图形	计算公式	根数	总根数	单长/m	总长/m	总重/kg
1跨.拉筋1	φ	6	210	(250-2*20)+2*(75+1.9*d)	38	38	0.383	14.554	3.8
1跨.上部梁垫铁.1	Φ	25	210	250-2*20	2	2	0.21	0.42	1.618

构件名称:KL5(2A)[193]　　　　**构件数量:1**　　　　**本构件钢筋重:503.161 kg**

构件位置:<3-7,3-D+25><3-7,3-F+2400>

筋号	级别	直径	钢筋图形	计算公式	根数	总根数	单长/m	总长/m	总重/kg
钢筋	Φ	22	330 10160 330	500-20+15*d+9200+500-20+15*d	2	2	10.82	21.64	64.488
1跨.左支座筋1	Φ	22	330 2230	500-20+15*d+7000/4	2	2	2.56	5.12	15.258
1跨.右支座筋1	Φ	22	2520	7000/4+35*d	2	2	2.52	5.04	15.02
1跨.侧面受扭筋1	Φ	12	7840	35*d+7000+35*d	6	6	7.84	47.04	41.772
1跨.下部钢筋1	Φ	25	375 7960 375	500-20+15*d+7000+500-20+15*d	4	4	8.71	34.84	134.136
1跨.下部钢筋5	Φ	20	300 7960 300	500-20+15*d+7000+500-20+15*d	2	2	8.56	17.12	42.286
2跨.右支座筋1	Φ	22	330 905	1700/4+500-20+15*d	2	2	1.235	2.47	7.36
2跨.侧面构造筋1	Φ	12	2060	15*d+1700+15*d	2	2	2.06	4.12	3.658
2跨.下部钢筋1	Φ	18	2960	35*d+1700+35*d	2	2	2.96	5.92	11.84
3跨.上通长筋1	Φ	22	264 3050	35*d+2300+264-20	2	2	3.314	6.628	19.752
3跨.跨中筋1	Φ	22	440 220 2475 45	35*d+0.75*2300+(500-20*3)*1.414+220	2	2	3.337	6.674	19.888
3跨.侧面受扭筋1	Φ	12	2700	35*d+2300-20	4	4	2.7	10.8	9.592
3跨.下部钢筋1	Φ	16	2520	15*d+2300-20	2	2	2.52	5.04	7.964
1跨.吊筋1	Φ	12	240 45 300 660	200+2*50+2*20*d+2*1.414*(700-2*20)	2	2	2.647	5.294	4.702
1跨.箍筋1	Φ	8	660 210	2*((250-2*20)+(700-2*20))+2*(12.89*d)	76	76	1.946	147.896	58.444

续表二

筋号	级别	直径	钢筋图形	计算公式	根数	总根数	单长/m	总长/m	总重/kg
1跨.拉筋1	Φ	6	210	$(250-2*20)+2*(75+1.9*d)$	108	108	0.383	41.364	10.8
钢筋	Φ	8	460 | 160	$2*((200-2*20)+(500-2*20))+2*(12.89*d)$	41	41	1.446	59.286	23.411
钢筋	Φ	6	160	$(200-2*20)+2*(75+1.9*d)$	35	35	0.333	11.655	3.045
钢筋	Φ	25	210	$250-2*20$	9	9	0.21	1.89	7.281
钢筋	Φ	25	160	$200-2*20$	4	4	0.16	0.64	2.464

构件名称：KL6(2)[194]　　　　构件数量：1　　　　本构件钢筋重：350.075 kg

构件位置：<3-9,3-D+25><3-9,3-F-25>

筋号	级别	直径	钢筋图形	计算公式	根数	总根数	单长/m	总长/m	总重/kg
1跨.上通长筋1	Φ	22	330 | 10160 | 330	$550-20+15*d+9150+500-20+15*d$	2	2	10.82	21.64	64.488
1跨.左支座筋1	Φ	20	300 | 2255	$550-20+15*d+6900/4$	2	2	2.555	5.11	12.622
1跨.右支座筋1	Φ	22	2495	$6900/4+35*d$	2	2	2.495	4.99	14.87
1跨.侧面构造筋1	Φ	12	7260	$15*d+6900+15*d$	4	4	7.26	29.04	25.788
1跨.下部钢筋1	Φ	25	375 | 7960 | 375	$550-20+15*d+6900+550-20+15*d$	3	3	8.71	26.13	100.602
1跨.下部钢筋4	Φ	20	300 | 7960 | 300	$550-20+15*d+6900+550-20+15*d$	2	2	8.56	17.12	42.286
2跨.侧面构造筋1	Φ	12	2060	$15*d+1700+15*d$	2	2	2.06	4.12	3.658
2跨.下部钢筋1	Φ	18	270 | 2810	$35*d+1700+500-20+15*d$	2	2	3.08	6.16	12.32
1跨.吊筋1	Φ	12	240 45 300 660	$200+2*50+2*20*d+2*1.414*(700-2*20)$	2	2	2.647	5.294	4.702
1跨.箍筋1	Φ	8	660 | 210	$2*((250-2*20)+(700-2*20))+2*(12.89*d)$	59	59	1.946	114.814	45.371
钢筋	Φ	6	210	$(250-2*20)+2*(75+1.9*d)$	57	57	0.383	21.831	5.7
2跨.箍筋1	Φ	8	460 | 210	$2*((250-2*20)+(500-2*20))+2*(12.89*d)$	17	17	1.546	26.282	10.387
钢筋	Φ	25	210	$250-2*20$	9	9	0.21	1.89	7.281

续表二

筋号	级别	直径	钢筋图形	计算公式	根数	总根数	单长/m	总长/m	总重/kg
构件名称：KL7(1)[195]				构件数量：1			本构件钢筋重：234.752 kg		
构件位置：<1/3-10-25,3-D+25><1/3-10-25,3-E-25>									
1跨.上通长筋1	Φ	20	300 ⌐7960⌐ 300	500－20＋15＊d＋7000＋500－20＋15＊d	2	2	8.56	17.12	42.286
1跨.左支座筋1	Φ	16	240 ⌐2813	500－20＋15＊d＋7000/3	2	2	3.053	6.106	9.648
1跨.右支座筋1	Φ	20	2813 ⌐300	7000/3＋500－20＋15＊d	2	2	3.113	6.226	15.378
1跨.侧面受扭筋1	Φ	12	7840	35＊d＋7000＋35＊d	4	4	7.84	31.36	27.848
1跨.下部钢筋1	Φ	25	375 ⌐7960⌐ 375	500－20＋15＊d＋7000＋500－20＋15＊d	3	3	8.71	26.13	100.602
1跨.箍筋1	Φ	8	560 ⌐210⌐	2＊((250－2＊20)＋(600－2＊20))＋2＊(12.89＊d)	51	51	1.746	89.046	35.19
1跨.拉筋1	φ	6	210	(250－2＊20)＋2＊(75＋1.9＊d)	38	38	0.383	14.554	3.8
构件名称：KL8(2)[197]				构件数量：1			本构件钢筋重：268.996 kg		
构件位置：<3-11-128,3-D+25><3-11-128,3-F-25>									
1跨.上通长筋1	Φ	20	300 ⌐10160⌐ 300	500－20＋15＊d＋9200＋500－20＋15＊d	1	1	10.76	10.76	26.577
1跨.上通长筋2	Φ	20	300 ⌐7960⌐ 300	500－20＋15＊d＋7000＋500－20＋15＊d	1	1	8.56	8.56	21.143
钢筋	Φ	20	300 ⌐2813	500－20＋15＊d＋7000/3	2	2	3.113	6.226	15.378
1跨.侧面受扭筋1	Φ	12	10040	35＊d＋9200＋35＊d＋588	2	2	10.628	21.256	18.876
1跨.侧面受扭筋2	Φ	12	7840	35＊d＋7000＋35＊d	2	2	7.84	15.68	13.924
1跨.下部钢筋1	Φ	25	375 ⌐7960⌐ 375	500－20＋15＊d＋7000＋500－20＋15＊d	3	3	8.71	26.13	100.602
2跨.上通长筋1	Φ	20	300 ⌐2660⌐ 300	500－20＋15＊d＋1700＋500－20＋15＊d	1	1	3.26	3.26	8.052
2跨.侧面受扭筋1	Φ	12	2540	35＊d＋1700＋35＊d	2	2	2.54	5.08	4.512
2跨.下部钢筋1	Φ	16	240 ⌐2660⌐ 240	500－20＋15＊d＋1700＋500－20＋15＊d	1	1	3.14	3.14	4.961
2跨.下部钢筋2	Φ	16	240 ⌐2740⌐	35＊d＋1700＋500－20＋15＊d	1	1	2.98	2.98	4.708

221

续表二

筋号	级别	直径	钢筋图形	计算公式	根数	总根数	单长/m	总长/m	总重/kg
1跨.箍筋1	Φ	8	560 [210]	2*((250-2*20)+(600-2*20))+2*(12.89*d)	51	51	1.746	89.046	35.19
1跨.拉筋1	φ	6	210	(250-2*20)+2*(75+1.9*d)	38	38	0.383	14.554	3.8
2跨.箍筋1	Φ	8	460 [160]	2*((200-2*20)+(500-2*20))+2*(12.89*d)	17	17	1.446	24.582	9.707
2跨.拉筋1	φ	6	160	(200-2*20)+2*(75+1.9*d)	18	18	0.333	5.994	1.566

构件名称:KL9(7)[198]　　　　　　**构件数量:1**　　　　　　**本构件钢筋重:1134.11 kg**

构件位置:<3-1+25,3-D+25><3-11-25,3-D+25>

筋号	级别	直径	钢筋图形	计算公式	根数	总根数	单长/m	总长/m	总重/kg
1跨.上通长筋1	Φ	22	330 L_39160 _330	550-20+15*d+38150+500-20+15*d	2	2	39.82	79.64	237.328
1跨.左支座筋1	Φ	22	330 L_2888	550-20+15*d+7075/3	1	1	3.218	3.218	9.59
1跨.右支座筋1	Φ	22	4188	7275/4+550+7275/4	2	2	4.188	8.376	24.96
1跨.侧面受扭通长筋1	Φ	12	38990	35*d+38150+35*d+2352	4	4	41.342	165.368	146.848
1跨.下部钢筋1	Φ	25	375 L_8480	550-20+15*d+7075+35*d	3	3	8.855	26.565	102.276
钢筋	Φ	22	3195	7275/3+35*d	2	2	3.195	6.39	19.042
2跨.下部钢筋1	Φ	22	8815	35*d+7275+35*d	4	4	8.815	35.26	105.076
3跨.下部钢筋1	Φ	20	4400	35*d+3000+35*d	2	2	4.4	8.8	21.736
4跨.右支座筋1	Φ	22	5350	7275/3+500+7275/3	1	1	5.35	5.35	15.943
4跨.下部钢筋1	Φ	20	5200	35*d+3800+35*d	2	2	5.2	10.4	25.688
5跨.下部钢筋1	Φ	25	9025	35*d+7275+35*d	3	3	9.025	27.075	104.238
6跨.下部钢筋1	Φ	20	4925	35*d+3525+35*d	2	2	4.925	9.85	24.33
7跨.下部钢筋1	Φ	20	300 L_4280	35*d+3100+500-20+15*d	2	2	4.58	9.16	22.626
钢筋	Φ	8	560 [210]	2*((250-2*20)+(600-2*20))+2*(12.89*d)	283	283	1.746	494.118	195.27
钢筋	φ	6	210	(250-2*20)+2*(75+1.9*d)	238	238	0.383	91.154	23.8

续表二

筋号	级别	直径	钢筋图形	计算公式	根数	总根数	单长/m	总长/m	总重/kg
2 跨.箍筋1	Φ	10	560 ⬚210	2 * ((250 - 2 * 20) + (600 - 2 * 20)) + 2 * (12.89 * d)	47	47	1.798	84.506	52.123
钢筋	Φ	25	210	250 - 2 * 20	4	4	0.21	0.84	3.236

构件名称: L1(1) [199]   **构件数量: 7**   **本构件钢筋重: 22.653 kg**

构件位置: <3-9-1500,3-D><3-9-1500,3-D+2400>;<3-7+1500,3-D><3-7+1500,3-D+2400>;<3-7-1500,3-D><3-7-1500,3-D+2400>;<3-5-1500,3-D><3-5-1500,3-D+2400>;<3-3+1500,3-D><3-3+1500,3-D+2400>;<3-3-1500,3-D><3-3-1500,3-D+2400>;<3-1+1500,3-D><3-1+1500,3-D+2400>

筋号	级别	直径	钢筋图形	计算公式	根数	总根数	单长/m	总长/m	总重/kg
1 跨.上通长筋1	Φ	12	180 2560 180	250 - 20 + 15 * d + 2150 + 200 - 20 + 15 * d	2	14	2.92	40.88	36.302
1 跨.侧面构造筋1	Φ	12	2510	15 * d + 2150 + 15 * d	2	14	2.51	35.14	31.206
1 跨.下部钢筋1	Φ	14	2486	12 * d + 2150 + 12 * d	2	14	2.486	34.804	42.112
1 跨.箍筋1	Φ	8	410 ⬚160	2 * ((200 - 2 * 20) + (450 - 2 * 20)) + 2 * (12.89 * d)	12	84	1.346	113.064	44.688
1 跨.拉筋1	Φ	6	⟋160	(200 - 2 * 20) + 2 * (75 + 1.9 * d)	7	49	0.333	16.317	4.263

构件名称: L10(5) [206]   **构件数量: 1**   **本构件钢筋重: 444.979 kg**

构件位置: <3-2,3-B-3200><3-10+3150,3-B-3200>

筋号	级别	直径	钢筋图形	计算公式	根数	总根数	单长/m	总长/m	总重/kg
1 跨.上通长筋1	Φ	18	270 31210 270	300 - 20 + 15 * d + 30750 + 200 - 20 + 15 * d	2	2	31.75	63.5	127
1 跨.右支座筋1	Φ	18	3688	6875/4 + 250 + 6875/4	2	2	3.688	7.376	14.752
1 跨.侧面构造筋1	Φ	12	7235	15 * d + 6875 + 15 * d	2	2	7.235	14.47	12.85
1 跨.下部钢筋1	Φ	20	7355	12 * d + 6875 + 12 * d	2	2	7.355	14.71	36.334
钢筋	Φ	18	4100	7600/4 + 300 + 7600/4	4	4	4.1	16.4	32.8
2 跨.侧面构造筋1	Φ	12	7185	15 * d + 6825 + 15 * d	2	2	7.185	14.37	12.76
2 跨.下部钢筋1	Φ	16	7209	12 * d + 6825 + 12 * d	2	2	7.209	14.418	22.78
3 跨.侧面构造筋1	Φ	12	7960	15 * d + 7600 + 15 * d	2	2	7.96	15.92	14.136
3 跨.下部钢筋1	Φ	16	7984	12 * d + 7600 + 12 * d	2	2	7.984	15.968	25.23

筋号	级别	直径	钢筋图形	计算公式	根数	总根数	单长/m	总长/m	总重/kg
4跨.侧面构造筋1	Φ	12	5835	15*d+5475+15*d	2	2	5.835	11.67	10.362
4跨.下部钢筋1	Φ	16	5859	12*d+5475+12*d	2	2	5.859	11.718	18.514
5跨.侧面构造筋1	Φ	12	3235	15*d+2875+15*d	2	2	3.235	6.47	5.746
5跨.下部钢筋1	Φ	16	80 3293 135°弯钩锚固端	12*d+2875+200-20+2.89*d+5*d	2	2	3.373	6.746	10.658
钢筋	Φ	8	460 160	2*((200-2*20)+(500-2*20))+2*(12.89*d)	152	152	1.446	219.792	86.792
钢筋	φ	6	160	(200-2*20)+2*(75+1.9*d)	79	79	0.333	26.307	6.873
钢筋	Φ	25	160	200-2*20	12	12	0.16	1.92	7.392

构件名称: L11(1) [207]　　　　　**构件数量: 1**　　　　　**本构件钢筋重: 45.919 kg**

构件位置: <3-10+3150,3-B-1950><3-11,3-B-1950>

筋号	级别	直径	钢筋图形	计算公式	根数	总根数	单长/m	总长/m	总重/kg
1跨.上通长筋1	Φ	14	210 3660 210	200-20+15*d+3300+200-20+15*d	2	2	4.08	8.16	9.874
1跨.右支座筋1	Φ	14	210 840	3300/5+200-20+15*d	1	1	1.05	1.05	1.271
1跨.侧面构造筋1	Φ	14	30 3660 30	15*d+3300+15*d	2	2	3.72	7.44	9.002
1跨.下部钢筋1	Φ	16	3752	200-20+2.89*d+5*d+3300+200-20+2.89*d+5*d	2	2	3.912	7.824	12.362
1跨.箍筋1	Φ	8	560 260	2*((300-2*20)+(600-2*20))+2*(12.89*d)	17	17	1.846	31.382	12.393
1跨.拉筋1	φ	6	260	(300-2*20)+2*(75+1.9*d)	9	9	0.433	3.897	1.017

构件名称: L12(6) [208]　　　　　**构件数量: 1**　　　　　**本构件钢筋重: 463.404 kg**

构件位置: <3-2,3-C-2800><3-11,3-C-2800>

筋号	级别	直径	钢筋图形	计算公式	根数	总根数	单长/m	总长/m	总重/kg
1跨.上通长筋1	Φ	18	270 34710 270	300-20+15*d+34250+200-20+15*d	2	2	35.25	70.5	141
1跨.右支座筋1	Φ	18	3688	6875/4+250+6875/4	2	2	3.688	7.376	14.752
1跨.侧面构造筋1	Φ	12	7235	15*d+6875+15*d	2	2	7.235	14.47	12.85
1跨.下部钢筋1	Φ	20	7355	12*d+6875+12*d	2	2	7.355	14.71	36.334

续表二

筋号	级别	直径	钢筋图形	计算公式	根数	总根数	单长/m	总长/m	总重/kg
2 跨. 右支座筋 1	Φ	18	5366	7600/3+300+7600/3	1	1	5.366	5.366	10.732
2 跨. 侧面构造筋 1	Φ	12	7185	15 * d+6825+15 * d	2	2	7.185	14.37	12.76
2 跨. 下部钢筋 1	Φ	16	7209	12 * d+6825+12 * d	2	2	7.209	14.418	22.78
3 跨. 右支座筋 1	Φ	14	5366	7600/3+300+7600/3	1	1	5.366	5.366	6.493
3 跨. 侧面构造筋 1	Φ	12	7960	15 * d+7600+15 * d	2	2	7.96	15.92	14.136
3 跨. 下部钢筋 1	Φ	16	7984	12 * d+7600+12 * d	2	2	7.984	15.968	25.23
4 跨. 右支座筋 1	Φ	18	3900	5475/3+250+5475/3	1	1	3.9	3.9	7.8
4 跨. 侧面构造筋 1	Φ	12	5835	15 * d+5475+15 * d	2	2	5.835	11.67	10.362
4 跨. 下部钢筋 1	Φ	16	5859	12 * d+5475+12 * d	2	2	5.859	11.718	18.514
5 跨. 侧面构造筋 1	Φ	12	3185	15 * d+2825+15 * d	2	2	3.185	6.37	5.656
5 跨. 下部钢筋 1	Φ	16	3209	12 * d+2825+12 * d	2	2	3.209	6.418	10.14
6 跨. 侧面构造筋 1	Φ	12	3710	15 * d+3350+15 * d	2	2	3.71	7.42	6.588
钢筋	Φ	8	460 160	2 * ((200 - 2 * 20) + (500 - 2 * 20)) + 2 * (12.89 * d)	170	170	1.446	245.82	97.07
钢筋	Φ	6	160	(200 - 2 * 20) + 2 * (75 + 1.9 * d)	89	89	0.333	29.637	7.743
钢筋	Φ	25	160	200 - 2 * 20	4	4	0.16	0.64	2.464

构件名称：L13(1)[209]　　　　　　**构件数量：1**　　　　　　**本构件钢筋重：34.186 kg**

构件位置：<1/3-10,3-C+3000><3-11,3-C+3000>

筋号	级别	直径	钢筋图形	计算公式	根数	总根数	单长/m	总长/m	总重/kg
1 跨. 上通长筋 1	Φ	12	180 3760 180	200 - 20 + 15 * d + 3400 + 200 - 20 + 15 * d	2	2	4.12	8.24	7.318
1 跨. 侧面构造筋 1	Φ	12	3760	15 * d+3400+15 * d	2	2	3.76	7.52	6.678

筋号	级别	直径	钢筋图形	计算公式	根数	总根数	单长/m	总长/m	总重/kg
1跨.下部钢筋1	Φ	14	3736	12*d+3400+12*d	2	2	3.736	7.472	9.042
1跨.箍筋1	Φ	8	460 160	2*((200-2*20)+(500-2*20))+2*(12.89*d)	18	18	1.446	26.028	10.278
1跨.拉筋1	Φ	6	160	(200-2*20)+2*(75+1.9*d)	10	10	0.333	3.33	0.87

构件名称：L14(2)[210]　　　　**构件数量：1**　　　　**本构件钢筋重：407.016 kg**

构件位置：<3-1,3-D+2400><3-5,3-D+2400>

筋号	级别	直径	钢筋图形	计算公式	根数	总根数	单长/m	总长/m	总重/kg
1跨.左支座筋1	Φ	14	210 1735	250-20+15*d+7525/5	3	3	1.945	5.835	7.059
1跨.右支座筋1	Φ	25	5300	7575/3+250+7575/3	2	2	5.3	10.6	40.81
1跨.右支座筋3	Φ	22	4038	7575/4+250+7575/4	2	2	4.038	8.076	24.066
1跨.右支座筋5	Φ	22	3280	7575/5+250+7575/5	2	2	3.28	6.56	19.548
1跨.架立筋1	Φ	12	3795	150-7525/5+7525+150-7575/3	2	2	3.795	7.59	6.74
1跨.侧面构造筋1	Φ	12	7885	15*d+7525+15*d	4	4	7.885	31.54	28.008
1跨.下通长筋1	Φ	25	15904	250-20+2.89*d+5*d+15350+200-20+2.89*d+5*d	2	2	16.154	32.308	124.386
1跨.下通长筋3	Φ	22	15888	250-20+2.89*d+5*d+15350+200-20+2.89*d+5*d	1	1	16.108	16.108	48.002
2跨.右支座筋1	Φ	14	210 1695	7575/5+200-20+15*d	3	3	1.905	5.715	6.915
2跨.架立筋1	Φ	12	3835	150-7575/3+7575+150-7575/5	2	2	3.835	7.67	6.81
2跨.侧面构造筋1	Φ	12	7935	15*d+7575+15*d	4	4	7.935	31.74	28.184
钢筋	Φ	8	560 160	2*((200-2*20)+(600-2*20))+2*(12.89*d)	84	84	1.646	138.264	54.6
钢筋	Φ	6	160	(200-2*20)+2*(75+1.9*d)	80	80	0.333	26.64	6.96
钢筋	Φ	25	160	200-2*20	8	8	0.16	1.28	4.928

续表二

筋号	级别	直径	钢筋图形	计算公式	根数	总根数	单长/m	总长/m	总重/kg
构件名称：**L15(4)[211]**			构件数量：1				本构件钢筋重：**432.66 kg**		
构件位置：<1/3-6,3-D+2400><3-11,3-D+2400>									
1 跨.左支座筋 1	⏀	14	210⌐ 1020	250-20+15 * d+3950/5	2	2	1.23	2.46	2.976
1 跨.右支座筋 1	⏀	20	5250	7575/3+200+7575/3	2	2	5.25	10.5	25.936
1 跨.右支座筋 3	⏀	20	3988	7575/4+200+7575/4	2	2	3.988	7.976	19.7
1 跨.架立筋 1	⏀	12	935	150 - 3950/5 + 3950 + 150 - 7575/3	2	2	0.935	1.87	1.66
1 跨.侧面构造筋 1	⏀	12	4310	15 * d+3950+15 * d	4	4	4.31	17.24	15.308
1 跨.下部钢筋 1	⏀	16	4334	12 * d+3950+12 * d	2	2	4.334	8.668	13.696
2 跨.右支座筋 1	⏀	22	5300	7575/3+250+7575/3	2	2	5.3	10.6	31.588
2 跨.右支座筋 3	⏀	22	4038	7575/4+250+7575/4	2	2	4.038	8.076	24.066
2 跨.侧面构造筋 1	⏀	12	7935	15 * d+7575+15 * d	4	4	7.935	31.74	28.184
2 跨.下部钢筋 1	⏀	22	8103	12 * d+7575+12 * d	1	1	8.103	8.103	24.147
2 跨.下部钢筋 2	⏀	25	8175	12 * d+7575+12 * d	2	2	8.175	16.35	62.948
3 跨.跨中筋 1	⏀	18	270⌐ 6112	49 * d - 7575/3 + 7525 + 250-20+15 * d	2	2	6.382	12.764	25.528
3 跨.跨中筋 2	⏀	18	3840	49 * d-7575/3 + 3925 + 250+3925/3	1	1	3.84	3.84	7.68
3 跨.侧面构造筋 1	⏀	10	4225	15 * d+3925+15 * d	4	4	4.225	16.9	10.428
3 跨.下部钢筋 1	⏀	16	4309	12 * d+3925+12 * d	2	2	4.309	8.618	13.616
4 跨.侧面受扭筋 1	⏀	12	190⌐ 4000	35 * d+3350+250-20+35 * d-250+20	4	4	4.19	16.76	14.884
4 跨.下部钢筋 1	⏀	20	300⌐ 4280	35 * d+3350+250-20+15 * d	3	3	4.58	13.74	33.939
钢筋	⏀	8	560 ▱160	2 * ((200-2 * 20) + (600-2 * 20)) +2 * (12.89 * d)	96	96	1.646	158.016	62.4

筋号	级别	直径	钢筋图形	计算公式	根数	总根数	单长/m	总长/m	总重/kg
钢筋	φ	6	⌐160⌐	$(200 - 2 * 20) + 2 * (75 + 1.9 * d)$	104	104	0.333	34.632	9.048
钢筋	Φ	25	160	$200 - 2 * 20$	8	8	0.16	1.28	4.928

| 构件名称：L16(1)[212] | | | 构件数量：1 | | | | 本构件钢筋重：38.218 kg | | |

| 构件位置：<3-5-25,3-E-2800><1/3-6+25,3-E-2800> | | | | | | | | | |

筋号	级别	直径	钢筋图形	计算公式	根数	总根数	单长/m	总长/m	总重/kg
1跨.上通长筋1	Φ	12	180⌐3810⌐180	$200 - 20 + 15 * d + 3400 + 250 - 20 + 15 * d$	2	2	4.17	8.34	7.406
1跨.侧面受扭筋1	Φ	12	240⌐3810⌐190	$200 - 20 + 35 * d - 200 + 20 + 3400 + 250 - 20 + 35 * d - 250 + 20$	2	2	4.24	8.48	7.53
1跨.下部钢筋1	Φ	16	240⌐3810⌐240	$200 - 20 + 15 * d + 3400 + 250 - 20 + 15 * d$	2	2	4.29	8.58	13.556
1跨.箍筋1	Φ	8	360 160	$2 * ((200 - 2 * 20) + (400 - 2 * 20)) + 2 * (12.89 * d)$	18	18	1.246	22.428	8.856
1跨.拉筋1	φ	6	⌐160⌐	$(200 - 2 * 20) + 2 * (75 + 1.9 * d)$	10	10	0.333	3.33	0.87

| 构件名称：L17(1)[213] | | | 构件数量：1 | | | | 本构件钢筋重：15.253 kg | | |

| 构件位置：<3-1,3-E+1100><3-1+1600,3-E+1100> | | | | | | | | | |

筋号	级别	直径	钢筋图形	计算公式	根数	总根数	单长/m	总长/m	总重/kg
1跨.上通长筋1	Φ	12	180⌐1760⌐180	$250 - 20 + 15 * d + 1350 + 200 - 20 + 15 * d$	2	2	2.12	4.24	3.766
1跨.侧面构造筋1	Φ	12	1710	$15 * d + 1350 + 15 * d$	2	2	1.71	3.42	3.036
1跨.下部钢筋1	Φ	14	1686	$12 * d + 1350 + 12 * d$	2	2	1.686	3.372	4.08
1跨.箍筋1	Φ	8	360 160	$2 * ((200 - 2 * 20) + (400 - 2 * 20)) + 2 * (12.89 * d)$	8	8	1.246	9.968	3.936
1跨.拉筋1	φ	6	⌐160⌐	$(200 - 2 * 20) + 2 * (75 + 1.9 * d)$	5	5	0.333	1.665	0.435

| 构件名称：L18(1)[214] | | | 构件数量：1 | | | | 本构件钢筋重：139.438 kg | | |

| 构件位置：<3-5,3-F+2400><3-7,3-F+2400> | | | | | | | | | |

筋号	级别	直径	钢筋图形	计算公式	根数	总根数	单长/m	总长/m	总重/kg
1跨.上通长筋1	Φ	14	210⌐7960⌐210	$200 - 20 + 15 * d + 7600 + 200 - 20 + 15 * d$	2	2	8.38	16.76	20.28
1跨.侧面受扭筋1	Φ	12	240⌐7960⌐240	$200 - 20 + 35 * d - 200 + 20 + 7600 + 200 - 20 + 35 * d - 200 + 20$	4	4	8.44	33.76	29.98
1跨.下部钢筋1	Φ	20	300⌐7960⌐300	$200 - 20 + 15 * d + 7600 + 200 - 20 + 15 * d$	3	3	8.56	25.68	63.429
1跨.箍筋1	Φ	8	460 160	$2 * ((200 - 2 * 20) + (500 - 2 * 20)) + 2 * (12.89 * d)$	39	39	1.446	56.394	22.269

续表二

筋号	级别	直径	钢筋图形	计算公式	根数	总根数	单长/m	总长/m	总重/kg
1跨.拉筋	φ	6	160	$(200-2*20)+2*(75+1.9*d)$	40	40	0.333	13.32	3.48

构件名称：L2(1) [215]			构件数量：1			本构件钢筋重：22.416 kg			

构件位置：<3-1+1600,3-E-25><3-1+1600,3-F>

筋号	级别	直径	钢筋图形	计算公式	根数	总根数	单长/m	总长/m	总重/kg
1跨.上通长筋1	Φ	14	210 2410 210	$250-20+15*d+1950+250-20+15*d$	2	2	2.83	5.66	6.848
1跨.侧面构造筋1	Φ	12	2310	$15*d+1950+15*d$	2	2	2.31	4.62	4.102
1跨.下部钢筋1	Φ	14	2286	$12*d+1950+12*d$	2	2	2.286	4.572	5.532
1跨.箍筋1	Φ	8	360 160	$2*((200-2*20)+(400-2*20))+2*(12.89*d)$	11	11	1.246	13.706	5.412
1跨.拉筋1	φ	6	160	$(200-2*20)+2*(75+1.9*d)$	6	6	0.333	1.998	0.522

构件名称：L3(1) [216]			构件数量：1			本构件钢筋重：186.224 kg			

构件位置：<3-1+3900,3-D><3-1+3900,3-E>

筋号	级别	直径	钢筋图形	计算公式	根数	总根数	单长/m	总长/m	总重/kg
1跨.上通长筋1	Φ	14	210 7960 210	$250-20+15*d+7500+250-20+15*d$	2	2	8.38	16.76	20.28
钢筋	Φ	14	210 1730	$250-20+15*d+7500/5$	2	2	1.94	3.88	4.694
1跨.侧面受扭筋1	Φ	12	190 7960 190	$250-20+35*d-250+20+7500+250-20+35*d-250+20$	4	4	8.34	33.36	29.624
钢筋	Φ	22	330 7960 330	$250-20+15*d+7500+250-20+15*d$	4	4	8.62	34.48	102.752
1跨.箍筋1	Φ	8	460 160	$2*((200-2*20)+(500-2*20))+2*(12.89*d)$	38	38	1.446	54.948	21.698
1跨.拉筋1	φ	6	160	$(200-2*20)+2*(75+1.9*d)$	40	40	0.333	13.32	3.48
1跨.下部梁垫铁.1	Φ	25	160	$200-2*20$	6	6	0.16	0.96	3.696

构件名称：L4(2) [217]			构件数量：2			本构件钢筋重：128.274 kg			

构件位置：<3-4+3575,3-A><3-4+3575,3-C>；<3-2+3600,3-A><3-2+3600,3-C>

筋号	级别	直径	钢筋图形	计算公式	根数	总根数	单长/m	总长/m	总重/kg
1跨.上通长筋1	Φ	14	210 12160 210	$300-20+15*d+11600+300-20+15*d+686$	2	4	13.266	53.064	64.208
1跨.右支座筋1	Φ	14	4334	$6050/3+300+6050/3$	1	2	4.334	8.668	10.488
1跨.侧面构造筋1	Φ	12	6410	$15*d+6050+15*d$	2	4	6.41	25.64	22.768

续表二

筋号	级别	直径	钢筋图形	计算公式	根数	总根数	单长/m	总长/m	总重/kg
1跨.下通长筋1	Φ	16	6434	12 * d+6050+12 * d	2	4	6.434	25.736	40.664
2跨.侧面构造筋1	Φ	12	5610	15 * d+5250+15 * d	2	4	5.61	22.44	19.928
2跨.下部钢筋1	Φ	14	5586	12 * d+5250+12 * d	2	4	5.586	22.344	27.036
钢筋	Φ	8	460 160	2 * ((200 − 2 * 20) + (500 − 2 * 20))+2 * (12.89 * d)	58	116	1.446	167.736	66.236
钢筋	Φ	6	160	(200 − 2 * 20) + 2 * (75 + 1.9 * d)	30	60	0.333	19.98	5.22

构件名称：L5(1)[219]　　　　　**构件数量：1**　　　　　　　**本构件钢筋重：192.826 kg**

构件位置：<3-3+3900,3-D><3-3+3900,3-E>

筋号	级别	直径	钢筋图形	计算公式	根数	总根数	单长/m	总长/m	总重/kg
1跨.上通长筋1	Φ	14	210 7960 210	250 − 20 + 15 * d + 7500 + 250−20+15 * d	2	2	8.38	16.76	20.28
钢筋	Φ	14	210 1730	250−20+15 * d+7500/5	2	2	1.94	3.88	4.694
1跨.侧面受扭筋1	Φ	12	190 7960 190	250 − 20 + 35 * d − 250 + 20 + 7500+250 − 20 + 35 * d − 250 +20	4	4	8.34	33.36	29.624
1跨.下部钢筋1	Φ	25	375 7960 375	250 − 20 + 15 * d + 7500 + 250−20+15 * d	2	2	8.71	17.42	67.068
1跨.下部钢筋3	Φ	20	300 7960 300	250 − 20 + 15 * d + 7500 + 250−20+15 * d	2	2	8.56	17.12	42.286
1跨.箍筋1	Φ	8	460 160	2 * ((200 − 2 * 20) + (500 − 2 * 20))+2 * (12.89 * d)	38	38	1.446	54.948	21.698
1跨.拉筋1	Φ	6	160	(200 − 2 * 20) + 2 * (75 + 1.9 * d)	40	40	0.333	13.32	3.48
1跨.下部梁垫铁.1	Φ	25	160	200−2 * 20	6	6	0.16	0.96	3.696

构件名称：L6(2)[220]　　　　　**构件数量：1**　　　　　　　**本构件钢筋重：128.197 kg**

构件位置：<3-8-3800,3-A><3-8-3800,3-C>

筋号	级别	直径	钢筋图形	计算公式	根数	总根数	单长/m	总长/m	总重/kg
1跨.上通长筋1	Φ	14	210 12160 210	300 − 20 + 15 * d + 11600 + 300−20+15 * d+686	2	2	13.266	26.532	32.104
1跨.右支座筋1	Φ	14	4300	6000/3+300+6000/3	1	1	4.3	4.3	5.203
1跨.侧面构造筋1	Φ	12	6360	15 * d+6000+15 * d	2	2	6.36	12.72	11.296
1跨.下通长筋1	Φ	16	6384	12 * d+6000+12 * d	2	2	6.384	12.768	20.174

续表二

筋号	级别	直径	钢筋图形	计算公式	根数	总根数	单长/m	总长/m	总重/kg
2跨.侧面构造筋1	Φ	12	5660	15 * d+5300+15 * d	2	2	5.66	11.32	10.052
2跨.下部钢筋1	Φ	14	5636	12 * d+5300+12 * d	2	2	5.636	11.272	13.64
钢筋	Φ	8	460 160	2 * ((200-2 * 20)+(500-2 * 20))+2 * (12.89 * d)	58	58	1.446	83.868	33.118
钢筋	φ	6	160	(200-2 * 20)+2 * (75+1.9 * d)	30	30	0.333	9.99	2.61

构件名称：L7(1)[221] **构件数量：1** **本构件钢筋重：151.456 kg**

构件位置:<3-7+3900,3-D><3-7+3900,3-E>

筋号	级别	直径	钢筋图形	计算公式	根数	总根数	单长/m	总长/m	总重/kg
1跨.上通长筋1	Φ	14	210 7960 210	250-20+15 * d+7500+250-20+15 * d	2	2	8.38	16.76	20.28
钢筋	Φ	14	210 1730	250-20+15 * d+7500/5	2	2	1.94	3.88	4.694
1跨.侧面构造筋1	Φ	12	7860	15 * d+7500+15 * d	2	2	7.86	15.72	13.96
1跨.下部钢筋1	Φ	22	8088	250-20+2.89 * d+5 * d+7500+250-20+2.89 * d+5 * d	1	1	8.308	8.308	24.758
1跨.下部钢筋2	Φ	25	8104	250-20+2.89 * d+5 * d+7500+250-20+2.89 * d+5 * d	2	2	8.354	16.708	64.326
1跨.箍筋1	Φ	8	460 160	2 * ((200-2 * 20)+(500-2 * 20))+2 * (12.89 * d)	38	38	1.446	54.948	21.698
1跨.拉筋1	φ	6	160	(200-2 * 20)+2 * (75+1.9 * d)	20	20	0.333	6.66	1.74

构件名称：L8(1)[222] **构件数量：1** **本构件钢筋重：21.357 kg**

构件位置:<1/3-10-600,3-E-25><1/3-10-600,3-F>

筋号	级别	直径	钢筋图形	计算公式	根数	总根数	单长/m	总长/m	总重/kg
1跨.上通长筋1	Φ	12	180 2410 180	250-20+15 * d+1950+250-20+15 * d	2	2	2.77	5.54	4.92
1跨.侧面构造筋1	Φ	12	2310	15 * d+1950+15 * d	2	2	2.31	4.62	4.102
1跨.下部钢筋1	Φ	14	2286	12 * d+1950+12 * d	2	2	2.286	4.572	5.532
1跨.箍筋1	Φ	8	460 160	2 * ((200-2 * 20)+(500-2 * 20))+2 * (12.89 * d)	11	11	1.446	15.906	6.281
1跨.拉筋1	φ	6	160	(200-2 * 20)+2 * (75+1.9 * d)	6	6	0.333	1.998	0.522

筋号	级别	直径	钢筋图形	计算公式	根数	总根数	单长/m	总长/m	总重/kg
构件名称：L9(1)[223]				**构件数量：1**			**本构件钢筋重：22.653 kg**		
构件位置：<3-11-1500,3-D><3-11-1500,3-D+2400>									
1跨.上通长筋1	Φ	12	180 ⌐2560⌐ 180	250－20＋15＊d＋2150＋200－20＋15＊d	2	2	2.92	5.84	5.186
1跨.侧面构造筋1	Φ	12	2510	15＊d＋2150＋15＊d	2	2	2.51	5.02	4.458
1跨.下部钢筋1	Φ	14	2486	12＊d＋2150＋12＊d	2	2	2.486	4.972	6.016
1跨.箍筋1	Φ	8	410 \160\	2＊((200－2＊20)＋(450－2＊20))＋2＊(12.89＊d)	12	12	1.346	16.152	6.384
1跨.拉筋1	φ	6	160	(200－2＊20)＋2＊(75＋1.9＊d)	7	7	0.333	2.331	0.609
构件名称：WKL1(2)[224]				**构件数量：1**			**本构件钢筋重：245.284 kg**		
构件位置：<3-2+50,3-A+50><3-2+50,3-C-50>									
1跨.上通长筋1	Φ	18	580 ⌐12160⌐ 580	500－20＋580＋11200＋500－20＋580	2	2	13.32	26.64	53.28
1跨.右支座筋1	Φ	18	4334	5750/3＋500＋5750/3	1	1	4.334	4.334	8.668
1跨.侧面受扭筋1	Φ	12	12040	35＊d＋11200＋35＊d＋588	4	4	12.628	50.512	44.856
1跨.下部钢筋1	Φ	22	330 ⌐7000	500－20＋15＊d＋5750＋35＊d	2	2	7.33	14.66	43.686
2跨.下部钢筋1	Φ	18	270 ⌐6060	35＊d＋4950＋500－20＋15＊d	2	2	6.33	12.66	25.32
钢筋	Φ	8	560 \260\	2＊((300－2＊20)＋(600－2＊20))＋2＊(12.89＊d)	86	86	1.846	158.756	62.694
钢筋	φ	6	260	(300－2＊20)＋2＊(75＋1.9＊d)	60	60	0.433	25.98	6.78
构件名称：WKL10(5)[373]				**构件数量：1**			**本构件钢筋重：791.001 kg**		
构件位置：<3-2+50,3-C-50><3-11,3-C-50>									
钢筋	Φ	20	580 ⌐34760⌐ 580	500－20＋580＋33800＋500－20＋580	2	2	35.92	71.84	177.444
1跨.右支座筋1	Φ	20	4834	6575/3＋450＋6575/3	1	1	4.834	4.834	11.94
钢筋	Φ	12	34640	35＊d＋33800＋35＊d＋2352	4	4	36.992	147.968	131.396
1跨.下部钢筋1	Φ	22	330 ⌐7825	500－20＋15＊d＋6575＋35＊d	2	2	8.155	16.31	48.604
2跨.右支座筋1	Φ	20	5516	7600/3＋450＋7600/3	1	1	5.516	5.516	13.625

续表二

筋号	级别	直径	钢筋图形	计算公式	根数	总根数	单长/m	总长/m	总重/kg
2跨.下部钢筋1	Φ	20	7975	35*d+6575+35*d	2	2	7.975	15.95	39.396
3跨.下部钢筋1	Φ	22	9140	35*d+7600+35*d	2	2	9.14	18.28	54.474
4跨.右支座筋1	Φ	20	4416	5950/3+450+5950/3	1	1	4.416	4.416	10.908
4跨.下部钢筋1	Φ	20	6700	35*d+5300+35*d	2	2	6.7	13.4	33.098
5跨.下部钢筋1	Φ	22	330 7200	35*d+5950+500-20+15*d	1	1	7.53	7.53	22.439
5跨.下部钢筋2	Φ	25	375 7305	35*d+5950+500-20+15*d	2	2	7.68	15.36	59.136
钢筋	Φ	8	560 260	2*((300-2*20)+(600-2*20))+2*(12.89*d)	189	189	1.846	348.894	137.781
钢筋	φ	6	260	(300-2*20)+2*(75+1.9*d)	140	140	0.433	60.62	15.82
5跨.箍筋1	Φ	8	560 210	2*((250-2*20)+(600-2*20))+2*(12.89*d)	46	46	1.746	80.316	31.74
5跨.拉筋1	φ	6	210	(250-2*20)+2*(75+1.9*d)	32	32	0.383	12.256	3.2

构件名称：WKL11(1)[226]　　　**构件数量：1**　　　**本构件钢筋重：35.562 kg**

构件位置：<1/3-10,1/3-C><3-11,1/3-C>

筋号	级别	直径	钢筋图形	计算公式	根数	总根数	单长/m	总长/m	总重/kg
1跨.上通长筋1	Φ	14	210 3760 210	200-20+15*d+3400+200-20+15*d	2	2	4.18	8.36	10.116
1跨.侧面构造筋1	Φ	12	3760	15*d+3400+15*d	2	2	3.76	7.52	6.678
1跨.下部钢筋1	Φ	14	3736	12*d+3400+12*d	2	2	3.736	7.472	9.042
1跨.箍筋1	Φ	8	360 160	2*((200-2*20)+(400-2*20))+2*(12.89*d)	18	18	1.246	22.428	8.856
1跨.拉筋1	φ	6	160	(200-2*20)+2*(75+1.9*d)	10	10	0.333	3.33	0.87

构件名称：WKL2(2)[227]　　　**构件数量：1**　　　**本构件钢筋重：295.353 kg**

构件位置：<3-4,3-A+50><3-4,3-C-50>

筋号	级别	直径	钢筋图形	计算公式	根数	总根数	单长/m	总长/m	总重/kg
1跨.上通长筋1	Φ	20	300 12160 300	300-20+15*d+11600+300-20+15*d	2	2	12.76	25.52	63.034
1跨.右支座筋1	Φ	20	4334	6050/3+300+6050/3	2	2	4.334	8.668	21.41

筋号	级别直径		钢筋图形	计算公式	根数	总根数	单长/m	总长/m	总重/kg
1跨.侧面构造筋1	Φ	12	6410	15*d+6050+15*d	2	2	6.41	12.82	11.384
1跨.下部钢筋1	Φ	25	125 7277 135°弯钩锚固端	300−20+2.89*d+5*d+6050+35*d	3	3	7.402	22.206	85.494
2跨.侧面构造筋1	Φ	12	5610	15*d+5250+15*d	2	2	5.61	11.22	9.964
2跨.下部钢筋1	Φ	20	6190	35*d+5250+12*d	3	3	6.19	18.57	45.867
钢筋	Φ	8	560 210	2*((250−2*20)+(600−2*20))+2*(12.89*d)	80	80	1.746	139.68	55.2
钢筋	Φ	6	210	(250−2*20)+2*(75+1.9*d)	30	30	0.383	11.49	3

构件名称：WKL3(2)[228]	构件数量：1	本构件钢筋重：322.287 kg

构件位置：<3-6-50,3-A+50><3-6-50,3-C-50>

筋号	级别直径		钢筋图形	计算公式	根数	总根数	单长/m	总长/m	总重/kg
1跨.上通长筋1	Φ	20	580 12160 580	450−20+580+11300+450−20+580	2	2	13.32	26.64	65.8
1跨.右支座筋1	Φ	18	4366	5800/3+500+5800/3	2	2	4.366	8.732	17.464
1跨.侧面构造筋1	Φ	14	6220	15*d+5800+15*d	2	2	6.22	12.44	15.052
1跨.下部钢筋1	Φ	25	375 7105	450−20+15*d+5800+35*d	3	3	7.48	22.44	86.394
2跨.侧面构造筋1	Φ	14	5420	15*d+5000+15*d	2	2	5.42	10.84	13.116
2跨.下部钢筋1	Φ	22	330 6200	35*d+5000+450−20+15*d	3	3	6.53	19.59	58.377
钢筋	Φ	8	560 260	2*((300−2*20)+(600−2*20))+2*(12.89*d)	86	86	1.846	158.756	62.694
钢筋	Φ	6	260	(300−2*20)+2*(75+1.9*d)	30	30	0.433	12.99	3.39

构件名称：WKL4(2)[229]	构件数量：1	本构件钢筋重：308.668 kg

构件位置：<3-8+50,3-A+50><3-8+50,3-C-50>

筋号	级别直径		钢筋图形	计算公式	根数	总根数	单长/m	总长/m	总重/kg
1跨.上通长筋1	Φ	20	580 12160 580	450−20+580+11300+450−20+580	2	2	13.32	26.64	65.8
1跨.右支座筋1	Φ	20	4366	5800/3+500+5800/3	2	2	4.366	8.732	21.568

续表二

筋号	级别	直径	钢筋图形	计算公式	根数	总根数	单长/m	总长/m	总重/kg
1跨.侧面构造筋1	Φ	14	6220	15*d+5800+15*d	2	2	6.22	12.44	15.052
1跨.下部钢筋1	Φ	20	300 ⌐ 6930	450-20+15*d+5800+35*d	2	2	7.23	14.46	35.716
1跨.下部钢筋3	Φ	22	330 ⌐ 7000	450-20+15*d+5800+35*d	2	2	7.33	14.66	43.686
2跨.侧面构造筋1	Φ	14	5420	15*d+5000+15*d	2	2	5.42	10.84	13.116
2跨.下部钢筋1	Φ	20	300 ⌐ 6130	35*d+5000+450-20+15*d	3	3	6.43	19.29	47.646
钢筋	Φ	8	560 ⌐260⌐	2*((300-2*20)+(600-2*20))+2*(12.89*d)	86	86	1.846	158.756	62.694
钢筋	Φ	6	⌐ 260 ⌐	(300-2*20)+2*(75+1.9*d)	30	30	0.433	12.99	3.39

构件名称：WKL5(2)[230]　　　　　　**构件数量：1**　　　　　　**本构件钢筋重：286.155 kg**

构件位置:<3-10+50,3-A+50><3-10+50,3-C-125>

筋号	级别	直径	钢筋图形	计算公式	根数	总根数	单长/m	总长/m	总重/kg
钢筋	Φ	20	300 ⌐ 8580	300-20+15*d+6000+300+6000/3	2	2	8.88	17.76	43.868
1跨.右支座筋1	Φ	20	4300	6000/3+300+6000/3	1	1	4.3	4.3	10.621
钢筋	Φ	20	700 ⌐ 2280	6000/3+300-20+700	2	2	2.98	5.96	14.722
1跨.侧面构造筋1	Φ	12	6360	15*d+6000+15*d	2	2	6.36	12.72	11.296
1跨.下部钢筋1	Φ	22	7034	12*d+6000+35*d	1	1	7.034	7.034	20.961
1跨.下部钢筋2	Φ	25	125 ⌐ 7227 135°弯钩锚固端	300-20+2.89*d+5*d+6000+35*d	2	2	7.352	14.704	56.61
2跨.跨中筋1	Φ	14	210 ⌐ 4266	49*d-6000/3+5300+300-20+15*d	2	2	4.476	8.952	10.832
2跨.右支座筋1	Φ	14	210 ⌐ 2047	5300/3+300-20+15*d	1	1	2.257	2.257	2.731
2跨.侧面构造筋1	Φ	14	5720	15*d+5300+15*d	2	2	5.72	11.44	13.842
2跨.下部钢筋1	Φ	20	300 ⌐ 5820	300-20+15*d+5300+12*d	3	3	6.12	18.36	45.348
1跨.箍筋1	Φ	8	460 ⌐210⌐	2*((250-2*20)+(500-2*20))+2*(12.89*d)	40	40	1.546	61.84	24.44

235

续表二

筋号	级别	直径	钢筋图形	计算公式	根数	总根数	单长/m	总长/m	总重/kg
1跨.拉筋1	Φ	6	210	(250−2*20)+2*(75+1.9*d)	16	16	0.383	6.128	1.6
2跨.箍筋1	Φ	8	560 260	2*((300−2*20)+(600−2*20))+2*(12.89*d)	38	38	1.846	70.148	27.702
2跨.拉筋1	Φ	6	260	(300−2*20)+2*(75+1.9*d)	14	14	0.433	6.062	1.582

构件名称：WKL6(3)[232]　　　　　**构件数量：1**　　　　　**本构件钢筋重：298.166 kg**

构件位置：<3−10+3100,3−A><1/3−10,1/3−C>

筋号	级别	直径	钢筋图形	计算公式	根数	总根数	单长/m	总长/m	总重/kg
1跨.上通长筋1	Φ	18	270 18860 480	300−20+15*d+18200+400−20+480	1	1	19.61	19.61	39.22
1跨.上通长筋2	Φ	18	270 6560 630	300−20+15*d+6000+300−20+630	1	1	7.46	7.46	14.92
1跨.侧面构造筋1	Φ	14	6420	15*d+6000+15*d	2	2	6.42	12.84	15.536
1跨.下部钢筋1	Φ	20	300 6520	12*d+6000+300−20+15*d	2	2	6.82	13.64	33.69
2跨.上通长筋1	Φ	18	630 12560 480	300−20+630+11900+400−20+480	1	1	13.67	13.67	27.34
2跨.右支座筋1	Φ	18	4500	6300/3+300+6300/3	1	1	4.5	4.5	9
2跨.侧面构造筋1	Φ	12	5660	15*d+5300+15*d	2	2	5.66	11.32	10.052
2跨.下部钢筋1	Φ	16	6420	35*d+5300+35*d	2	2	6.42	12.84	20.288
3跨.右支座筋1	Φ	18	480 2480	6300/3+400−20+480	1	1	2.96	2.96	5.92
3跨.侧面构造筋1	Φ	12	6660	15*d+6300+15*d	2	2	6.66	13.32	11.828
3跨.下部钢筋1	Φ	20	300 7380	35*d+6300+400−20+15*d	2	2	7.68	15.36	37.94
1跨.箍筋1	Φ	8	560 260	2*((300−2*20)+(600−2*20))+2*(12.89*d)	36	36	1.846	66.456	26.244
1跨.拉筋1	Φ	6	260	(300−2*20)+2*(75+1.9*d)	16	16	0.433	6.928	1.808
钢筋	Φ	8	460 160	2*((200−2*20)+(500−2*20))+2*(12.89*d)	73	73	1.446	105.558	41.683
钢筋	Φ	6	160	(200−2*20)+2*(75+1.9*d)	31	31	0.333	10.323	2.697

续表二

筋号	级别	直径	钢筋图形	计算公式	根数	总根数	单长/m	总长/m	总重/kg
构件名称：WKL7(3)[233]			构件数量：1				本构件钢筋重：382.102 kg		
构件位置：<3-11-50,3-A+50><3-11-50,1/3-C>									
钢筋	Φ	18	580 ⌐ 18860 ⌐ 480	500−20+580+18000+400−20+480	2	2	19.92	39.84	79.68
1跨.右支座筋1	Φ	18	4334	5750/3+500+5750/3	1	1	4.334	4.334	8.668
钢筋	Φ	12	180 ⌐ 18800	35*d+18000+400−20+15*d+1176	4	4	20.156	80.624	71.596
1跨.下部钢筋1	Φ	20	300 ⌐ 6710 ⌐ 300	500−20+15*d+5750+500−20+300	1	1	7.31	7.31	18.056
1跨.下部钢筋2	Φ	20	300 ⌐ 6930 ⌐ 300	500−20+15*d+5750+35*d	1	1	7.23	7.23	17.858
2跨.右支座筋1	Φ	18	630 ⌐ 2580	6300/3+500−20+630	1	1	3.21	3.21	6.42
2跨.下部钢筋1	Φ	18	270 ⌐ 6060	35*d+4950+500−20+15*d	2	2	6.33	12.66	25.32
3跨.左支座筋1	Φ	18	630 ⌐ 2055	500−20+630+6300/4	2	2	2.685	5.37	10.74
3跨.下部钢筋1	Φ	22	330 ⌐ 7450	35*d+6300+400−20+15*d	2	2	7.78	15.56	46.368
1跨.箍筋1	Φ	8	560 ⌐ 260	2*((300−2*20)+(600−2*20))+2*(12.89*d)	45	45	1.846	83.07	32.805
1跨.拉筋1	Φ	6	260	(300−2*20)+2*(75+1.9*d)	32	32	0.433	13.856	3.616
2跨.箍筋1	Φ	8	560 ⌐ 210	2*((250−2*20)+(600−2*20))+2*(12.89*d)	41	41	1.746	71.586	28.29
2跨.拉筋1	Φ	6	210	(250−2*20)+2*(75+1.9*d)	28	28	0.383	10.724	2.8
3跨.箍筋1	Φ	8	460 ⌐ 160	2*((200−2*20)+(500−2*20))+2*(12.89*d)	45	45	1.446	65.07	25.695
3跨.拉筋1	Φ	6	160	(200−2*20)+2*(75+1.9*d)	34	34	0.333	11.322	2.958
3跨.上部梁垫铁.1	Φ	25	160	200−2*20	2	2	0.16	0.32	1.232
构件名称：WKL8(5)[235]			构件数量：1				本构件钢筋重：766.717 kg		
构件位置：<3-2+50,3-A+50><3-11-50,3-A+50>									
1跨.上通长筋1	Φ	18	580 ⌐ 34760 ⌐ 580	500−20+580+33800+500−20+580	2	2	35.92	71.84	143.68
1跨.右支座筋1	Φ	18	4834	6575/3+450+6575/3	1	1	4.834	4.834	9.668

筋号	级别	直径	钢筋图形	计算公式	根数	总根数	单长/m	总长/m	总重/kg
1跨.侧面受扭通长筋1	Φ	12	34640	35 * d+33800+35 * d+2352	4	4	36.992	147.968	131.396
1跨.下部钢筋1	Φ	20	300 ∟ 7755	500−20+15 * d+6575+35 * d	3	3	8.055	24.165	59.688
2跨.右支座筋1	Φ	16	5516	7600/3+450+7600/3	2	2	5.516	11.032	17.43
2跨.下部钢筋1	Φ	20	7975	35 * d+6575+35 * d	2	2	7.975	15.95	39.396
3跨.右支座筋1	Φ	18	5516	7600/3+450+7600/3	1	1	5.516	5.516	11.032
3跨.下部钢筋1	Φ	20	9000	35 * d+7600+35 * d	3	3	9	27	66.69
4跨.右支座筋1	Φ	18	4416	5950/3+450+5950/3	1	1	4.416	4.416	8.832
4跨.下部钢筋1	Φ	20	6700	35 * d+5300+35 * d	2	2	6.7	13.4	33.098
5跨.下部钢筋1	Φ	20	300 ∟ 7130	35 * d+5950+500−20+15 * d	3	3	7.43	22.29	55.056
钢筋	Φ	8	560 ⌷ 260	2 * ((300−2 * 20)+(600−2 * 20))+2 * (12.89 * d)	235	235	1.846	433.81	171.315
钢筋	Φ	6	⟨ 260	(300−2 * 20)+2 * (75+1.9 * d)	172	172	0.433	74.476	19.436

构件名称：WKL9(5)[376]　　　　　　**构件数量：1**　　　　　　**本构件钢筋重：908.613 kg**

构件位置：<3-2+50,3-B-50><3-11-25,3-B-50>

筋号	级别	直径	钢筋图形	计算公式	根数	总根数	单长/m	总长/m	总重/kg
1跨.上通长筋1	Φ	20	480 ∟ 34760 ┘ 580	500−20+480+33800+500−20+580	1	1	35.82	35.82	88.475
1跨.上通长筋2	Φ	20	480 ∟ 17063	500−20+480+13550+500+7600/3	1	1	17.543	17.543	43.331
1跨.右支座筋1	Φ	20	4866	6550/3+500+6550/3	1	1	4.866	4.866	12.019
1跨.右支座筋2	Φ	16	3776	6550/4+500+6550/4	2	2	3.776	7.552	11.932
1跨.侧面构造筋1	Φ	12	6910	15 * d+6550+15 * d	2	2	6.91	13.82	12.272
钢筋	Φ	22	330 ∟ 7800	500−20+15 * d+6550+35 * d	4	4	8.13	32.52	96.908
钢筋	Φ	20	5566	7600/3+500+7600/3	2	2	5.566	11.132	27.496
2跨.右支座筋2	Φ	16	560 ∟ 2380	7600/4+500−20+560	2	2	2.94	5.88	9.29

续表二

筋号	级别	直径	钢筋图形	计算公式	根数	总根数	单长/m	总长/m	总重/kg
2 跨.侧面构造筋 1	Φ	12	6860	15 * d+6500+15 * d	2	2	6.86	13.72	12.184
钢筋	Φ	20	7900	35 * d+6500+35 * d	4	4	7.9	31.6	78.052
3 跨.上通长筋 1	Φ	20	700⌐20710⌐580	500－20 + 700 + 19750 + 500－20+580	1	1	21.99	21.99	54.315
3 跨.侧面构造筋 1	Φ	14	8020	15 * d+7600+15 * d	2	2	8.02	16.04	19.408
3 跨.下部钢筋 1	Φ	22	330⌐8850	500－20+15 * d+7600+35 * d	4	4	9.18	36.72	109.424
4 跨.右支座筋 1	Φ	20	4434	5900/3+500+5900/3	1	1	4.434	4.434	10.952
4 跨.侧面构造筋 1	Φ	14	5670	15 * d+5250+15 * d	2	2	5.67	11.34	13.722
4 跨.下部钢筋 1	Φ	20	6650	35 * d+5250+35 * d	2	2	6.65	13.3	32.852
5 跨.侧面构造筋 1	Φ	14	6320	15 * d+5900+15 * d	2	2	6.32	12.64	15.294
5 跨.下部钢筋 1	Φ	22	330⌐7150	35 * d+5900+500－20+15 * d	4	4	7.48	29.92	89.16
钢筋	Φ	8	460 ⌐160⌐	2 * ((200－2 * 20) + (500－2 * 20)) +2 * (12.89 * d)	93	93	1.446	134.478	53.103
钢筋	Φ	6	160	(200－2 * 20) + 2 * (75+1.9 * d)	35	35	0.333	11.655	3.045
钢筋	Φ	8	560 ⌐260⌐	2 * ((300－2 * 20) + (600－2 * 20)) +2 * (12.89 * d)	137	137	1.846	252.902	99.873
钢筋	Φ	6	260	(300－2 * 20) + 2 * (75+1.9 * d)	50	50	0.433	21.65	5.65
钢筋	Φ	25	160	200－2 * 20	16	16	0.16	2.56	9.856

构件名称：TL1[9518]	构件数量：1	本构件钢筋重：64.426 kg
	构件位置：<3-5,3-D><1/3-6,3-D>	

筋号	级别	直径	钢筋图形	计算公式	根数	总根数	单长/m	总长/m	总重/kg
1 跨.上通长筋 1	Φ	18	270⌐3960⌐270	500－20 + 15 * d + 3000 + 500－20+15 * d	2	2	4.5	9	18
1 跨.侧面受扭筋 1	Φ	12	3840	35 * d+3000+35 * d	2	2	3.84	7.68	6.82
1 跨.下部钢筋 1	Φ	20	300⌐3960⌐300	500－20 + 15 * d + 3000 + 500－20+15 * d	2	2	4.56	9.12	22.526

続表二 は「续表二」

筋号	级别	直径	钢筋图形	计算公式	根数	总根数	单长/m	总长/m	总重/kg
1跨.箍筋1	Φ	8	360 [160]	2*((200-2*20)+(400-2*20))+2*(12.89*d)	30	30	1.246	37.38	14.76
1跨.拉筋1	Φ	8	160	(200-2*20)+2*(12.89*d)	16	16	0.366	5.856	2.32

构件名称：TL1[9521]　　　　**构件数量：1**　　　　**本构件钢筋重：60.652 kg**

			构件位置：<1/3-10+100,3-E-3610><3-11-127,3-E-3610>						
1跨.上通长筋1	Φ	18	270 ⌐3533¬ 216	200-20+15*d+3373+216-20	2	2	4.019	8.038	16.076
1跨.侧面受扭筋1	Φ	12	3773	35*d+3373-20	2	2	3.773	7.546	6.7
1跨.下通长筋1	Φ	20	120 ⌐3533	15*d+3373-20	2	2	3.653	7.306	18.046
1跨.箍筋1	Φ	8	360 [160]	2*((200-2*20)+(400-2*20))+2*(12.89*d)	35	35	1.246	43.61	17.22
1跨.拉筋1	Φ	8	160	(200-2*20)+2*(12.89*d)	18	18	0.366	6.588	2.61

构件名称：TL1[9522]　　　　**构件数量：2**　　　　**本构件钢筋重：32.75 kg**

			构件位置：<3-11-28,3-D+2500><3-11-27,3-E-3610>；<1/3-10,3-D+2400><1/3-10,3-E-3510>						
1跨.上通长筋1	Φ	18	380 ⌐1850¬ 380	400-20+380+1090+400-20+380	2	4	2.61	10.44	20.88
1跨.侧面受扭筋1	Φ	12	180 ⌐1850¬ 180	400-20+15*d+1090+400-20+15*d	2	4	2.21	8.84	7.848
1跨.下部钢筋1	Φ	20	300 ⌐1850¬ 300	400-20+15*d+1090+400-20+15*d	2	4	2.45	9.8	24.208
1跨.箍筋1	Φ	8	360 [160]	2*((200-2*20)+(400-2*20))+2*(12.89*d)	11	22	1.246	27.412	10.824
1跨.拉筋1	Φ	8	160	(200-2*20)+2*(12.89*d)	6	12	0.366	4.392	1.74

构件名称：TL1[9523]　　　　**构件数量：1**　　　　**本构件钢筋重：60.652 kg**

			构件位置：<1/3-10+100,3-D+2400><3-11-28,3-D+2400>						
0跨.上通长筋1	Φ	18	270 ⌐3533¬ 216	200-20+15*d+3373+216-20	2	2	4.019	8.038	16.076
0跨.侧面受扭筋1	Φ	12	3773	35*d+3373-20	2	2	3.773	7.546	6.7
0跨.下部钢筋1	Φ	20	120 ⌐3533	15*d+3373-20	2	2	3.653	7.306	18.046
0跨.箍筋1	Φ	8	360 [160]	2*((200-2*20)+(400-2*20))+2*(12.89*d)	35	35	1.246	43.61	17.22

续表二

筋号	级别	直径	钢筋图形	计算公式	根数	总根数	单长/m	总长/m	总重/kg
0跨. 拉筋1	⏀	8	160	(200-2*20)+2*(12.89*d)	18	18	0.366	6.588	2.61

构件名称: TL1a[9516]　　　　**构件数量: 1**　　　　**本构件钢筋重: 62.522 kg**

构件位置: <3-5+100,3-E-560><1/3-6-100,3-E-560>

筋号	级别	直径	钢筋图形	计算公式	根数	总根数	单长/m	总长/m	总重/kg
1跨. 上通长筋1	⏀	18	270 ⌐3360⌐ 270	-20+15*d+3400-20+15*d	2	2	3.9	7.8	15.6
1跨. 侧面受扭筋1	⏀	12	440 ⌐3360⌐ 440	-20+440+3400-20+440	2	2	4.24	8.48	7.53
1跨. 下部钢筋1	⏀	20	300 ⌐3360⌐ 300	-20+15*d+3400-20+15*d	2	2	3.96	7.92	19.562
1跨. 箍筋1	⏀	8	360 160	2*((200-2*20)+(400-2*20))+2*(12.89*d)	35	35	1.246	43.61	17.22
1跨. 拉筋1	⏀	8	160	(200-2*20)+2*(12.89*d)	18	18	0.366	6.588	2.61

构件名称: TL2[9519]　　　　**构件数量: 1**　　　　**本构件钢筋重: 45.938 kg**

构件位置: <3-5,3-D+150><3-5,3-D+2660>

筋号	级别	直径	钢筋图形	计算公式	根数	总根数	单长/m	总长/m	总重/kg
1跨. 上通长筋1	⏀	18	270 ⌐2740⌐ 380	500-20+15*d+1880+400-20+380	2	2	3.39	6.78	13.56
1跨. 侧面受扭筋1	⏀	12	180 ⌐2680⌐	35*d+1880+400-20+15*d	2	2	2.86	5.72	5.08
1跨. 下部钢筋1	⏀	20	300 ⌐2740⌐ 300	500-20+15*d+1880+400-20+15*d	2	2	3.34	6.68	16.5
1跨. 箍筋1	⏀	8	360 160	2*((200-2*20)+(400-2*20))+2*(12.89*d)	19	19	1.246	23.674	9.348
1跨. 拉筋1	⏀	8	160	(200-2*20)+2*(12.89*d)	10	10	0.366	3.66	1.45

构件名称: TL1b[9517]　　　　**构件数量: 1**　　　　**本构件钢筋重: 104.32 kg**

构件位置: <3-5+100,3-D+2560><1/3-6-100,3-D+2560>

筋号	级别	直径	钢筋图形	计算公式	根数	总根数	单长/m	总长/m	总重/kg
1跨. 上通长筋1	⏀	16	380 ⌐3760⌐ 380	200-20+380+3400+200-20+380	4	4	4.52	18.08	28.568
1跨. 侧面受扭筋1	⏀	12	240 ⌐3760⌐ 240	200-20+240+3400+200-20+240	2	2	4.24	8.48	7.53
1跨. 下部钢筋1	⏀	18	270 ⌐3760⌐ 270	200-20+15*d+3400+200-20+15*d	4	4	4.3	17.2	34.4
1跨. 箍筋1	⏀	8	360 160	2*((200-2*20)+(400-2*20))+2*(12.89*d)	34	34	1.246	42.364	16.728

筋号	级别	直径	钢筋图形	计算公式	根数	总根数	单长/m	总长/m	总重/kg
1跨.箍筋2	Φ	8	360 ⌷76	2*(((200-2*20-2*d-18)/3*1+18+2*d)+(400-2*20))+2*(12.89*d)	34	34	1.078	36.652	14.484
1跨.拉筋1	Φ	8	160	(200-2*20)+2*(12.89*d)	18	18	0.366	6.588	2.61

构件名称：Bh-100(H-0.400)[455]　构件数量：1　本构件钢筋重：34.198 kg

构件位置：<3-1+1500,3-D+817><3-1+25,3-D+817>;<3-1+517,3-D+2400><3-1+517,3-D+25>;<3-1+1500,3-D+1608><3-1+25,3-D+1608>;<3-1+1008,3-D+2400><3-1+1008,3-D+25>

筋号	级别	直径	钢筋图形	计算公式	根数	总根数	单长/m	总长/m	总重/kg
C8-200.1	Φ	8	1475	1250 + max (200/2, 5 * d) +max(250/2,5*d)	11	11	1.475	16.225	6.413
C8-200.1	Φ	8	2375	2150 + max (200/2, 5 * d) +max(250/2,5*d)	7	7	2.375	16.625	6.566
SLJ-1.1	Φ	8	120 1660 120	1250 + 200 - 20 + 15 * d + 250-20+15*d	15	15	1.9	28.5	11.265
SLJ-1.1	Φ	8	120 2560 120	2150 + 200 - 20 + 15 * d + 250-20+15*d	9	9	2.8	25.2	9.954

构件名称：Bh-100(H-0.400)[454]　构件数量：1　本构件钢筋重：34.443 kg

构件位置：<3-3,3-D+817><3-3-1500,3-D+817>;<3-3-1000,3-D+2400><3-3-1000,3-D+25>;<3-3,3-D+1608><3-3-1500,3-D+1608>;<3-3-500,3-D+2400><3-3-500,3-D+25>

筋号	级别	直径	钢筋图形	计算公式	根数	总根数	单长/m	总长/m	总重/kg
C8-200.1	Φ	8	1500	1275 + max (250/2, 5 * d) +max(200/2,5*d)	11	11	1.5	16.5	6.523
C8-200.1	Φ	8	2375	2150 + max (200/2, 5 * d) +max(250/2,5*d)	7	7	2.375	16.625	6.566
SLJ-1.1	Φ	8	120 1685 120	1275 + 250 - 20 + 15 * d + 200-20+15*d	15	15	1.925	28.875	11.4
SLJ-1.1	Φ	8	120 2560 120	2150 + 200 - 20 + 15 * d + 250-20+15*d	9	9	2.8	25.2	9.954

构件名称：Bh-100(H-0.400)[453]　构件数量：1　本构件钢筋重：34.443 kg

构件位置：<3-3+1500,3-D+817><3-3,3-D+817>;<3-3+500,3-D+2400><3-3+500,3-D+25>;<3-3+1500,3-D+1608><3-3,3-D+1608>;<3-3+1000,3-D+2400><3-3+1000,3-D+25>

筋号	级别	直径	钢筋图形	计算公式	根数	总根数	单长/m	总长/m	总重/kg
C8-200.1	Φ	8	1500	1275 + max (200/2, 5 * d) +max(250/2,5*d)	11	11	1.5	16.5	6.523
C8-200.1	Φ	8	2375	2150 + max (200/2, 5 * d) +max(250/2,5*d)	7	7	2.375	16.625	6.566
SLJ-1.1	Φ	8	120 1685 120	1275 + 200 - 20 + 15 * d + 250-20+15*d	15	15	1.925	28.875	11.4
SLJ-1.1	Φ	8	120 2560 120	2150 + 200 - 20 + 15 * d + 250-20+15*d	9	9	2.8	25.2	9.954

续表二

筋号	级别	直径	钢筋图形	计算公式	根数	总根数	单长/m	总长/m	总重/kg
构件名称：**Bh-100(H-0.400)**[452]				构件数量：1			本构件钢筋重：**34.198 kg**		
构件位置：<3-5,3-D+817><3-5-1500,3-D+817>；<3-5-1000,3-D+2400><3-5-1000,3-D+25>；<3-5,3-D+1608><3-5-1500,3-D+1608>；<3-5-500,3-D+2400><3-5-500,3-D+25>									
C8-200.1	Φ	8	1475	1250 + max（250/2，5 * d）+max（200/2,5 * d）	11	11	1.475	16.225	6.413
C8-200.1	Φ	8	2375	2150 + max（200/2，5 * d）+max（250/2,5 * d）	7	7	2.375	16.625	6.566
SLJ-1.1	Φ	8	120⌐1660⌐120	1250 + 250 - 20 + 15 * d + 200-20+15 * d	15	15	1.9	28.5	11.265
SLJ-1.1	Φ	8	120⌐2560⌐120	2150 + 200 - 20 + 15 * d + 250-20+15 * d	9	9	2.8	25.2	9.954
构件名称：**Bh-100(H-0.400)**[450]				构件数量：1			本构件钢筋重：**34.443 kg**		
构件位置：<3-7,3-D+817><3-7-1500,3-D+817>；<3-7-1000,3-D+2400><3-7-1000,3-D+25>；<3-7,3-D+1608><3-7-1500,3-D+1608>；<3-7-500,3-D+2400><3-7-500,3-D+25>									
C8-200.1	Φ	8	1500	1275 + max（250/2，5 * d）+max（200/2,5 * d）	11	11	1.5	16.5	6.523
C8-200.1	Φ	8	2375	2150 + max（200/2，5 * d）+max（250/2,5 * d）	7	7	2.375	16.625	6.566
SLJ-1.1	Φ	8	120⌐1685⌐120	1275 + 250 - 20 + 15 * d + 200-20+15 * d	15	15	1.925	28.875	11.4
SLJ-1.1	Φ	8	120⌐2560⌐120	2150 + 200 - 20 + 15 * d + 250-20+15 * d	9	9	2.8	25.2	9.954
构件名称：**Bh-100(H-0.400)**[448]				构件数量：1			本构件钢筋重：**34.443 kg**		
构件位置：<3-7+1500,3-D+817><3-7,3-D+817>；<3-7+500,3-D+2400><3-7+500,3-D+25>；<3-7+1500,3-D+1608><3-7,3-D+1608>；<3-7+1000,3-D+2400><3-7+1000,3-D+25>									
C8-200.1	Φ	8	1500	1275 + max（200/2，5 * d）+max（250/2,5 * d）	11	11	1.5	16.5	6.523
C8-200.1	Φ	8	2375	2150 + max（200/2，5 * d）+max（250/2,5 * d）	7	7	2.375	16.625	6.566
SLJ-1.1	Φ	8	120⌐1685⌐120	1275 + 200 - 20 + 15 * d + 250-20+15 * d	15	15	1.925	28.875	11.4
SLJ-1.1	Φ	8	120⌐2560⌐120	2150 + 200 - 20 + 15 * d + 250-20+15 * d	9	9	2.8	25.2	9.954
构件名称：**Bh-100(H-0.400)**[447]				构件数量：1			本构件钢筋重：**34.443 kg**		
构件位置：<3-9,3-D+817><3-9-1500,3-D+817>；<3-9-1000,3-D+2400><3-9-1000,3-D+25>；<3-9,3-D+1608><3-9-1500,3-D+1608>；<3-9-500,3-D+2400><3-9-500,3-D+25>									
C8-200.1	Φ	8	1500	1275 + max（250/2，5 * d）+max（200/2,5 * d）	11	11	1.5	16.5	6.523
C8-200.1	Φ	8	2375	2150 + max（200/2，5 * d）+max（250/2,5 * d）	7	7	2.375	16.625	6.566

续表二

筋号	级别	直径	钢筋图形	计算公式	根数	总根数	单长/m	总长/m	总重/kg
SLJ-1.1	Φ	8	120 ⌐1685⌐ 120	1275 + 250 - 20 + 15 * d + 200-20+15 * d	15	15	1.925	28.875	11.4
SLJ-1.1	Φ	8	120 ⌐2560⌐ 120	2150 + 200 - 20 + 15 * d + 250-20+15 * d	9	9	2.8	25.2	9.954

构件名称：Bh-100(H-0.400)[432]　　　**构件数量：1**　　　　　　**本构件钢筋重：34.198 kg**

构件位置：<3-11-128,3-D+817>3-11-1500,3-D+817>；<3-11-1043,3-D+2400>3-11-1043,3-D+25>；<3-11-128,3-D+1608>3-11-1500,3-D+1608>；<3-11-585,3-D+2400>3-11-585,3-D+25>

筋号	级别	直径	钢筋图形	计算公式	根数	总根数	单长/m	总长/m	总重/kg
C8-200.1	Φ	8	1475	1250 + max（250/2, 5 * d）+max(200/2,5 * d)	11	11	1.475	16.225	6.413
C8-200.1	Φ	8	2375	2150 + max（200/2, 5 * d）+max(250/2,5 * d)	7	7	2.375	16.625	6.566
SLJ-1.1	Φ	8	120 ⌐1660⌐ 120	1250 + 250 - 20 + 15 * d + 200-20+15 * d	15	15	1.9	28.5	11.265
SLJ-1.1	Φ	8	120 ⌐2560⌐ 120	2150 + 200 - 20 + 15 * d + 250-20+15 * d	9	9	2.8	25.2	9.954

构件名称：Bh-100(H-0.050)[440]　　　**构件数量：1**　　　　　　**本构件钢筋重：53.926 kg**

构件位置：<3-1+3900,3-D+817>3-1+1500,3-D+817>；<3-1+2300,3-D+2400>3-1+2300,3-D+25>；<3-1+3900,3-D+1608>3-1+1500,3-D+1608>；<3-1+3100,3-D+2400>3-1+3100,3-D+25>

筋号	级别	直径	钢筋图形	计算公式	根数	总根数	单长/m	总长/m	总重/kg
C8-200.1	Φ	8	2400	2200 + max（200/2, 5 * d）+max(200/2,5 * d)	11	11	2.4	26.4	10.428
C8-200.1	Φ	8	2375	2150 + max（200/2, 5 * d）+max(250/2,5 * d)	11	11	2.375	26.125	10.318
钢筋	Φ	8	120 ⌐2560⌐ 120	2200 + 200 - 20 + 15 * d + 200-20+15 * d	30	30	2.8	84	33.18

构件名称：Bh-100(H-0.050)[441]　　　**构件数量：1**　　　　　　**本构件钢筋重：53.926 kg**

构件位置：<3-3-1500,3-D+817>3-1+3900,3-D+817>；<3-3-3100,3-D+2400>3-3-3100,3-D+25>；<3-3-1500,3-D+1608>3-1+3900,3-D+1608>；<3-3-2300,3-D+2400>3-3-2300,3-D+25>

筋号	级别	直径	钢筋图形	计算公式	根数	总根数	单长/m	总长/m	总重/kg
C8-200.1	Φ	8	2400	2200 + max（200/2, 5 * d）+max(200/2,5 * d)	11	11	2.4	26.4	10.428
C8-200.1	Φ	8	2375	2150 + max（200/2, 5 * d）+max(250/2,5 * d)	11	11	2.375	26.125	10.318
钢筋	Φ	8	120 ⌐2560⌐ 120	2200 + 200 - 20 + 15 * d + 200-20+15 * d	30	30	2.8	84	33.18

构件名称：Bh-100(H-0.050)[437]　　　**构件数量：1**　　　　　　**本构件钢筋重：53.926 kg**

构件位置：<3-3+3900,3-D+817>3-3+1500,3-D+817>；<3-3+2300,3-D+2400>3-3+2300,3-D+25>；<3-3+3900,3-D+1608>3-3+1500,3-D+1608>；<3-3+3100,3-D+2400>3-3+3100,3-D+25>

筋号	级别	直径	钢筋图形	计算公式	根数	总根数	单长/m	总长/m	总重/kg
C8-200.1	Φ	8	2400	2200 + max（200/2, 5 * d）+max(200/2,5 * d)	11	11	2.4	26.4	10.428
C8-200.1	Φ	8	2375	2150 + max（200/2, 5 * d）+max(250/2,5 * d)	11	11	2.375	26.125	10.318

续表二

筋号	级别	直径	钢筋图形	计算公式	根数	总根数	单长/m	总长/m	总重/kg
钢筋	Φ	8	120 ⌐2560⌐ 120	2200 + 200 − 20 + 15 * d + 200−20+15 * d	30	30	2.8	84	33.18

构件名称：Bh-100(H-0.050)[438]　构件数量：1　　　本构件钢筋重：53.926 kg

构件位置：<3-5-1500,3-D+817><3-3+3900,3-D+817>；<3-5-3100,3-D+2400><3-5-3100,3-D+25>；<3-5-1500,3-D+1608><3-3+3900,3-D+1608>；<3-5-2300,3-D+2400><3-5-2300,3-D+25>

筋号	级别	直径	钢筋图形	计算公式	根数	总根数	单长/m	总长/m	总重/kg
C8-200.1	Φ	8	2400	2200 + max（200/2，5 * d）+max(200/2,5 * d)	11	11	2.4	26.4	10.428
C8-200.1	Φ	8	2375	2150 + max（200/2，5 * d）+max(250/2,5 * d)	11	11	2.375	26.125	10.318
钢筋	Φ	8	120 ⌐2560⌐ 120	2200 + 200 − 20 + 15 * d + 200−20+15 * d	30	30	2.8	84	33.18

构件名称：Bh-100(H-0.050)[451]　构件数量：1　　　本构件钢筋重：60.998 kg

构件位置：<3-7-1500,3-D+817><1/3-6+25,3-D+817>；<1/3-6+917,3-D+2400><1/3-6+917,3-D+25>；<3-7-1500,3-D+1608><1/3-6+25,3-D+1608>；<1/3-6+1808,3-D+2400><1/3-6+1808,3-D+25>

筋号	级别	直径	钢筋图形	计算公式	根数	总根数	单长/m	总长/m	总重/kg
C8-200.1	Φ	8	2675	2450 + max（200/2，5 * d）+max(250/2,5 * d)	11	11	2.675	29.425	11.627
C8-200.1	Φ	8	2375	2150 + max（200/2，5 * d）+max(250/2,5 * d)	13	13	2.375	30.875	12.194
SLJ-1.1	Φ	8	120 ⌐2860⌐ 120	2450 + 200 − 20 + 15 * d + 250−20+15 * d	15	15	3.1	46.5	18.375
SLJ-1.1	Φ	8	120 ⌐2560⌐ 120	2150 + 200 − 20 + 15 * d + 250−20+15 * d	17	17	2.8	47.6	18.802

构件名称：Bh-100(H-0.050)[434]　构件数量：1　　　本构件钢筋重：53.926 kg

构件位置：<3-7+3900,3-D+817><3-7+1500,3-D+817>；<3-7+2300,3-D+2400><3-7+2300,3-D+25>；<3-7+3900,3-D+1608><3-7+1500,3-D+1608>；<3-7+3100,3-D+2400><3-7+3100,3-D+25>

筋号	级别	直径	钢筋图形	计算公式	根数	总根数	单长/m	总长/m	总重/kg
C8-200.1	Φ	8	2400	2200 + max（200/2，5 * d）+max(200/2,5 * d)	11	11	2.4	26.4	10.428
C8-200.1	Φ	8	2375	2150 + max（200/2，5 * d）+max(250/2,5 * d)	11	11	2.375	26.125	10.318
钢筋	Φ	8	120 ⌐2560⌐ 120	2200 + 200 − 20 + 15 * d + 200−20+15 * d	30	30	2.8	84	33.18

构件名称：Bh-100(H-0.050)[435]　构件数量：1　　　本构件钢筋重：53.926 kg

构件位置：<3-9-1500,3-D+817><3-7+3900,3-D+817>；<3-9-3100,3-D+2400><3-9-3100,3-D+25>；<3-9-1500,3-D+1608><3-7+3900,3-D+1608>；<3-9-2300,3-D+2400><3-9-2300,3-D+25>

筋号	级别	直径	钢筋图形	计算公式	根数	总根数	单长/m	总长/m	总重/kg
C8-200.1	Φ	8	2400	2200 + max（200/2，5 * d）+max(200/2,5 * d)	11	11	2.4	26.4	10.428
C8-200.1	Φ	8	2375	2150 + max（200/2，5 * d）+max(250/2,5 * d)	11	11	2.375	26.125	10.318
钢筋	Φ	8	120 ⌐2560⌐ 120	2200 + 200 − 20 + 15 * d + 200−20+15 * d	30	30	2.8	84	33.18

筋号	级别	直径	钢筋图形	计算公式	根数	总根数	单长/m	总长/m	总重/kg
构件名称：**Bh-100(H-0.050)**[551]				构件数量：1		本构件钢筋重：48.092 kg			
构件位置：<3-11-1500,3-D+817><1/3-10-25,3-D+817>；<1/3-10+684,3-D+2400><1/3-10+684,3-D+25>；<3-11-1500,3-D+1608><1/3-10-25,3-D+1608>；<1/3-10+1392,3-D+2400><1/3-10+1392,3-D+25>									
C8-200.1	Φ	8	2125	$1900 + \max(200/2, 5*d) + \max(250/2, 5*d)$	11	11	2.125	23.375	9.229
C8-200.1	Φ	8	2375	$2150 + \max(200/2, 5*d) + \max(250/2, 5*d)$	10	10	2.375	23.75	9.38
SLJ-1.1	Φ	8	120 ⌐2310⌐ 120	$1900 + 200 - 20 + 15*d + 250-20+15*d$	15	15	2.55	38.25	15.105
SLJ-1.1	Φ	8	120 ⌐2560⌐ 120	$2150 + 200 - 20 + 15*d + 250-20+15*d$	13	13	2.8	36.4	14.378
构件名称：**Bh-100**[442]				构件数量：1		本构件钢筋重：21.102 kg			
构件位置：<3-1+1600,3-F-742><3-1+25,3-F-742>；<3-1+550,3-F-25><3-1+550,3-E+1100>；<3-1+1600,3-F-383><3-1+25,3-F-383>；<3-1+1075,3-F-25><3-1+1075,3-E+1100>；<3-1+25,3-F-676><3-1+1600,3-F-676>									
C8-200.1	Φ	8	1575	$1350 + \max(200/2, 5*d) + \max(250/2, 5*d)$	5	5	1.575	7.875	3.11
C8-200.1	Φ	8	1075	$850 + \max(250/2, 5*d) + \max(200/2, 5*d)$	7	7	1.075	7.525	2.975
SLJ-1.1	Φ	8	120 ⌐1760⌐ 120	$1350 + 200 - 20 + 15*d + 250-20+15*d$	6	6	2	12	4.74
SLJ-1.1	Φ	8	120 ⌐1260⌐ 120	$850 + 250 - 20 + 15*d + 200-20+15*d$	9	9	1.5	13.5	5.337
无标注 KBSLJ-C8@200.1	Φ	8	120 ⌐2380⌐	$1450 + 700 + 250 - 20 + 15*d$	5	5	2.5	12.5	4.94
构件名称：**Bh-100**[443]				构件数量：1		本构件钢筋重：31.22 kg			
构件位置：<3-1+1600,3-E+350><3-1+25,3-E+350>；<3-1+550,3-E+1100><3-1+550,3-E-25>；<3-1+1600,3-E+725><3-1+25,3-E+725>；<3-1+1075,3-E+1100><3-1+1075,3-E-25>；<3-1+814,3-E-25><3-1+814,3-F-25>；<3-1+25,3-E+530><3-1+1600,3-E+530>									
C8-200.1	Φ	8	1575	$1350 + \max(200/2, 5*d) + \max(250/2, 5*d)$	5	5	1.575	7.875	3.11
C8-200.1	Φ	8	1125	$900 + \max(200/2, 5*d) + \max(250/2, 5*d)$	7	7	1.125	7.875	3.108
SLJ-1.1	Φ	8	120 ⌐1760⌐ 120	$1350 + 200 - 20 + 15*d + 250-20+15*d$	6	6	2	12	4.74
SLJ-1.1	Φ	8	120 ⌐1310⌐ 120	$900 + 200 - 20 + 15*d + 250-20+15*d$	9	9	1.55	13.95	5.508
无标注 KBSLJ-C8@200.1	Φ	8	120 ⌐3430⌐	$2075 + 1125 + 250 - 20 + 15*d$	7	7	3.55	24.85	9.814

续表二

筋号	级别	直径	钢筋图形	计算公式	根数	总根数	单长/m	总长/m	总重/kg
无标注 KBSLJ-C8@200.1	Φ	8	120⌐ 2380	1450+700+250-20+15*d	5	5	2.5	12.5	4.94

构件名称：Bh-110[439]　　构件数量：1　　本构件钢筋重：196.883 kg

构件位置：<3-1+3900,3-E-3608><3-1+25,3-E-3608>；<3-1+1317,3-E-25><3-1+1317,3-D+2400>；<3-1+3900,3-E-1817><3-1+25,3-E-1817>；<3-1+2608,3-E-25><3-1+2608,3-D+2400>

C8-200.1	Φ	8	3875	3650 + max（200/2，5*d）+max(250/2,5*d)	26	26	3.875	100.75	39.806
C8-200.1	Φ	8	5375	5150 + max（250/2，5*d）+max(200/2,5*d)	19	19	5.375	102.125	40.337
SLJ-1.1	Φ	8	120⌐ 4060 ⌐120	3650 + 200 - 20 + 15*d + 250-20+15*d	35	35	4.3	150.5	59.465
SLJ-1.1	Φ	8	120⌐ 5560 ⌐120	5150 + 250 - 20 + 15*d + 200-20+15*d	25	25	5.8	145	57.275

构件名称：Bh-110[417]　　构件数量：1　　本构件钢筋重：197.458 kg

构件位置：<3-3,3-E-3608><3-1+3900,3-E-3608>；<3-3-2600,3-E-25><3-3-2600,3-D+2400>；<3-3,3-E-1817><3-1+3900,3-E-1817>；<3-3-1300,3-E-25><3-3-1300,3-D+2400>

C8-200.1	Φ	8	3900	3675 + max（250/2，5*d）+max(200/2,5*d)	26	26	3.9	101.4	40.066
C8-200.1	Φ	8	5375	5150 + max（250/2，5*d）+max(200/2,5*d)	19	19	5.375	102.125	40.337
SLJ-1.1	Φ	8	120⌐ 4085 ⌐120	3675 + 250 - 20 + 15*d + 200-20+15*d	35	35	4.325	151.375	59.78
SLJ-1.1	Φ	8	120⌐ 5560 ⌐120	5150 + 250 - 20 + 15*d + 200-20+15*d	25	25	5.8	145	57.275

构件名称：Bh-100[416]　　构件数量：1　　本构件钢筋重：126.461 kg

构件位置：<3-3,3-E+708><3-1+1600,3-E+708>；<3-1+3667,3-F-25><3-1+3667,3-E-25>；<3-3,3-F-758><3-1+1600,3-F-758>；<3-3-2067,3-F-25><3-3-2067,3-E-25>

C8-200.1	Φ	8	6200	5975 + max（250/2，5*d）+max(200/2,5*d)	10	10	6.2	62	24.49
C8-200.1	Φ	8	2200	1950 + max（250/2，5*d）+max(250/2,5*d)	30	30	2.2	66	26.07
SLJ-1.1	Φ	8	120⌐ 6385 ⌐120	5975 + 250 - 20 + 15*d + 200-20+15*d	13	13	6.625	86.125	34.021
SLJ-1.1	Φ	8	120⌐ 2410 ⌐120	1950 + 250 - 20 + 15*d + 250-20+15*d	40	40	2.65	106	41.88

构件名称：Bh-110[418]　　构件数量：1　　本构件钢筋重：197.458 kg

构件位置：<3-3+3900,3-E-3608><3-3,3-E-3608>；<3-3+1300,3-E-25><3-3+1300,3-D+2400>；<3-3+3900,3-E-1817><3-3,3-E-1817>；<3-3+2600,3-E-25><3-3+2600,3-D+2400>

筋号	级别	直径	钢筋图形	计算公式	根数	总根数	单长/m	总长/m	总重/kg
C8-200.1	Φ	8	3900	3675 + max（200/2，5 * d）+max(250/2,5 * d)	26	26	3.9	101.4	40.066
C8-200.1	Φ	8	5375	5150 + max（250/2，5 * d）+max(200/2,5 * d)	19	19	5.375	102.125	40.337
SLJ-1.1	Φ	8	120 ⌐ 4085 ⌐ 120	3675 + 200 - 20 + 15 * d + 250-20+15 * d	35	35	4.325	151.375	59.78
SLJ-1.1	Φ	8	120 ⌐ 5560 ⌐ 120	5150 + 250 - 20 + 15 * d + 200-20+15 * d	25	25	5.8	145	57.275

构件名称：Bh-110［436］　　　　**构件数量：1**　　　　**本构件钢筋重：196.883 kg**

构件位置：<3-5,3-E-3608><3-3+3900,3-E-3608>；<3-5-2600,3-E-25><3-5-2600,3-D+2400>；<3-5,3-E-1817><3-3+3900,3-E-1817>；<3-5-1300,3-E-25><3-5-1300,3-D+2400>

筋号	级别	直径	钢筋图形	计算公式	根数	总根数	单长/m	总长/m	总重/kg
C8-200.1	Φ	8	3875	3650 + max（250/2，5 * d）+max(200/2,5 * d)	26	26	3.875	100.75	39.806
C8-200.1	Φ	8	5375	5150 + max（250/2，5 * d）+max(200/2,5 * d)	19	19	5.375	102.125	40.337
SLJ-1.1	Φ	8	120 ⌐ 4060 ⌐ 120	3650 + 250 - 20 + 15 * d + 200-20+15 * d	35	35	4.3	150.5	59.465
SLJ-1.1	Φ	8	120 ⌐ 5560 ⌐ 120	5150 + 250 - 20 + 15 * d + 200-20+15 * d	25	25	5.8	145	57.275

构件名称：Bh-100［415］　　　　**构件数量：1**　　　　**本构件钢筋重：159.466 kg**

构件位置：<3-5,3-E+708><3-3,3-E+708>；<3-3+2600,3-F-25><3-3+2600,3-E-25>；<3-5,3-F-758><3-3,3-F-758>；<3-5-2600,3-F-25><3-5-2600,3-E-25>

筋号	级别	直径	钢筋图形	计算公式	根数	总根数	单长/m	总长/m	总重/kg
C8-200.1	Φ	8	7800	7575 + max（200/2，5 * d）+max(250/2,5 * d)	10	10	7.8	78	30.81
C8-200.1	Φ	8	2200	1950 + max（250/2，5 * d）+max(250/2,5 * d)	38	38	2.2	83.6	33.022
SLJ-1.1	Φ	8	120 ⌐ 7985 ⌐ 120	7575 + 200 - 20 + 15 * d + 250-20+15 * d	13	13	8.225	106.925	42.237
SLJ-1.1	Φ	8	120 ⌐ 2410 ⌐ 120	1950 + 250 - 20 + 15 * d + 250-20+15 * d	51	51	2.65	135.15	53.397

构件名称：Bh-100［444］　　　　**构件数量：1**　　　　**本构件钢筋重：179.376 kg**

构件位置：<1/3-6+25,3-E-1875><3-5,3-E-1875>；<3-5+1208,3-E-25><3-5+1208,3-E-2800>；<1/3-6+25,3-E-950><3-5,3-E-950>；<1/3-6-1183,3-E-25><1/3-6-1183,3-E-2800>；<1/3-6-1774,3-E-2800><1/3-6-1774,3-E-25>；<3-5,3-E-1420><1/3-6+25,3-E-1420>

筋号	级别	直径	钢筋图形	计算公式	根数	总根数	单长/m	总长/m	总重/kg
C8-200.1	Φ	8	3650	3400 + max（250/2，5 * d）+max(250/2,5 * d)	13	13	3.65	47.45	18.746
C8-200.1	Φ	8	2775	2550 + max（250/2，5 * d）+max(200/2,5 * d)	17	17	2.775	47.175	18.632
SLJ-1.1	Φ	8	120 ⌐ 3860 ⌐ 120	3400 + 250 - 20 + 15 * d + 250-20+15 * d	17	17	4.1	69.7	27.54

续表二

筋号	级别	直径	钢筋图形	计算公式	根数	总根数	单长/m	总长/m	总重/kg
SLJ-1.1	Φ	8	120 ⌐ 2960 ¬ 120	2550 + 250 − 20 + 15 * d + 200−20+15 * d	23	23	3.2	73.6	29.072
KBSLJ −C8@ 150.1	Φ	8	120 ⌐ 3980	2675+1125+200−20+15 * d	23	23	4.1	94.3	37.26
KBSLJ− C10@ 200.1	Φ	10	6000	3625+1150+1225	13	13	6	78	48.126

构件名称：Bh-100[413]			构件数量：1				本构件钢筋重：159.336 kg		

构件位置：<3-7,3-E+708><3-5,3-E+708>；<1/3-6-1000,3-F-25><1/3-6-1000,3-E-25>；<3-7,3-F-758>< 3-5,3-F-758>；<1/3-6+1600,3-F-25><1/3-6+1600,3-E-25>

筋号	级别	直径	钢筋图形	计算公式	根数	总根数	单长/m	总长/m	总重/kg
C8- 200.1	Φ	8	7800	7600 + max（200/2,5 * d) +max(200/2,5 * d)	10	10	7.8	78	30.81
C8- 200.1	Φ	8	2200	1950 + max（250/2,5 * d) +max(250/2,5 * d)	38	38	2.2	83.6	33.022
SLJ-1.1	Φ	8	120 ⌐ 7960 ¬ 120	7600 + 200 − 20 + 15 * d + 200−20+15 * d	13	13	8.2	106.6	42.107
SLJ-1.1	Φ	8	120 ⌐ 2410 ¬ 120	1950 + 250 − 20 + 15 * d + 250−20+15 * d	51	51	2.65	135.15	53.397

构件名称：Bh-110[449]			构件数量：1				本构件钢筋重：211.136 kg		

构件位置：<3-7,3-E-3608><1/3-6+25,3-E-3608>；<1/3-6+1417,3-E-25><1/3-6+1417,3-D+2400>；<3-7,3- E-1817><1/3-6+25,3-E-1817>；<3-7-1392,3-E-25><3-7-1392,3-D+2400>

筋号	级别	直径	钢筋图形	计算公式	根数	总根数	单长/m	总长/m	总重/kg
C8- 200.1	Φ	8	4175	3925 + max（250/2,5 * d) +max(250/2,5 * d)	26	26	4.175	108.55	42.874
C8- 200.1	Φ	8	5375	5150 + max（250/2,5 * d) +max(200/2,5 * d)	20	20	5.375	107.5	42.46
SLJ-1.1	Φ	8	120 ⌐ 4385 ¬ 120	3925 + 250 − 20 + 15 * d + 250−20+15 * d	35	35	4.625	161.875	63.945
SLJ-1.1	Φ	8	120 ⌐ 5560 ¬ 120	5150 + 250 − 20 + 15 * d + 200−20+15 * d	27	27	5.8	156.6	61.857

构件名称：Bh-110[433]			构件数量：1				本构件钢筋重：197.458 kg		

构件位置：<3-7+3900,3-E-3608><3-7,3-E-3608>；<3-7+1300,3-E-25><3-7+1300,3-D+2400>；<3-7+3900, 3-E-1817><3-7,3-E-1817>；<3-7+2600,3-E-25><3-7+2600,3-D+2400>

筋号	级别	直径	钢筋图形	计算公式	根数	总根数	单长/m	总长/m	总重/kg
C8- 200.1	Φ	8	3900	3675 + max（200/2,5 * d) +max(250/2,5 * d)	26	26	3.9	101.4	40.066
C8- 200.1	Φ	8	5375	5150 + max（200/2,5 * d) +max(200/2,5 * d)	19	19	5.375	102.125	40.337
SLJ-1.1	Φ	8	120 ⌐ 4085 ¬ 120	3675 + 200 − 20 + 15 * d + 250−20+15 * d	35	35	4.325	151.375	59.78
SLJ-1.1	Φ	8	120 ⌐ 5560 ¬ 120	5150 + 250 − 20 + 15 * d + 200−20+15 * d	25	25	5.8	145	57.275

续表二

筋号	级别	直径	钢筋图形	计算公式	根数	总根数	单长/m	总长/m	总重/kg
构件名称：Bh-100[409]			**构件数量：1**		**本构件钢筋重：159.466 kg**				
构件位置：<3-9,3-E+708><3-7,3-E+708>;<3-7+2600,3-F-25><3-7+2600,3-E-25>;<3-9,3-F-758><3-7,3-F-758>;<3-9-2600,3-F-25><3-9-2600,3-E-25>									
C8-200.1	Φ	8	7800	7575 + max(250/2,5 * d)+max(200/2,5 * d)	10	10	7.8	78	30.81
C8-200.1	Φ	8	2200	1950 + max(250/2,5 * d)+max(250/2,5 * d)	38	38	2.2	83.6	33.022
SLJ-1.1	Φ	8	120 7985 120	7575 + 250 - 20 + 15 * d + 200-20+15 * d	13	13	8.225	106.925	42.237
SLJ-1.1	Φ	8	120 2410 120	1950 + 250 - 20 + 15 * d + 250-20+15 * d	51	51	2.65	135.15	53.397
构件名称：Bh-110[411]			**构件数量：1**		**本构件钢筋重：197.458 kg**				
构件位置：<3-9,3-E-3608><3-7+3900,3-E-3608>;<3-9-2600,3-E-25><3-9-2600,3-D+2400>;<3-9,3-E-1817><3-7+3900,3-E-1817>;<3-9-1300,3-E-25><3-9-1300,3-D+2400>									
C8-200.1	Φ	8	3900	3675 + max(250/2,5 * d)+max(200/2,5 * d)	26	26	3.9	101.4	40.066
C8-200.1	Φ	8	5375	5150 + max(250/2,5 * d)+max(200/2,5 * d)	19	19	5.375	102.125	40.337
SLJ-1.1	Φ	8	120 4085 120	3675 + 250 - 20 + 15 * d + 200-20+15 * d	35	35	4.325	151.375	59.78
SLJ-1.1	Φ	8	120 5560 120	5150 + 250 - 20 + 15 * d + 200-20+15 * d	25	25	5.8	145	57.275
构件名称：Bh-100[446]			**构件数量：1**		**本构件钢筋重：141.426 kg**				
构件位置：<1/3-10-25,3-D+817><3-9,3-D+817>;<3-9+1392,3-D+2400><3-9+1392,3-D+25>;<1/3-10-25,3-D+1608><3-9,3-D+1608>;<1/3-10-1416,3-D+2400><1/3-10-1416,3-D+25>;<1/3-10-2080,3-D+25><1/3-10-2080,3-D+2400>									
C8-200.1	Φ	8	4175	3925 + max(250/2,5 * d)+max(250/2,5 * d)	11	11	4.175	45.925	18.139
C8-200.1	Φ	8	2375	2150 + max(200/2,5 * d)+max(250/2,5 * d)	20	20	2.375	47.5	18.76
SLJ-1.1	Φ	8	120 4385 120	3925 + 250 - 20 + 15 * d + 250-20+15 * d	15	15	4.625	69.375	27.405
SLJ-1.1	Φ	8	120 2560 120	2150 + 200 - 20 + 15 * d + 250-20+15 * d	27	27	2.8	75.6	29.862
KBSLJ-C10@200.1	Φ	10	150 3680	2250+1200+250-20+15 * d	20	20	3.83	76.6	47.26
构件名称：Bh-110[412]			**构件数量：1**		**本构件钢筋重：211.136 kg**				
构件位置：<1/3-10-25,3-E-3608><3-9,3-E-3608>;<3-9+1392,3-E-25><3-9+1392,3-D+2400>;<1/3-10-25,3-E-1817><3-9,3-E-1817>;<1/3-10-1416,3-E-25><1/3-10-1416,3-D+2400>									

续表二

筋号	级别	直径	钢筋图形	计算公式	根数	总根数	单长/m	总长/m	总重/kg
C8-200.1	Φ	8	4175	$3925 + \max(250/2, 5*d) + \max(250/2, 5*d)$	26	26	4.175	108.55	42.874
C8-200.1	Φ	8	5375	$5150 + \max(250/2, 5*d) + \max(200/2, 5*d)$	20	20	5.375	107.5	42.46
SLJ-1.1	Φ	8	120 4385 120	$3925 + 250 - 20 + 15*d + 250 - 20 + 15*d$	35	35	4.625	161.875	63.945
SLJ-1.1	Φ	8	120 5560 120	$5150 + 250 - 20 + 15*d + 200 - 20 + 15*d$	27	27	5.8	156.6	61.857

| 构件名称：Bh-100[410] | | | 构件数量：1 | | | 本构件钢筋重：73.744 kg | | | |

构件位置：<1/3-10-600,3-E+708><3-9,3-E+708>；<3-9+1200,3-F-25><3-9+1200,3-E-25>；<1/3-10-600,3-F-758><3-9,3-F-758>；<1/3-10-1800,3-F-25><1/3-10-1800,3-E-25>

筋号	级别	直径	钢筋图形	计算公式	根数	总根数	单长/m	总长/m	总重/kg
C8-200.1	Φ	8	3600	$3375 + \max(200/2, 5*d) + \max(250/2, 5*d)$	10	10	3.6	36	14.22
C8-200.1	Φ	8	2200	$1950 + \max(250/2, 5*d) + \max(250/2, 5*d)$	17	17	2.2	37.4	14.773
SLJ-1.1	Φ	8	120 3785 120	$3375 + 200 - 20 + 15*d + 250 - 20 + 15*d$	13	13	4.025	52.325	20.67
SLJ-1.1	Φ	8	120 2410 120	$1950 + 250 - 20 + 15*d + 250 - 20 + 15*d$	23	23	2.65	60.95	24.081

| 构件名称：Bh-100[419] | | | 构件数量：1 | | | 本构件钢筋重：124.326 kg | | | |

构件位置：<3-11-128,3-E+708><1/3-10-600,3-E+708>；<1/3-10+758,3-F-25><1/3-10+758,3-E-25>；<3-11-128,3-F-758><1/3-10-600,3-F-758>；<3-11-1485,3-F-25><3-11-1485,3-E-25>；<1/3-10+1562,3-E-25><1/3-10+1562,3-F-25>；<1/3-10-600,3-F-1055><3-11-128,3-F-1055>

筋号	级别	直径	钢筋图形	计算公式	根数	总根数	单长/m	总长/m	总重/kg
C8-200.1	Φ	8	4000	$3800 + \max(200/2, 5*d) + \max(200/2, 5*d)$	10	10	4	40	15.8
C8-200.1	Φ	8	2200	$1950 + \max(250/2, 5*d) + \max(250/2, 5*d)$	19	19	2.2	41.8	16.511
SLJ-1.1	Φ	8	120 4160 120	$3800 + 200 - 20 + 15*d + 200 - 20 + 15*d$	13	13	4.4	57.2	22.594
钢筋	Φ	8	120 2410 120	$1950 + 250 - 20 + 15*d + 250 - 20 + 15*d$	45	45	2.65	119.25	47.115
无标注 KBSLJ-C8@200.1	Φ	8	5401	$4073+700+628$	10	10	5.401	54.01	21.33
无标注 KBSLJ-C8@200 [1502].1	ϕ	6	1875	$2075-100-100$	2	2	1.875	3.75	0.976

| 构件名称：楼梯板 150[5396] | | | 构件数量：1 | | | 本构件钢筋重：118.425 kg | | | |

构件位置：<1/3-6-100,3-D+953><3-5+100,3-D+953>；<3-5+1233,3-D+2660><3-5+1233,3-D+100>；<1/3-6-100,3-D+1807><3-5+100,3-D+1807>；<1/3-6-1233,3-D+2660><1/3-6-1233,3-D+100>

筋号	级别	直径	钢筋图形	计算公式	根数	总根数	单长/m	总长/m	总重/kg
SLJ-1.1	Φ	8	3600	3400 + max（200/2,5 * d）+max（200/2,5 * d）	15	15	3.6	54	21.33
SLJ-1.1	Φ	8	2560	2360 + max（200/2,5 * d）+max（200/2,5 * d）	21	21	2.56	53.76	21.231
SLJ-4.1	Φ	8	120 ⌐3760⌐ 120	3400 + 200 - 20 + 15 * d + 200−20+15 * d	15	15	4	60	23.7
SLJ-6.1	Φ	10	150 ⌐2720⌐ 150	2360 + 200 - 20 + 15 * d + 200−20+15 * d	28	28	3.02	84.56	52.164

构件名称：楼梯板 120[5252]　　　　**构件数量：1**　　　　**本构件钢筋重：80.831 kg**

构件位置：<3-11-100,3-D+3097><1/3-10+100,3-D+3097>；<1/3-10+1233,3-E-3510><1/3-10+1233,3-D+2500>；<3-11-100,3-D+3693><1/3-10+100,3-D+3693>；<3-11-1233,3-E-3510><3-11-1233,3-D+2500>

筋号	级别	直径	钢筋图形	计算公式	根数	总根数	单长/m	总长/m	总重/kg
SLJ-1.1	Φ	8	3573	3373 + max（200/2,5 * d）+max（200/2,5 * d）	10	10	3.573	35.73	14.11
SLJ-1.2	Φ	8	3458	3373+max（200/2,5 * d）-15	1	1	3.458	3.458	1.366
SLJ-1.1	Φ	8	1790	1590 + max（200/2,5 * d）+max（200/2,5 * d）	23	23	1.79	41.17	16.261
SLJ-4.1	Φ	8	120 ⌐3733⌐ 120	3373 + 200 - 20 + 15 * d + 200−20+15 * d	10	10	3.973	39.73	15.69
SLJ-4.2	Φ	8	120 ⌐3538⌐ 90	3373+200 - 20 + 15 * d -15+ 120-2 * 15	1	1	3.748	3.748	1.48
SLJ-7.1	Φ	10	150 ⌐1950⌐ 150	1590 + 200 - 20 + 15 * d + 200−20+15 * d	23	23	2.25	51.75	31.924

构件名称：Bh-120(H-1.13)[414]　　　　**构件数量：1**　　　　**本构件钢筋重：201.084 kg**

构件位置：<3-7,3-F+783><3-5,3-F+783>；<1/3-6-1000,3-F+2400><1/3-6-1000,3-F-25>；<3-7,3-F+1592><3-5,3-F+1592>；<1/3-6+1600,3-F+2400><1/3-6+1600,3-F-25>

筋号	级别	直径	钢筋图形	计算公式	根数	总根数	单长/m	总长/m	总重/kg
SLJ-2.1	Φ	8	7800	7600 + max（200/2,5 * d）+max（200/2,5 * d）	15	15	7.8	117	46.215
SLJ-2.1	Φ	8	2425	2200 + max（200/2,5 * d）+max（250/2,5 * d）	51	51	2.425	123.675	48.858
SLJ-3.1	Φ	8	120 ⌐7960⌐ 120	7600 + 200 - 20 + 15 * d + 200−20+15 * d	15	15	8.2	123	48.585
SLJ-3.1	Φ	8	120 ⌐2610⌐ 120	2200 + 200 - 20 + 15 * d + 250−20+15 * d	51	51	2.85	145.35	57.426

构件名称：Bh-130[429]　　　　**构件数量：1**　　　　**本构件钢筋重：116.318 kg**

构件位置：<3-2+3600,3-A+1100><3-2+50,3-A+1100>；<3-2+1233,3-B-3200><3-2+1233,3-A+50>；<3-2+3600,3-A+2150><3-2+50,3-A+2150>；<3-2+2417,3-B-3200><3-2+2417,3-A+50>

筋号	级别	直径	钢筋图形	计算公式	根数	总根数	单长/m	总长/m	总重/kg
SLJ-2.1	Φ	8	3550	3300 + max（200/2,5 * d）+max（300/2,5 * d）	20	20	3.55	71	28.04
SLJ-2.1	Φ	8	3150	2900 + max（200/2,5 * d）+max（300/2,5 * d）	22	22	3.15	69.3	27.368

续表二

筋号	级别	直径	钢筋图形	计算公式	根数	总根数	单长/m	总长/m	总重/kg
SLJ-3.1	Φ	8	120⌐ 3760	$3300+200-20+15*d+35*d$	20	20	3.88	77.6	30.66
SLJ-3.1	Φ	8	120⌐ 3360	$2900+200-20+15*d+35*d$	22	22	3.48	76.56	30.25

构件名称:Bh-130[388]　　　　**构件数量:1**　　　　**本构件钢筋重:117.792 kg**

构件位置:<3-2+3600,3-B-2150><3-2+50,3-B-2150>;<3-2+1233,3-B-50><3-2+1233,3-B-3200>;<3-2+3600,3-B-1100><3-2+50,3-B-1100>;<3-2+2417,3-B-50><3-2+2417,3-B-3200>

筋号	级别	直径	钢筋图形	计算公式	根数	总根数	单长/m	总长/m	总重/kg
SLJ-2.1	Φ	8	3550	$3300+max(200/2,5*d)+max(300/2,5*d)$	20	20	3.55	71	28.04
SLJ-2.1	Φ	8	3200	$3000+max(200/2,5*d)+max(200/2,5*d)$	22	22	3.2	70.4	27.808
SLJ-3.1	Φ	8	120⌐ 3760	$3300+200-20+15*d+35*d$	20	20	3.88	77.6	30.66
SLJ-3.1	Φ	8	120⌐ 3360 ⌐120	$3000+200-20+15*d+200-20+15*d$	22	22	3.6	79.2	31.284

构件名称:Bh-130[387]　　　　**构件数量:1**　　　　**本构件钢筋重:104.97 kg**

构件位置:<3-2+3600,3-B+900><3-2+50,3-B+900>;<3-2+1233,3-C-2800><3-2+1233,3-B-50>;<3-2+3600,3-B+1850><3-2+50,3-B+1850>;<3-2+2417,3-C-2800><3-2+2417,3-B-50>

筋号	级别	直径	钢筋图形	计算公式	根数	总根数	单长/m	总长/m	总重/kg
SLJ-2.1	Φ	8	3550	$3300+max(200/2,5*d)+max(300/2,5*d)$	18	18	3.55	63.9	25.236
SLJ-2.1	Φ	8	2800	$2600+max(200/2,5*d)+max(200/2,5*d)$	22	22	2.8	61.6	24.332
SLJ-3.1	Φ	8	120⌐ 3760	$3300+200-20+15*d+35*d$	18	18	3.88	69.84	27.594
SLJ-3.1	Φ	8	120⌐ 2960 ⌐120	$2600+200-20+15*d+200-20+15*d$	22	22	3.2	70.4	27.808

构件名称:Bh-130[408]　　　　**构件数量:1**　　　　**本构件钢筋重:100.561 kg**

构件位置:<3-2+3600,3-C-1883><3-2+50,3-C-1883>;<3-2+1233,3-C-50><3-2+1233,3-C-2800>;<3-2+3600,3-C-967><3-2+50,3-C-967>;<3-2+2417,3-C-50><3-2+2417,3-C-2800>

筋号	级别	直径	钢筋图形	计算公式	根数	总根数	单长/m	总长/m	总重/kg
SLJ-2.1	Φ	8	3550	$3300+max(200/2,5*d)+max(300/2,5*d)$	17	17	3.55	60.35	23.834
SLJ-2.1	Φ	8	2750	$2500+max(300/2,5*d)+max(200/2,5*d)$	22	22	2.75	60.5	23.892
SLJ-3.1	Φ	8	120⌐ 3760	$3300+200-20+15*d+35*d$	17	17	3.88	65.96	26.061
SLJ-3.1	Φ	8	120⌐ 2960	$2500+35*d+200-20+15*d$	22	22	3.08	67.76	26.774

构件名称:Bh-130[407]　　　　**构件数量:1**　　　　**本构件钢筋重:104.173 kg**

构件位置:<3-4,3-C-1883><3-2+3600,3-C-1883>;<3-4-2400,3-C-50><3-4-2400,3-C-2800>;<3-4-967><3-2+3600,3-C-967>;<3-4-1200,3-C-50><3-4-1200,3-C-2800>

筋号	级别	直径	钢筋图形	计算公式	根数	总根数	单长/m	总长/m	总重/kg
SLJ-2.1	Φ	8	3600	$3375+max(250/2,5*d)+max(200/2,5*d)$	17	17	3.6	61.2	24.174

续表二

筋号	级别	直径	钢筋图形	计算公式	根数	总根数	单长/m	总长/m	总重/kg
SLJ-2.1	Φ	8	2750	2500 + max（300/2，5 * d）+max（200/2,5 * d）	23	23	2.75	63.25	24.978
SLJ-3.1	Φ	8	120 ⌐ 3785 ¬ 120	3375 + 250 - 20 + 15 * d + 200-20+15 * d	17	17	4.025	68.425	27.03
SLJ-3.1	Φ	8	120 ⌐ 2960	2500+35 * d+200-20+15 * d	23	23	3.08	70.84	27.991

构件名称：Bh-130[385]　　　　**构件数量：1**　　　　**本构件钢筋重：108.726 kg**

构件位置：<3-4,3-B+900><3-2+3600,3-B+900>；<3-4-2400,3-C-2800><3-4-2400,3-B-50>；<3-4,3-B+1850><3-2+3600,3-B+1850>；<3-4-1200,3-C-2800><3-4-1200,3-B-50>

筋号	级别	直径	钢筋图形	计算公式	根数	总根数	单长/m	总长/m	总重/kg
SLJ-2.1	Φ	8	3600	3375 + max（250/2，5 * d）+max（200/2,5 * d）	18	18	3.6	64.8	25.596
SLJ-2.1	Φ	8	2800	2600 + max（200/2，5 * d）+max（200/2,5 * d）	23	23	2.8	64.4	25.438
SLJ-3.1	Φ	8	120 ⌐ 3785 ¬ 120	3375 + 250 - 20 + 15 * d + 200-20+15 * d	18	18	4.025	72.45	28.62
SLJ-3.1	Φ	8	120 ⌐ 2960 ¬ 120	2600 + 200 - 20 + 15 * d + 200-20+15 * d	23	23	3.2	73.6	29.072

构件名称：Bh-130[386]　　　　**构件数量：1**　　　　**本构件钢筋重：122.018 kg**

构件位置：<3-4,3-B-2150><3-2+3600,3-B-2150>；<3-4-2400,3-B-50><3-4-2400,3-B-3200>；<3-4,3-B-1100><3-2+3600,3-B-1100>；<3-4-1200,3-B-50><3-4-1200,3-B-3200>

筋号	级别	直径	钢筋图形	计算公式	根数	总根数	单长/m	总长/m	总重/kg
SLJ-2.1	Φ	8	3600	3375 + max（250/2，5 * d）+max（200/2,5 * d）	20	20	3.6	72	28.44
SLJ-2.1	Φ	8	3200	3000 + max（200/2，5 * d）+max（200/2,5 * d）	23	23	3.2	73.6	29.072
SLJ-3.1	Φ	8	120 ⌐ 3785 ¬ 120	3375 + 250 - 20 + 15 * d + 200-20+15 * d	20	20	4.025	80.5	31.8
SLJ-3.1	Φ	8	120 ⌐ 3360 ¬ 120	3000 + 200 - 20 + 15 * d + 200-20+15 * d	23	23	3.6	82.8	32.706

构件名称：Bh-130[428]　　　　**构件数量：1**　　　　**本构件钢筋重：120.477 kg**

构件位置：<3-4,3-A+1100><3-2+3600,3-A+1100>；<3-4-2400,3-B-3200><3-4-2400,3-A+50>；<3-4,3-A+2150><3-2+3600,3-A+2150>；<3-4-1200,3-B-3200><3-4-1200,3-A+50>

筋号	级别	直径	钢筋图形	计算公式	根数	总根数	单长/m	总长/m	总重/kg
SLJ-2.1	Φ	8	3600	3375 + max（250/2，5 * d）+max（200/2,5 * d）	20	20	3.6	72	28.44
SLJ-2.1	Φ	8	3150	2900 + max（200/2，5 * d）+max（300/2,5 * d）	23	23	3.15	72.45	28.612
SLJ-3.1	Φ	8	120 ⌐ 3785 ¬ 120	3375 + 250 - 20 + 15 * d + 200-20+15 * d	20	20	4.025	80.5	31.8
SLJ-3.1	Φ	8	120 ⌐ 3360 ¬ 120	2900+200-20+15 * d+35 * d	23	23	3.48	80.04	31.625

构件名称：Bh-130[427]　　　　**构件数量：1**　　　　**本构件钢筋重：120.077 kg**

构件位置：<3-4+3575,3-A+1100><3-4,3-A+1100>；<3-4+1192,3-B-3200><3-4+1192,3-A+50>；<3-4+3575,3-A+2150><3-4,3-A+2150>；<3-4+2383,3-B-3200><3-4+2383,3-A+50>

续表二

筋号	级别	直径	钢筋图形	计算公式	根数	总根数	单长/m	总长/m	总重/kg
SLJ-2.1	Φ	8	3575	3350 + max（200/2,5 * d）+max(250/2,5 * d)	20	20	3.575	71.5	28.24
SLJ-2.1	Φ	8	3150	2900 + max（200/2,5 * d）+max(300/2,5 * d)	23	23	3.15	72.45	28.612
SLJ-3.1	Φ	8	120 ⌐3760⌐ 120	3350 + 200 − 20 + 15 * d + 250−20+15 * d	20	20	4	80	31.6
SLJ-3.1	Φ	8	120 ⌐3360⌐	2900+200−20+15 * d+35 * d	23	23	3.48	80.04	31.625

构件名称：Bh-130[384] 　　构件数量：1 　　本构件钢筋重：121.618 kg

构件位置：<3-4+3575,3-B-2150><3-4,3-B-2150>；<3-4+1192,3-B-50><3-4+1192,3-B-3200>；<3-4+3575,3-B-1100><3-4,3-B-1100>；<3-4+2383,3-B-50><3-4+2383,3-B-3200>

筋号	级别	直径	钢筋图形	计算公式	根数	总根数	单长/m	总长/m	总重/kg
SLJ-2.1	Φ	8	3575	3350 + max（200/2,5 * d）+max(250/2,5 * d)	20	20	3.575	71.5	28.24
SLJ-2.1	Φ	8	3200	3000 + max（200/2,5 * d）+max(200/2,5 * d)	23	23	3.2	73.6	29.072
SLJ-3.1	Φ	8	120 ⌐3760⌐ 120	3350 + 200 − 20 + 15 * d + 250−20+15 * d	20	20	4	80	31.6
SLJ-3.1	Φ	8	120 ⌐3360⌐ 120	3000 + 200 − 20 + 15 * d + 200−20+15 * d	23	23	3.6	82.8	32.706

构件名称：Bh-130[406] 　　构件数量：1 　　本构件钢筋重：103.833 kg

构件位置：<3-4+3575,3-C-1883><3-4,3-C-1883>；<3-4+1192,3-C-50><3-4+1192,3-C-2800>；<3-4+3575,3-C-967><3-4,3-C-967>；<3-4+2383,3-C-50><3-4+2383,3-C-2800>

筋号	级别	直径	钢筋图形	计算公式	根数	总根数	单长/m	总长/m	总重/kg
SLJ-2.1	Φ	8	3575	3350 + max（200/2,5 * d）+max(250/2,5 * d)	17	17	3.575	60.775	24.004
SLJ-2.1	Φ	8	2750	2500 + max（300/2,5 * d）+max(200/2,5 * d)	23	23	2.75	63.25	24.978
SLJ-3.1	Φ	8	120 ⌐3760⌐ 120	3350 + 200 − 20 + 15 * d + 250−20+15 * d	17	17	4	68	26.86
SLJ-3.1	Φ	8	120 ⌐2960⌐	2500+35 * d+200−20+15 * d	23	23	3.08	70.84	27.991

构件名称：Bh-130[383] 　　构件数量：1 　　本构件钢筋重：108.366 kg

构件位置：<3-4+3575,3-B+900><3-4,3-B+900>；<3-4+1192,3-C-2800><3-4+1192,3-B-50>；<3-4+3575,3-B+1850><3-4,3-B+1850>；<3-4+2383,3-C-2800><3-4+2383,3-B-50>

筋号	级别	直径	钢筋图形	计算公式	根数	总根数	单长/m	总长/m	总重/kg
SLJ-2.1	Φ	8	3575	3350 + max（200/2,5 * d）+max(250/2,5 * d)	18	18	3.575	64.35	25.416
SLJ-2.1	Φ	8	2800	2600 + max（200/2,5 * d）+max(200/2,5 * d)	23	23	2.8	64.4	25.438
SLJ-3.1	Φ	8	120 ⌐3760⌐ 120	3350 + 200 − 20 + 15 * d + 250−20+15 * d	18	18	4	72	28.44
SLJ-3.1	Φ	8	120 ⌐2960⌐ 120	2600 + 200 − 20 + 15 * d + 200−20+15 * d	23	23	3.2	73.6	29.072

筋号	级别	直径	钢筋图形	计算公式	根数	总根数	单长/m	总长/m	总重/kg
构件名称：Bh-130[405]				**构件数量：1**			**本构件钢筋重：100.221 kg**		
构件位置：<3-6-50,3-C-1883><3-4+3575,3-C-1883>；<3-6-2400,3-C-50><3-6-2400,3-C-2800>；<3-6-50,3-C-967><3-4+3575,3-C-967>；<3-6-1225,3-C-50><3-6-1225,3-C-2800>									
SLJ-2.1	Φ	8	3525	3275 + max（300/2, 5 * d）+max(200/2,5 * d)	17	17	3.525	59.925	23.664
SLJ-2.1	Φ	8	2750	2500 + max（300/2, 5 * d）+max(200/2,5 * d)	22	22	2.75	60.5	23.892
SLJ-3.1	Φ	8	120 └ 3735	3275+35 * d+200-20+15 * d	17	17	3.855	65.535	25.891
SLJ-3.1	Φ	8	120 └ 2960	2500+35 * d+200-20+15 * d	22	22	3.08	67.76	26.774
构件名称：Bh-130[381]				**构件数量：1**			**本构件钢筋重：104.61 kg**		
构件位置：<3-6-50,3-B+900><3-4+3575,3-B+900>；<3-6-2400,3-C-2800><3-6-2400,3-B-50>；<3-6-50,3-B+1850><3-4+3575,3-B+1850>；<3-6-1225,3-C-2800><3-6-1225,3-B-50>									
SLJ-2.1	Φ	8	3525	3275 + max（300/2, 5 * d）+max(200/2,5 * d)	18	18	3.525	63.45	25.056
SLJ-2.1	Φ	8	2800	2600 + max（200/2, 5 * d）+max(200/2,5 * d)	22	22	2.8	61.6	24.332
SLJ-3.1	Φ	8	120 └ 3735	3275+35 * d+200-20+15 * d	18	18	3.855	69.39	27.414
SLJ-3.1	Φ	8	120 └ 2960 ┘ 120	2600 + 200 - 20 + 15 * d + 200-20+15 * d	22	22	3.2	70.4	27.808
构件名称：Bh-130[382]				**构件数量：1**			**本构件钢筋重：117.392 kg**		
构件位置：<3-6-50,3-B-2150><3-4+3575,3-B-2150>；<3-6-2400,3-B-50><3-6-2400,3-B-3200>；<3-6-50,3-B-1100><3-4+3575,3-B-1100>；<3-6-1225,3-B-50><3-6-1225,3-B-3200>									
SLJ-2.1	Φ	8	3525	3275 + max（300/2, 5 * d）+max(200/2,5 * d)	20	20	3.525	70.5	27.84
SLJ-2.1	Φ	8	3200	3000 + max（200/2, 5 * d）+max(200/2,5 * d)	22	22	3.2	70.4	27.808
SLJ-3.1	Φ	8	120 └ 3735	3275+35 * d+200-20+15 * d	20	20	3.855	77.1	30.46
SLJ-3.1	Φ	8	120 └ 3360 ┘ 120	3000 + 200 - 20 + 15 * d + 200-20+15 * d	22	22	3.6	79.2	31.284
构件名称：Bh-130[426]				**构件数量：1**			**本构件钢筋重：115.918 kg**		
构件位置：<3-6-50,3-A+1100><3-4+3575,3-A+1100>；<3-6-2400,3-B-3200><3-6-2400,3-A+50>；<3-6-50,3-A+2150><3-4+3575,3-A+2150>；<3-6-1225,3-B-3200><3-6-1225,3-A+50>									
SLJ-2.1	Φ	8	3525	3275 + max（300/2, 5 * d）+max(200/2,5 * d)	20	20	3.525	70.5	27.84
SLJ-2.1	Φ	8	3150	2900 + max（200/2, 5 * d）+max(300/2,5 * d)	22	22	3.15	69.3	27.368
SLJ-3.1	Φ	8	120 └ 3735	3275+35 * d+200-20+15 * d	20	20	3.855	77.1	30.46

续表二

筋号	级别	直径	钢筋图形	计算公式	根数	总根数	单长/m	总长/m	总重/kg
SLJ-3.1	Φ	8	120⌐ 3360	2900+200-20+15*d+35*d	22	22	3.48	76.56	30.25

构件名称：Bh-130[422]　　　　构件数量：1　　　　本构件钢筋重：101.941 kg

构件位置：<3-10+3100,3-A+1100><3-10+50,3-A+1100>；<3-10+1067,3-B-3200><3-10+1067,3-A+50>；<3-10+3100,3-A+2150><3-10+50,3-A+2150>；<3-10+2083,3-B-3200><3-10+2083,3-A+50>

筋号	级别	直径	钢筋图形	计算公式	根数	总根数	单长/m	总长/m	总重/kg
SLJ-2.1	Φ	8	3125	2850 + max（300/2,5*d）+max（250/2,5*d）	20	20	3.125	62.5	24.68
SLJ-2.1	Φ	8	3150	2900 + max（200/2,5*d）+max（300/2,5*d）	19	19	3.15	59.85	23.636
钢筋	Φ	8	120⌐ 3360	2850+35*d+250-20+15*d	39	39	3.48	135.72	53.625

构件名称：Bh-130[392]　　　　构件数量：1　　　　本构件钢筋重：101.941 kg

构件位置：<3-10+3100,3-B-2150><3-10+50,3-B-2150>；<3-10+1067,3-B-50><3-10+1067,3-B-3200>；<3-10+3100,3-B-1100><3-10+50,3-B-1100>；<3-10+2083,3-B-50><3-10+2083,3-B-3200>

筋号	级别	直径	钢筋图形	计算公式	根数	总根数	单长/m	总长/m	总重/kg
SLJ-2.1	Φ	8	3125	2850 + max（300/2,5*d）+max（250/2,5*d）	20	20	3.125	62.5	24.68
SLJ-2.1	Φ	8	3150	2900 + max（300/2,5*d）+max（200/2,5*d）	19	19	3.15	59.85	23.636
钢筋	Φ	8	120⌐ 3360	2850+35*d+250-20+15*d	39	39	3.48	135.72	53.625

构件名称：Bh-130[402]　　　　构件数量：1　　　　本构件钢筋重：164.176 kg

构件位置：<3-10+50,3-C-1883><3-8+50,3-C-1883>；<3-8+1967,3-C-50><3-8+1967,3-C-2800>；<3-10+50,3-C-967><3-8+50,3-C-967>；<3-10-1867,3-C-50><3-10-1867,3-C-2800>

筋号	级别	直径	钢筋图形	计算公式	根数	总根数	单长/m	总长/m	总重/kg
SLJ-2.1	Φ	8	5750	5450 + max（300/2,5*d）+max（300/2,5*d）	17	17	5.75	97.75	38.607
SLJ-2.1	Φ	8	2750	2500 + max（300/2,5*d）+max（200/2,5*d）	37	37	2.75	101.75	40.182
SLJ-3.1	Φ	8	6010	5450+35*d+35*d	17	17	6.01	102.17	40.358
SLJ-3.1	Φ	8	120⌐ 2960	2500+35*d+200-20+15*d	37	37	3.08	113.96	45.029

构件名称：Bh-130[393]　　　　构件数量：1　　　　本构件钢筋重：171.744 kg

构件位置：<3-10+50,3-B+900><3-8+50,3-B+900>；<3-8+1967,3-C-2800><3-8+1967,3-B-50>；<3-10+50,3-B+1850><3-8+50,3-B+1850>；<3-10-1867,3-C-2800><3-10-1867,3-B-50>

筋号	级别	直径	钢筋图形	计算公式	根数	总根数	单长/m	总长/m	总重/kg
SLJ-2.1	Φ	8	5750	5450 + max（300/2,5*d）+max（300/2,5*d）	18	18	5.75	103.5	40.878
SLJ-2.1	Φ	8	2850	2600 + max（200/2,5*d）+max（300/2,5*d）	37	37	2.85	105.45	41.662
SLJ-3.1	Φ	8	6010	5450+35*d+35*d	18	18	6.01	108.18	42.732
SLJ-3.1	Φ	8	120⌐ 3060	2600+200-20+15*d+35*d	37	37	3.18	117.66	46.472

筋号	级别	直径	钢筋图形	计算公式	根数	总根数	单长/m	总长/m	总重/kg

构件名称：Bh-130[394]　　　　　**构件数量：1**　　　　　**本构件钢筋重：190.163 kg**

构件位置：<3-10+50,3-B-2150><3-8+50,3-B-2150>；<3-8+1967,3-B-50><3-8+1967,3-B-3200>；<3-10+50,3-B-1100><3-8+50,3-B-1100>；<3-10-1867,3-B-50><3-10-1867,3-B-3200>

筋号	级别	直径	钢筋图形	计算公式	根数	总根数	单长/m	总长/m	总重/kg
SLJ-2.1	Φ	8	5725	5450 + max（250/2，5＊d）+max（300/2,5＊d）	20	20	5.725	114.5	45.22
SLJ-2.1	Φ	8	3150	2900 + max（300/2，5＊d）+max（200/2,5＊d）	37	37	3.15	116.55	46.028
SLJ-3.1	Φ	8	120 5960	5450+250-20+15＊d+35＊d	20	20	6.08	121.6	48.04
SLJ-3.1	Φ	8	120 3360	2900+35＊d+200-20+15＊d	37	37	3.48	128.76	50.875

构件名称：Bh-130[423]　　　　　**构件数量：1**　　　　　**本构件钢筋重：190.163 kg**

构件位置：<3-10+50,3-A+1100><3-8+50,3-A+1100>；<3-8+1967,3-B-3200><3-8+1967,3-A+50>；<3-10+50,3-A+2150><3-8+50,3-A+2150>；<3-10-1867,3-B-3200><3-10-1867,3-A+50>

筋号	级别	直径	钢筋图形	计算公式	根数	总根数	单长/m	总长/m	总重/kg
SLJ-2.1	Φ	8	5725	5450 + max（250/2，5＊d）+max（300/2,5＊d）	20	20	5.725	114.5	45.22
SLJ-2.1	Φ	8	3150	2900 + max（200/2，5＊d）+max（300/2,5＊d）	37	37	3.15	116.55	46.028
SLJ-3.1	Φ	8	120 5960	5450+250-20+15＊d+35＊d	20	20	6.08	121.6	48.04
SLJ-3.1	Φ	8	120 3360	2900+200-20+15＊d+35＊d	37	37	3.48	128.76	50.875

构件名称：Bh-130[421]　　　　　**构件数量：1**　　　　　**本构件钢筋重：159.042 kg**

构件位置：<3-11-50,3-A+1517><3-10+3100,3-A+1517>；<3-11-2417,3-B-1950><3-11-2417,3-A+50>；<3-11-50,3-A+2983><3-10+3100,3-A+2983>；<3-11-1233,3-B-1950><3-11-1233,3-A+50>

筋号	级别	直径	钢筋图形	计算公式	根数	总根数	单长/m	总长/m	总重/kg
SLJ-2.1	Φ	8	3500	3200 + max（300/2，5＊d）+max（300/2,5＊d）	28	28	3.5	98	38.724
SLJ-2.1	Φ	8	4400	4100 + max（300/2，5＊d）+max（300/2,5＊d）	22	22	4.4	96.8	38.236
SLJ-3.1	Φ	8	3760	3200+35＊d+35＊d	28	28	3.76	105.28	41.58
SLJ-3.1	Φ	8	4660	4100+35＊d+35＊d	22	22	4.66	102.52	40.502

构件名称：Bh-120[390]　　　　　**构件数量：1**　　　　　**本构件钢筋重：66.836 kg**

构件位置：<3-11-50,3-B-683><3-10+3100,3-B-683>；<3-11-1233,3-B-50><3-11-1233,3-B-1950>；<3-11-50,3-B-1317><3-10+3100,3-B-1317>；<3-11-2417,3-B-50><3-11-2417,3-B-1950>

筋号	级别	直径	钢筋图形	计算公式	根数	总根数	单长/m	总长/m	总重/kg
SLJ-3.1	Φ	8	3760	3200+35＊d+35＊d	11	11	3.76	41.36	16.335
SLJ-3.1	Φ	8	2160	1600+35＊d+35＊d	22	22	2.16	47.52	18.766
SLJ-4.1	Φ	8	3500	3200 + max（300/2，5＊d）+max（300/2,5＊d）	11	11	3.5	38.5	15.213

续表二

筋号	级别	直径	钢筋图形	计算公式	根数	总根数	单长/m	总长/m	总重/kg
SLJ-4.1	Φ	8	1900	1600 + max（300/2, 5 * d）+max(300/2,5 * d)	22	22	1.9	41.8	16.522

构件名称：Bh-120[389]　　　构件数量：1　　　本构件钢筋重：108.642 kg

构件位置：<3-11-50,3-B+1850><3-10+3100,3-B+1850>；<3-11-1233,3-C-2800><3-11-1233,3-B-50>；<3-11-50,3-B+900><3-10+3100,3-B+900>；<1/3-10+1184,3-C-2800><3-11-2417,3-B-50>

SLJ-3.1	Φ	8	120 ⌐3760⌐ 120	3350 + 250 - 20 + 15 * d + 200-20+15 * d	18	18	4	72	28.44
SLJ-3.1	Φ	8	120 ⌐3060	2600+200-20+15 * d+35 * d	23	23	3.18	73.14	28.888
SLJ-4.1	Φ	8	3575	3350 + max（250/2, 5 * d）+max(200/2,5 * d)	18	18	3.575	64.35	25.416
SLJ-4.1	Φ	8	2850	2600 + max（200/2, 5 * d）+max(300/2,5 * d)	23	23	2.85	65.55	25.898

构件名称：Bh-120[391]　　　构件数量：1　　　本构件钢筋重：90.978 kg

构件位置：<3-10+3100,3-B+1850><3-10+50,3-B+1850>；<1/3-10-1016,3-C-2800><3-10+2083,3-B-50>；<3-10+3100,3-B+900><3-10+50,3-B+900>；<3-10+1067,3-C-2800><3-10+1067,3-C-50>

SLJ-3.1	Φ	8	120 ⌐3260	2800+200-20+15 * d+35 * d	18	18	3.38	60.84	24.03
SLJ-3.1	Φ	8	120 ⌐3060	2600+200-20+15 * d+35 * d	19	19	3.18	60.42	23.864
SLJ-4.1	Φ	8	3050	2800 + max（200/2, 5 * d）+max(300/2,5 * d)	18	18	3.05	54.9	21.69
SLJ-4.1	Φ	8	2850	2600 + max（200/2, 5 * d）+max(300/2,5 * d)	19	19	2.85	54.15	21.394

构件名称：Bh-120[401]　　　构件数量：1　　　本构件钢筋重：87.64 kg

构件位置：<1/3-10,3-C-967><3-10+50,3-C-967>；<1/3-10-1016,3-C-50><1/3-10-1016,3-C-2800>；<1/3-10,3-C-1883><3-10+50,3-C-1883>；<3-10+1067,3-C-50><3-10+1067,3-C-2800>

SLJ-3.1	Φ	8	120 ⌐3260	2800+200-20+15 * d+35 * d	17	17	3.38	57.46	22.695
SLJ-3.1	Φ	8	120 ⌐2935⌐ 120	2525 + 250 - 20 + 15 * d + 200-20+15 * d	19	19	3.175	60.325	23.826
SLJ-4.1	Φ	8	3050	2800 + max（200/2, 5 * d）+max(300/2,5 * d)	17	17	3.05	51.85	20.485
SLJ-4.1	Φ	8	2750	2525 + max（250/2, 5 * d）+max(200/2,5 * d)	19	19	2.75	52.25	20.634

构件名称：Bh-120[400]　　　构件数量：1　　　本构件钢筋重：104.684 kg

构件位置：<3-11-50,3-C-967><1/3-10,3-C-967>；<3-11-1233,3-C-50><3-11-1233,3-C-2800>；<3-11-50,3-C-1883><1/3-10,3-C-1883>；<1/3-10+1184,3-C-50><1/3-10+1184,3-C-2800>

| SLJ-3.1 | Φ | 8 | 120 ⌐3760⌐ 120 | 3350 + 250 - 20 + 15 * d + 200-20+15 * d | 17 | 17 | 4 | 68 | 26.86 |

续表二

筋号	级别	直径	钢筋图形	计算公式	根数	总根数	单长/m	总长/m	总重/kg
SLJ-3.1	Φ	8	120 ⌐2935⌐ 120	2525 + 250 - 20 + 15 * d + 200-20+15 * d	23	23	3.175	73.025	28.842
SLJ-4.1	Φ	8	___3575___	3350 + max (250/2, 5 * d) +max(200/2,5 * d)	17	17	3.575	60.775	24.004
SLJ-4.1	Φ	8	___2750___	2525 + max (250/2, 5 * d) +max(200/2,5 * d)	23	23	2.75	63.25	24.978

构件名称：**Bh-120[399]**　　　　构件数量：**1**　　　　本构件钢筋重：**116.332 kg**

构件位置：<3-11-50,3-C+1983><1/3-10,3-C+1983>；<3-11-1233,3-C+3000><3-11-1233,3-C-50>；<3-11-50,3-C+967><1/3-10,3-C+967>；<1/3-10+1184,3-C+3000><1/3-10+1184,3-C-50>

筋号	级别	直径	钢筋图形	计算公式	根数	总根数	单长/m	总长/m	总重/kg
SLJ-3.1	Φ	8	120 ⌐3760⌐ 120	3400 + 200 - 20 + 15 * d + 200-20+15 * d	19	19	4	76	30.02
SLJ-3.1	Φ	8	120 ⌐3235⌐ 120	2825 + 200 - 20 + 15 * d + 250-20+15 * d	23	23	3.475	79.925	31.579
SLJ-4.1	Φ	8	___3600___	3400 + max (200/2, 5 * d) +max(200/2,5 * d)	19	19	3.6	68.4	27.018
SLJ-4.1	Φ	8	___3050___	2825 + max (200/2, 5 * d) +max(250/2,5 * d)	23	23	3.05	70.15	27.715

构件名称：**Bh-120[430]**　　　　构件数量：**1**　　　　本构件钢筋重：**141.121 kg**

构件位置：<3-11-50,1/3-C-1233><1/3-10,1/3-C-1233>；<3-11-1233,1/3-C><3-11-1233,3-C+3000>；<3-11-50,1/3-C-2467><1/3-10,1/3-C-2467>；<1/3-10+1184,1/3-C><1/3-10+1184,3-C+3000>

筋号	级别	直径	钢筋图形	计算公式	根数	总根数	单长/m	总长/m	总重/kg
SLJ-3.1	Φ	8	120 ⌐3760⌐ 120	3400 + 200 - 20 + 15 * d + 200-20+15 * d	22	22	4	88	34.76
SLJ-3.2	Φ	8	120 ⌐3160⌐	2700+200-20+15 * d+35 * d	2	2	3.28	6.56	2.592
SLJ-3.1	Φ	8	120 ⌐3860⌐ 120	3500 + 200 - 20 + 15 * d + 200-20+15 * d	18	18	4.1	73.8	29.16
SLJ-3.2	Φ	8	120 ⌐3660⌐	3200+35 * d+200-20+15 * d	5	5	3.78	18.9	7.465
钢筋	Φ	8	___3600___	3400 + max (200/2, 5 * d) +max(200/2,5 * d)	27	27	3.6	97.2	38.394
SLJ-4.2	Φ	8	___3080___	2700+ max (200/2, 5 * d) + 35 * d	2	2	3.08	6.16	2.434
SLJ-4.1	Φ	8	___3700___	3500 + max (200/2, 5 * d) +max(200/2,5 * d)	18	18	3.7	66.6	26.316

构件名称：**Bh-120[403]**　　　　构件数量：**1**　　　　本构件钢筋重：**109.196 kg**

构件位置：<3-8+50,3-C-967><3-8-3800,3-C-967>；<3-8-1233,3-C-50><3-8-1233,3-C-2800>；<3-8+50,3-C-1883><3-8-3800,3-C-1883>；<3-8-2517,3-C-50><3-8-2517,3-C-2800>

筋号	级别	直径	钢筋图形	计算公式	根数	总根数	单长/m	总长/m	总重/kg
SLJ-3.1	Φ	8	120 ⌐4060⌐	3600+35 * d+200-20+15 * d	17	17	4.18	71.06	28.067
SLJ-3.1	Φ	8	120 ⌐2960⌐	2500+35 * d+200-20+15 * d	24	24	3.08	73.92	29.208

续表二

筋号	级别	直径	钢筋图形	计算公式	根数	总根数	单长/m	总长/m	总重/kg
SLJ-4.1	Φ	8	3850	3600 + max（300/2，5 * d）+max(200/2,5 * d)	17	17	3.85	65.45	25.857
SLJ-4.1	Φ	8	2750	2500 + max（300/2，5 * d）+max(200/2,5 * d)	24	24	2.75	66	26.064

构件名称：Bh-120［404］　　　　构件数量：1　　　　　　本构件钢筋重：116.488 kg

构件位置：<3-8-3800,3-C-967><3-6-50,3-C-967>；<3-6+2650,3-C-50><3-6+2650,3-C-2800>；<3-8-3800,3-C-1883><3-6-50,3-C-1883>；<3-6+1300,3-C-50><3-6+1300,3-C-2800>

筋号	级别	直径	钢筋图形	计算公式	根数	总根数	单长/m	总长/m	总重/kg
SLJ-3.1	Φ	8	120└ 4260	3800+200-20+15 * d+35 * d	17	17	4.38	74.46	29.41
SLJ-3.1	Φ	8	120└ 2960	2500+35 * d+200-20+15 * d	26	26	3.08	80.08	31.642
SLJ-4.1	Φ	8	4050	3800 + max（200/2，5 * d）+max(300/2,5 * d)	17	17	4.05	68.85	27.2
SLJ-4.1	Φ	8	2750	2500 + max（300/2，5 * d）+max(200/2,5 * d)	26	26	2.75	71.5	28.236

构件名称：Bh-120［397］　　　　构件数量：1　　　　　　本构件钢筋重：121.872 kg

构件位置：<3-8-3800,3-B+1850><3-6-50,3-B+1850>；<3-6+2650,3-C-2800><3-6+2650,3-B-50>；<3-8-3800,3-B+900><3-6-50,3-B+900>；<3-6+1300,3-C-2800><3-6+1300,3-B-50>

筋号	级别	直径	钢筋图形	计算公式	根数	总根数	单长/m	总长/m	总重/kg
SLJ-3.1	Φ	8	120└ 4260	3800+200-20+15 * d+35 * d	18	18	4.38	78.84	31.14
SLJ-3.1	Φ	8	120└ 3060	2600+200-20+15 * d+35 * d	26	26	3.18	82.68	32.656
SLJ-4.1	Φ	8	4050	3800 + max（200/2，5 * d）+max(300/2,5 * d)	18	18	4.05	72.9	28.8
SLJ-4.1	Φ	8	2850	2600 + max（200/2，5 * d）+max(300/2,5 * d)	26	26	2.85	74.1	29.276

构件名称：Bh-120［395］　　　　构件数量：1　　　　　　本构件钢筋重：114.264 kg

构件位置：<3-8+50,3-B+1850><3-8-3800,3-B+1850>；<3-8-1233,3-C-2800><3-8-1233,3-B-50>；<3-8+50,3-B+900><3-8-3800,3-B+900>；<3-8-2517,3-C-2800><3-8-2517,3-B-50>

筋号	级别	直径	钢筋图形	计算公式	根数	总根数	单长/m	总长/m	总重/kg
SLJ-3.1	Φ	8	120└ 4060	3600+35 * d+200-20+15 * d	18	18	4.18	75.24	29.718
SLJ-3.1	Φ	8	120└ 3060	2600+200-20+15 * d+35 * d	24	24	3.18	76.32	30.144
SLJ-4.1	Φ	8	3850	3600 + max（300/2，5 * d）+max(200/2,5 * d)	18	18	3.85	69.3	27.378
SLJ-4.1	Φ	8	2850	2600 + max（200/2，5 * d）+max(300/2,5 * d)	24	24	2.85	68.4	27.024

构件名称：Bh-120［396］　　　　构件数量：1　　　　　　本构件钢筋重：126.296 kg

构件位置：<3-8+50,3-B-1100><3-8-3800,3-B-1100>；<3-8-1233,3-B-50><3-8-1233,3-B-3200>；<3-8+50,3-B-2150><3-8-3800,3-B-2150>；<3-8-2517,3-B-50><3-8-2517,3-B-3200>

筋号	级别	直径	钢筋图形	计算公式	根数	总根数	单长/m	总长/m	总重/kg
SLJ-3.1	Φ	8	120└ 4060	3600+35 * d+200-20+15 * d	20	20	4.18	83.6	33.02

筋号	级别	直径	钢筋图形	计算公式	根数	总根数	单长/m	总长/m	总重/kg
SLJ-3.1	Φ	8	120 ⌐ 3360	2900+35*d+200-20+15*d	24	24	3.48	83.52	33
SLJ-4.1	Φ	8	3850	3600 + max（300/2, 5*d）+max(200/2,5*d)	20	20	3.85	77	30.42
SLJ-4.1	Φ	8	3150	2900 + max（300/2, 5*d）+max(200/2,5*d)	24	24	3.15	75.6	29.856

构件名称：Bh-120[398]　　　　　**构件数量：1**　　　　　**本构件钢筋重：134.694 kg**

构件位置：<3-8-3800,3-B-1100><3-6-50,3-B-1100>;<3-6+2650,3-B-50><3-6+2650,3-B-3200>;<3-8-3800,3-B-2150><3-6-50,3-B-2150>;<3-6+1300,3-B-50><3-6+1300,3-B-3200>

筋号	级别	直径	钢筋图形	计算公式	根数	总根数	单长/m	总长/m	总重/kg
SLJ-3.1	Φ	8	120 ⌐ 4260	3800+200-20+15*d+35*d	20	20	4.38	87.6	34.6
SLJ-3.1	Φ	8	120 ⌐ 3360	2900+35*d+200-20+15*d	26	26	3.48	90.48	35.75
SLJ-4.1	Φ	8	4050	3800 + max（200/2, 5*d）+max(300/2,5*d)	20	20	4.05	81	32
SLJ-4.1	Φ	8	3150	2900 + max（200/2, 5*d）+max(300/2,5*d)	26	26	3.15	81.9	32.344

构件名称：Bh-120[425]　　　　　**构件数量：1**　　　　　**本构件钢筋重：134.694 kg**

构件位置：<3-8-3800,3-A+2150><3-6-50,3-A+2150>;<3-6+2650,3-B-3200><3-6+2650,3-A+50>;<3-8-3800,3-A+1100><3-6-50,3-A+1100>;<3-6+1300,3-B-3200><3-6+1300,3-A+50>

筋号	级别	直径	钢筋图形	计算公式	根数	总根数	单长/m	总长/m	总重/kg
SLJ-3.1	Φ	8	120 ⌐ 4260	3800+200-20+15*d+35*d	20	20	4.38	87.6	34.6
SLJ-3.1	Φ	8	120 ⌐ 3360	2900+200-20+15*d+35*d	26	26	3.48	90.48	35.75
SLJ-4.1	Φ	8	4050	3800 + max（200/2, 5*d）+max(300/2,5*d)	20	20	4.05	81	32
SLJ-4.1	Φ	8	3150	2900 + max（200/2, 5*d）+max(300/2,5*d)	26	26	3.15	81.9	32.344

构件名称：Bh-120[424]　　　　　**构件数量：1**　　　　　**本构件钢筋重：126.296 kg**

构件位置：<3-8+50,3-A+2150><3-8-3800,3-A+2150>;<3-8-1233,3-B-3200><3-8-1233,3-A+50>;<3-8+50,3-A+1100><3-8-3800,3-A+1100>;<3-8-2517,3-B-3200><3-8-2517,3-A+50>

筋号	级别	直径	钢筋图形	计算公式	根数	总根数	单长/m	总长/m	总重/kg
SLJ-3.1	Φ	8	120 ⌐ 4060	3600+35*d+200-20+15*d	20	20	4.18	83.6	33.02
SLJ-3.1	Φ	8	120 ⌐ 3360	2900+200-20+15*d+35*d	24	24	3.48	83.52	33
SLJ-4.1	Φ	8	3850	3600 + max（300/2, 5*d）+max(200/2,5*d)	20	20	3.85	77	30.42
SLJ-4.1	Φ	8	3150	2900 + max（200/2, 5*d）+max(300/2,5*d)	24	24	3.15	75.6	29.856

构件名称：FJ-C8@100　　　　　**构件数量：1**　　　　　**本构件钢筋重：50.336 kg**

构件位置：<3-9,3-D+2400><3-9,3-E-25>

续表二

筋号	级别	直径	钢筋图形	计算公式	根数	总根数	单长/m	总长/m	总重/kg
FJ-C8@100 [1457].1	Φ	8	2450	1225+1225	52	52	2.45	127.4	50.336

构件名称: FJ-C8@150　　　　**构件数量: 1**　　　　**本构件钢重: 140.499 kg**

构件位置: <3-7,3-E-25><1/3-6+25,3-E-25>;<3-3,3-E-25>3-1+3900,3-E-25>;<3-5,3-E-25><3-3+3900, 3-E-25>;<3-9,3-E-25><3-7+3900,3-E-25>;<3-3+3900,3-E-25><3-3,3-E-25>;<3-7+3900,3-E-25><3-7, 3-E-25>

筋号	级别	直径	钢筋图形	计算公式	根数	总根数	单长/m	总长/m	总重/kg
FJ-C8@150 [1458].1	Φ	8	120⌐ 1330	1100+250-20+15*d	1	1	1.45	1.45	0.573
FJ-C8@150 [1458].2	Φ	8	2450	1225+1225	27	27	2.45	66.15	26.136
钢筋	Φ	8	120⌐ 1230	1000+250-20+15*d	5	5	1.35	6.75	2.665
钢筋	Φ	8	2050	1125+1125	125	125	2.25	281.25	111.125

构件名称: FJ-C10@150　　　　**构件数量: 1**　　　　**本构件钢重: 52.92 kg**

构件位置: <3-7,3-D+2400><3-7,3-E-25>

筋号	级别	直径	钢筋图形	计算公式	根数	总根数	单长/m	总长/m	总重/kg
FJ-C10@150 [1464].1	Φ	10	2450	1225+1225	35	35	2.45	85.75	52.92

构件名称: FJ-C10@200　　　　**构件数量: 1**　　　　**本构件钢重: 166.381 kg**

构件位置: <3-1+3900,3-D+2400><3-1+3900,3-E-25>;<3-3,3-D+2400><3-3,3-E-25>;<3-3+3900,3-D+2400> <3-3+3900,3-E-25>;<3-7+3900,3-D+2400><3-7+3900,3-E-25>;<1/3-10-600,3-E-25><3-9,3-E-25>

筋号	级别	直径	钢筋图形	计算公式	根数	总根数	单长/m	总长/m	总重/kg
钢筋	Φ	10	2200	1100+1100	78	78	2.2	171.6	105.846
钢筋	Φ	10	2050	1125+1125	43	43	2.25	96.75	59.684
FJ-C10@200 [1469].1	Φ	10	150⌐ 1230	1000+250-20+15*d	1	1	1.38	1.38	0.851

构件名称: 无标注 FJ-C8@200　　　　**构件数量: 1**　　　　**本构件钢重: 175.307 kg**

构件位置: <3-1+25,3-E-25><3-1+25,3-D+2400>;<3-3,3-E-25><3-3,3-F-25>;<3-5,3-D+2400><3-5,3-E-2800>;<3-5,3-E-25><3-5,3-F-25>;<1/3-6+25,3-E-2800><1/3-6+25,3-D+2400>;<3-7,3-E-25><3-7, 3-F-25>;<3-9,3-E-25><3-9,3-F-25>;<1/3-10-25,3-D+2400><1/3-10-25,3-E-25>;<3-1+3900,3-E-2...

筋号	级别	直径	钢筋图形	计算公式	根数	总根数	单长/m	总长/m	总重/kg
钢筋	Φ	8	120⌐ 1230	1000+250-20+15*d	41	41	1.35	55.35	21.853
钢筋	Φ	8	1450	725+725	20	20	1.45	29	11.46
钢筋	Φ	8	1400	700+700	20	20	1.4	28	11.06

续表二

筋号	级别	直径	钢筋图形	计算公式	根数	总根数	单长/m	总长/m	总重/kg
钢筋	Φ	8	120 ⌐ 1330	1100+250-20+15*d	39	39	1.45	56.55	22.347
无标注 FJ-C8@200 [1478].3	Φ	8	2050	1125+1125	10	10	2.25	22.5	8.89
钢筋	Φ	8	120 ⌐ 830	600+250-20+15*d	148	148	0.95	140.6	55.5
钢筋	Φ	8	120 ⌐ 1180	1000+200-20+15*d	72	72	1.3	93.6	37.008
无标注 FJ-C8@200 [1481].1	Φ	8	120 ⌐ 1280	1100+200-20+15*d	13	13	1.4	18.2	7.189

楼层名称：首层(表格算量)　　　　　　　　　　　钢筋总重：980.888 kg

筋号	级别	直径	钢筋图形	计算公式	根数	总根数	单长/m	总长/m	总重/kg
构件名称：首层ATb1			构件数量：1			本构件钢筋重：126.214 kg			
构件位置：									
梯板下部纵筋	Φ	10	5570	4480*1.154+2*200	14	14	5.57	77.98	48.118
梯板上部纵筋	Φ	10	150 5543 187	4480*1.154+400+310	12	12	5.88	70.56	43.536
梯板分布钢筋	Φ	8	1620	1650-2*15	54	54	1.62	87.48	34.56
构件名称：首层CTb1			构件数量：1			本构件钢筋重：61.634 kg			
构件位置：									
梯板下部纵筋1	Φ	10	114 248 3408	(2520+280)*1.127+100+400	9	9	3.656	32.904	20.304
梯板上部纵筋	Φ	10	-120 150 3364 192	(2520+280)*1.127+400+150+-120	10	10	3.586	35.86	22.13
梯板分布筋	Φ	8	1620	1650-2*15	30	30	1.62	48.6	19.2
构件名称：二层ATb2			构件数量：1			本构件钢筋重：60.08 kg			
构件位置：									
梯板下部纵筋	Φ	10	3058	2520*1.134+2*100	10	10	3.058	30.58	18.87
梯板上部纵筋	Φ	10	150 3227 190	2520*1.134+400+310	10	10	3.568	35.68	22.01

续表二

筋号	级别	直径	钢筋图形	计算公式	根数	总根数	单长/m	总长/m	总重/kg
梯板分布钢筋	Φ	8	1620	1650−2 * 15	30	30	1.62	48.6	19.2
构件名称：二层-四层 ATb3			**构件数量：5**				**本构件钢筋重：60.08 kg**		
构件位置：									
梯板下部纵筋	Φ	10	3058	2520 * 1.134+2 * 100	10	50	3.058	152.9	94.35
梯板上部纵筋	Φ	10	150　3227　190	2520 * 1.134+400+310	10	50	3.568	178.4	110.05
梯板分布钢筋	Φ	8	1620	1650−2 * 15	30	150	1.62	243	96
构件名称：首层 ATb1			**构件数量：2**				**本构件钢筋重：84.68 kg**		
构件位置：									
梯板下部纵筋	Φ	10	4157	3360 * 1.154+2 * 140	12	24	4.157	99.768	61.56
梯板上部纵筋	Φ	10	150　4251　187	3360 * 1.154+400+310	10	20	4.587	91.74	56.6
梯板分布钢筋	Φ	8	1620	1650−2 * 15	40	80	1.62	129.6	51.2
构件名称：二层——三层 ATb2			**构件数量：4**				**本构件钢筋重：65.8 kg**		
构件位置：									
梯板下部纵筋	Φ	10	3314	2800 * 1.112+2 * 100	10	40	3.314	132.56	81.8
梯板上部纵筋	Φ	10	150　3479　194	2800 * 1.112+400+310	10	40	3.824	152.96	94.36
梯板分布钢筋	Φ	8	1620	1650−2 * 15	34	136	1.62	220.32	87.04

附图　物流园综合楼建筑施工图、结构施工图

图纸链接请扫以下二维码。

建筑施工图　　　　　　　结构施工图

参考文献

［1］ 中国建筑标准设计研究院. 混凝土结构施工图平面整体表示方法制图规则和构造详图(现浇混凝土框架、剪力墙、梁、板)平法图集(22G101-1)［S］. 北京：中国计划出版社, 2022.

［2］ 中国建筑标准设计研究院. 混凝土结构施工图平面整体表示方法制图规则和构造详图(独立基础、条形基础、筏形基础及桩基承台)平法图集(22G101—3)［S］. 北京：中国计划出版社, 2022.

［3］ 中国建筑标准设计研究院. 混凝土结构施工钢筋排布规则与构造详图(现浇混凝土框架、剪力墙、梁、板)(18G901—1)［S］. 北京：中国计划出版社, 2018.

［4］ 中国建筑标准设计研究院. 混凝土结构施工钢筋排布规则与构造详图(现浇混凝土板式楼梯)(18G901—2)［S］. 北京：中国计划出版社, 2018.

［5］ 中国建筑标准设计研究院. 混凝土结构施工钢筋排布规则与构造详图(独立基础、条形基础、筏形基础、桩承台基础)(18G901—3)［S］. 北京：中国计划出版社, 2018.

［6］ 房屋建筑与装饰工程工程量计算规范(GB 50854—2013)［S］. 北京：中国计划出版社, 2013.

［7］ 湖南省建设工程造价管理总站. 湖南省房屋建筑与装饰工程消耗量(上、下册)［M］. 北京：中国建材工业出版社, 2020.

［8］ 陈青来. 钢筋混凝土结构平法设计与施工规则(第 2 版)［M］. 北京：中国建筑工业出版社, 2018.

［9］ 中华人民共和国住房和城乡建设部. 混凝土结构设计规范(GB 50010—2010)(2015 版)［S］. 北京：中国建筑工业出版社, 2015.

［10］ 中华人民共和国住房和城乡建设部. 混凝土结构工程施工质量验收规范(GB 50204—2021)［S］. 北京：中国建筑工业出版社, 2021.

［11］ 中华人民共和国住房和城乡建设部. 混凝土结构通用规范(GB 55008—2021)［S］. 北京：中国建筑工业出版社, 2022.

［12］ 魏丽梅、任瑧. 钢筋平法识图与计算(第 3 版)［M］. 长沙：中南大学出版社, 2023.

图书在版编目(CIP)数据

平法在钢筋算量中的应用 / 魏丽梅, 罗健著. —长沙: 中南大学出版社, 2023.12
ISBN 978-7-5487-5543-2

Ⅰ. ①平… Ⅱ. ①魏… ②罗… Ⅲ. ①钢筋混凝土结构—建筑构图—识图②钢筋混凝土结构—结构计算 Ⅳ.①TU375

中国国家版本馆 CIP 数据核字(2023)第 225607 号

平法在钢筋算量中的应用

魏丽梅　罗健　著

□责任编辑	周兴武
□责任印制	李月腾
□出版发行	中南大学出版社

　　　社址：长沙市麓山南路　　　　邮编：410083
　　　发行科电话：0731-88876770　　传真：0731-88710482

□印　装	长沙雅鑫印务有限公司

□开　本	787 mm×1092 mm　1/16　　□印张 17.25　　□字数 434 千字
□互联网+图书	二维码内容　字数 118 千字
□版　次	2023 年 12 月第 1 版　　□印次 2023 年 12 月第 1 次印刷
□书　号	ISBN 978-7-5487-5543-2
□定　价	48.00 元

图书出现印装问题，请与经销商调换